S. Feifel, W. Walk, S. Wursthorn, L. Schebek (Hrsg.)

Ökobilanzierung 2009 – Ansätze und Weiterentwicklungen zur Operationalisierung von Nachhaltigkeit

Tagungsband Ökobilanz-Werkstatt 2009

Ökobilanzierung 2009 – Ansätze und Weiterentwicklungen zur Operationalisierung von Nachhaltigkeit

Tagungsband Ökobilanz-Werkstatt 2009 —
Campus Weihenstephan, Freising, 5. bis 7. Oktober 2009

S. Feifel,
W. Walk ,
S. Wursthorn,
L. Schebek
(Hrsg.)

KIT Scientific Publishing

Impressum

Karlsruher Institut für Technologie (KIT)
KIT Scientific Publishing
Straße am Forum 2
D-76131 Karlsruhe
www.uvka.de

KIT – Universität des Landes Baden-Württemberg und nationales Forschungszentrum in der Helmholtz-Gemeinschaft

KIT Scientific Publishing 2009
Print on Demand

Gedruckt auf Recyclingpapier

ISBN: 978-3-86644-421-8

Vorwort

Es gibt keine einfachen Lösungen für sehr komplizierte Probleme.
Man muss den Faden geduldig entwirren, damit er nicht reißt.

Michail S. Gorbatschow

Den Faden geduldig entwirren zu wollen, ist sicherlich Motivation und Anspruch zugleich bei der Ausarbeitung von Ökobilanzen. Die Herausforderung des Entwirrens heißt in diesem Kontext: disziplinenübergreifend komplexe Zusammenhänge verstehen, die Methodik und deren Beschränkungen durchdringen sowie Ergebnisse entscheidungsgerecht für die Adressaten der Ökobilanzen aggregiert darstellen.

Die Ökobilanz-Werkstatt als Kommunikationsplattform will dieser Herausforderung begegnen und den Austausch zwischen NachwuchswissenschaftlerInnen über Vorgehensweisen, aktuelle Entwicklungen und neue Ansätze in Forschung und Anwendung fördern. Weiteren Mehrwert hierfür verspricht der Austausch mit erfahrenen Experten.

Wir freuen uns daher sehr über die durchweg positive Resonanz auf die nun fünfte Veranstaltung dieser Reihe: sieben Expertenbeiträge zu methodischen Weiterentwicklungen, Software-Lösungen und Anwendungsbeispielen, sowie 36 Beiträge von NachwuchswissenschaftlerInnen, die ihre Arbeiten im Rahmen der Werkstatt zur Diskussion gestellt haben und, so hoffen wir, die Anregungen konstruktiv nutzen können.

Wir hoffen, dieses Buch kann Sie als Leser beim Entwirren Ihres Fadens, d.h. bei der Lösung von Aufgaben, unterstützen.

Silke Feifel, Wolfgang Walk und Sibylle Wursthorn
Organisatoren der Ökobilanz-Werkstatt

Grußwort

Liebe Leserinnen, liebe Leser,

Ökobilanzen führen zahlreiche Daten und Informationen aus unterschiedlichen Bereichen zusammen und generieren daraus Wissen über komplexe, global produzierte Produkte. Dieses Wissen dient der Entscheidungsunterstützung mit der Zielsetzung, eine nachhaltige Entwicklung und insbesondere die Verringerung des Ressourcen- und Energieverbrauchs zu unterstützen.

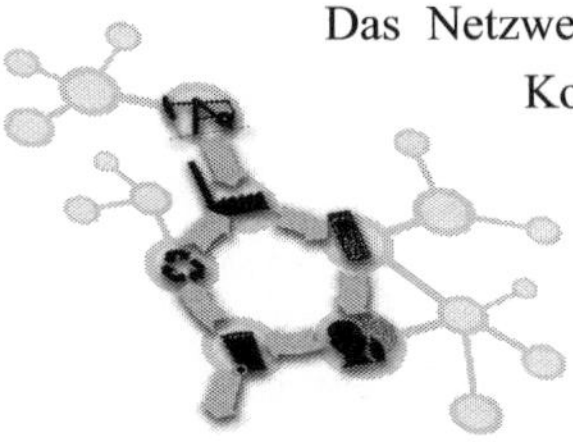

Das Netzwerk Lebenszyklusdaten ist die deutsche Informations- und Kommunikationsplattform für alle an der Thematik der Lebenszyklusanalysen interessierten Gruppen und Personen. Es wird durch das Forschungszentrum Karlsruhe getragen, das die wissenschaftliche Geschäftsstelle innehat, und bindet mehr als 30 Partnerorganisationen aus Wissenschaft, Wirtschaft und Verwaltung ein.

Die Nachwuchsförderung ist ein besonderes Anliegen des Netzwerks Lebenszyklusdaten. Die Ökobilanz-Werkstatt findet 2009 bereits zum fünften Mal statt und bietet den Nachwuchswissenschaftlern eine im deutschsprachigen Raum einmalige Plattform zum Austausch, die geprägt ist von aktiven Beiträgen aller Teilnehmerinnen und Teilnehmer, von breitem Raum für wissenschaftliche Diskussionen und von einer persönlichen Atmosphäre für das gegenseitige Kennenlernen.

Im vorliegenden Band sind die Beiträge zur Ökobilanz-Werkstatt 2009 zusammengefaßt. Wir danken an dieser Stelle sehr herzlichen Dank den Experten für ihr Unterstützung der Ökobilanzwerkstatt, den Nachwuchswissenschaftlern für ihre Beiträge und den Organisatoren für ihre engagierte Arbeit, ohne die die Veranstaltung nicht möglich gewesen wäre.

Prof. Dr. Liselotte Schebek
Geschäftsführerin des Netzwerks Lebenszyklusdaten

Inhaltsverzeichnis

Wirkungsabschätzungsmethoden und Querverbindungen – Unterschiede zum Risk Assessment

Walter Klöpffer, LCA Consult & Review, Frankfurt am Main

1 Einführung

Die Wirkungsabschätzung ist eine Dauerbaustelle und wird es bleiben, solange es Ökobilanzen nach SETAC und ISO [Klöpffer und Grahl 2009] gibt. Der Grund dafür liegt in der nötigen Offenheit für den Fortschritt in der Umweltforschung und in der öffentlichen Einschätzung der Risiken [Udo de Haes et al. 1999]. Im Folgenden soll der Versuch unternommen werden, einen kurzen Überblick über die Entwicklung dieser Komponente der Ökobilanz zu geben, die wichtigsten Probleme aufzuzeigen, und die Besonderheiten, die sie von anderen Umweltbewertungsverfahren unterscheiden.

2 Kurze Geschichte der Wirkungsabschätzung

2.1 Die Zeit der „Proto-LCAs“

Die frühen Ökobilanzen oder „Proto-LCAs“ [Klöpffer 2006] bestanden aus Sachbilanzen („Inventaren“) und einigen Summenparametern:

- Kumulierter Energieaufwand-KEA („Energie-Äquivalenzwert“)
- Summe fester Abfälle bzw. MIPS
- Ressourcenverknappung
- Rudimentäre ökologische Wirkungsabschätzung („Kritische Volumina“ Luft und Wasser)

Der Vorteil dieser Vorform der Wirkungsabschätzung lag in ihrer Einfachheit und in der relativ großen Genauigkeit, vor allem was den KEA betrifft [Finnveden und Lindfors 1998]. Der KEA wird immer noch häufig ergänzend zur WA berechnet.

2.2 Wirkungsabschätzung als eigene Komponente der Ökobilanz

Eine Wirkungsabschätzung im modernen Sinn gab es unter verschiedenen Bezeichnungen erst ab dem Erscheinen der SETAC und des CML Leiden auf der Ökobilanzbühne:

- Impact analysis (SETAC 1990)
- Methode der Umweltthemen oder Wirkungskategorien (CML 1991, 1992)
- Wirkungsbilanz (UBA 1992)
- Impact assessment (LCA Guideline , a Code of Practice, SETAC 1993)
- Wirkungsabschätzung (ISO 14040/1997, 14042/2000, 14040 und 14044/2006)

Der wesentliche Fortschritt war die Etablierung der Wirkungsabschätzung als eigene verbindliche Komponente der Ökobilanz. Der Streit über die Ausgestaltung der neuen Komponente erfolgte im Wesentlichen zwischen Europa und den USA.

3 Standardmethode nach ISO 14040ff

3.1 Struktur der WA nach ISO 14042 (2000) bzw. 14044 (2006)

Die erste internationale Norm erschien nach sechs Jahren Vorbereitung im Jahre 2000 (ISO 14042). Zu Beginn der Arbeit war noch keine Methodik fertig ausgearbeitet, sodass es sich um eine forschungsbegleitende Normung handelte. Die CML Methode konnte sich in Hinblick auf ihre Struktur, nicht aber in den Details durchsetzen. Auch das war schon ein Erfolg, weil die US-Amerikaner völlig andere Vorstellungen hatten [Barnthouse et al. 1998]. Das „Schisma“ zwischen Europa und USA konnte erst um die Jahrtausendwende herum beigelegt werden. Die ISO 14042

- gibt einen bindenden Rahmen vor, wie die Wirkungsabschätzung durchzuführen ist (verbindliche und optionale Bestandteile),
- legt fest, wie man eine Wirkungskategorie, einen Wirkungsindikator, Charakterisierungsfaktor usw. definiert,
- schreibt aber keinen speziellen Satz von Kategorien vor (nicht einmal ein „proxy“), noch die Indikatoren, die verwendet werden sollen… All dies muss in der äußerst wichtigen ersten Komponente „Goal & Scope“ festgelegt werden.

Diese oft unterschätzte Komponente legt für jede einzelne Ökobilanz fest, welche Regeln – im Rahmen der Norm – im speziellen Fall zu gelten haben!

Die verbindlichen Bestandteile der Wirkungsabschätzung sind:

- Auswahl der Kategorien, Indikatoren und Charakterisierungsmodelle
- Zuordnung der Sachbilanzergebnisse zu den Kategorien (Klassifizierung)
- Berechnung der Wirkungsindikatorwerte für die ausgewählten Kategorien bezogen auf die funktionelle Einheit, z.B. kg CO_2-Äquivalente pro f.E. (Charakterisierung)

Als optionale Bestandteile nennt die Norm (jetzt in ISO 14044/2006):

- Berechnung des Betrags von Wirkungsindikatorwerten im Verhältnis zu einem oder mehreren Referenzwerten (Normierung)
- Ordnung (selten verwendet, siehe jedoch UBA, Bewertung ´99)
- Gewichtung: nicht erlaubt, bei vergleichenden Aussagen („comparative assertions"), die der Öffentlichkeit zugänglich gemacht werden sollen.

3.2 Typische (midpoint/CML) Kategorienliste

Eine typische Liste von Wirkungskategorien, wie sie seit der SETAC Europe Tagung in Leiden 1991 mit geringen Änderungen durch die Literatur geht, beinhaltet Input- und Output-bezogene Kategorien, also solche, die sich auf die Ressourcen beziehen, und solche, die mit den Emissionen über den Lebensweg hin verbunden sind. Es handelt sich durchweg um negative Kriterien, also Verknappung von Ressourcen, negative Auswirkungen auf Natur und Mensch (Umweltproblemfelder). Dass mit jedem Produktsystem irgendwelche positiven Aspekte verbunden sind, wird heute vorausgesetzt, geht aber nur über die funktionelle Einheit (etwa gleicher Nutzen der verglichenen Systeme) in die Ökobilanz ein. Eine weitergehende Bewertung muss der in Entwicklung begriffenen „produktbezogenen Sozialbilanz" im Rahmen der „Lebenszyklusbasierten Nachhaltigkeitsbewertung von Produkten" [Klöpffer und Renner 2007] überlassen bleiben.

- Input-bezogene Kategorien:
  - Abiotische Ressourcen
  - Biotische Ressourcen
  - Naturraumbeanspruchung bzw. „land use"
- Output-bezogenen Kategorien:
  - Klimaänderung
  - Stratosphärischer Ozonabbau
  - Bildung von Photooxidantien

   - Versauerung
   - Eutrophierung
- Toxizitätsbezogene Wirkungskategorien:
   - Humantoxizität
   - Ökotoxizität
   - Radioaktivität
- Belästigungen:
   - Geruch
   - Lärm

Ich habe in dieser Liste den immer wiederkehrenden Merkposten „Unfälle“ weggelassen, obwohl er sich in speziellen Ökobilanzen unter Verlust der Einfachheit der Methodik prinzipiell einbauen ließe [Kurth et al. 2004]. Dennoch gehören die Unfälle vorwiegend zur Risikobewertung (Abschnitt 4) und sollten im Rahmen einer Nachhaltigkeitsbewertung der Sozialbilanz zugeordnet werden (ebenso wie die Toxizität am Arbeitsplatz, die man besonders von skandinavischer Seite in die Ökobilanz „hineinquetschen“ will). Die Sicherheit am Arbeitsplatz hat viel damit zu tun, wie die Firmen mit ihren Mitarbeitern umgehen.

3.3 Praxis der Wirkungsabschätzung

Die heute übliche Praxis der Wirkungsabschätzung kann wie folgt charakterisiert werden:

- Kleinere Liste als in 3.2 dargestellt (oft aus Datenmangel, aber auch wegen des ungleichen Entwicklungsstandes der Kategorien)
- Basierend auf der CML-Liste („CML baseline“ [Guinée et al. 2002])
- Einfache Charakterisierungsfaktoren bevorzugt
- Immer: GWP, Versauerung, Photooxidatien
- Fast immer Eutrophierung, fossile Ressourcen, stratosphärischer Ozonabbau
- Nicht immer „land use“, Humantoxizität, Ökotoxizität
- sehr selten: alle übrigen

Dem Umgang mit der Wirkungsabschätzung in der Praxis der Ökobilanzierung kann eine gewisse Phantasielosigkeit nicht abgesprochen werden. Dabei sollen reale Gründe, wie z.B. Datenasymmetrie bei Produktvergleichen, nicht vergessen werden.

4 Potentielle versus tatsächliche Wirkungen

4.1 „Philosophie“ der Wirkungsabschätzung

Der Streit um den im Titel ausgedrückten Gegensatz geht auf die frühe Zeit der Harmonisierung der Ökobilanz zurück und ist bis heute nicht völlig abgeschlossen. Er lässt sich anhand folgender, teilweise überlappender Dichotomien veranschaulichen:

- Potentielle vs. reale Wirkungen
- Vorsorgeprinzip vs. Verursacherprinzip
- Hazard Assessment vs. Risk Assessment
- „Less is better“ vs. below threshold
- Beyond compliance vs. Compliance (with regulations, laws)

Die Standard-Ökobilanz (SETAC/ISO) basiert auf jeweils der ersten Alternative.

4.2 Was sagt ISO 14040?

Die internationale Norm 14040 sagt bereits in der Einleitung eindeutig:

- „Die Ökobilanz bezieht sich auf die Umweltaspekte und potentiellen Umweltwirkungen*........ im Verlauf des Lebensweges eines Produktes.. (d.h. „von der Wiege bis zur Bahre“)

In der Fußnote liest man:

* Die „Potentielle Umweltwirkung“ ist eine relative Aussage, da sie sich auf die funktionelle Einheit des Produktsystems bezieht.

Da die funktionelle Einheit bzw. die Referenzflüsse frei wählbar sind, können aus den berechneten Werten keine absoluten Werte – und daher auch keine realen Wirkungen abgeleitet werden. Wohl aber sind Vergleiche, da sie auf einer f.E. beruhen, sehr wohl sinnvoll.

4.3 Vorsorge- vs. Verursacherprinzip

Die zweite Dichotomie lässt sich, etwas schwächer als die erste, mit folgenden Argumenten begründen:

- Vorsorge entspricht besser dem Geist der Ökobilanz, wie z.B. die Optimierung von Produktsystemen, Konsumentenverhalten, etc.
- Verursacher aufgrund „potentieller Wirkungen“ nicht leicht zu belangen

Bei der Anwendung von Ökobilanzen in der Gesetzgebung (z.B. Verpackungs-VO) verschwimmen die Grenzen etwas: werden die Produzenten nicht „ökologisch vorteilhafter“ Verpackungen nicht doch als Verursacher „bestraft“? Wenn sie aber ihre Produktsysteme optimieren, so hat das Vorsorgeprinzip gesiegt. In diesem Zusammenhang kann angemerkt werden, dass die Hersteller von Materialien und Produkten, die von „grüner“ Seite massiv angegriffen wurden (z.B. PVC, Aluminium, Waschmittel, Einwegverpackungen) durch konsequente Anwendung der Ökobilanz profitiert haben: durch Produktverbesserungen und Imagegewinn [Klöpffer 2009].

4.4 Hazard vs. Risk Assessment

Dieses Begriffspaar ist wahrscheinlich das am öftesten missverstandene, daher soll die Bedeutung der beiden Begriffe etwas genauer betrachtet werden:

- **Hazard** = Schadwirkungspotential; keine generelle Definition
- OECD Definition (Chemikalienbewertung):
  Hazard = f(Exposition, Wirkung) (s.u.)
- **Risiko** = Schadenshöhe x Eintrittswahrscheinlichkeit; exakte Definition („Versicherungsformel“)
- EU Definition (Chemikalienbewertung):
  Risk = PEC (Exposition) / PNEC (Wirkung)

Die OECD-Definition des Hazards bei der Chemikalienbewertung lautet im Originaltext [OECD 1982]:

- „The hazard of a chemical is a function of two broad considerations: the potential of a chemical to harm biological systems (or damage other systems) and its potential for exposure such that the harm or damage can occur“

Man beachte den zweifachen Gebrauch von „potential“: die reale Schädigung ist zweitrangig, das Potential reicht aus.

4.5 „Less is better“ vs. below threshold

Auch dieser Gegensatz geht auf Diskussionen in den frühen 1990er Jahren zurück. „Less is better“ benötigt in Bezug auf die Emission von Schadstoffen oder den Verbrauch von Ressourcen keine Erklärung, es ist das erklärte Ziel von Ökobilanzen.

„Thresholds“ sind gesetzliche Obergrenzen, die nicht überschritten werden dürfen. Es gibt jedoch eine Denkrichtung, die meint, dass man relativ reine Gebiete mit Schadstoffen bis zur Grenze auffüllen darf, d.h. eine Emission unter dieser Grenze sollte nicht in die Wirkungsabschätzung aufgenommen werden. Abgesehen von der sonderbaren Moral, wäre in der Wirkungsabschätzung eine strikte Regionalisierung nötig!

„Beyond compliance“ vs. compliance ist im Grunde derselbe Gegensatz wie der eben besprochene. Es genügt eben nicht, die Gesetze und Vorschriften einzuhalten (das sollte eigentlich selbstverständlich sein) und die Ökobilanz ist ein Instrument um Verbesserungsmöglichkeiten aufzuzeigen. Daher ist diese Diskussion zumindest aus europäischer Sicht absurd.

5 Neuere Entwicklungen

5.1 Regionalisierung

Die im vorigen Abschnitt angesprochene Regionalisierung und die damit möglich erscheinende genauere Wirkungsabschätzung nimmt einen wichtigen Platz in der neueren Entwicklung ein [Klöpffer und Grahl 2009]:

- Absolut nötig für bisher vernachlässigte Kategorien wie land use (Naturraumbeanspruchung), Wasser, Geruch, Lärm
- Absolut nötig für die in Entwicklung befindliche „Societal LCA“
- Nicht unbedingt nötig, aber eifrig bearbeitet bei Versauerung, Bildung von Photooxidantien („Sommersmog“) und Eutrophierung
- Absolut unnötig bei den globalen Kategorien (vielleicht mit Ausnahme der Kategorie „stratosphärischer Ozonabbau“ in den vom jährlichen „Ozonloch“ betroffenen Gebiete im Süden der Südhalbkugel).

Das Problem mit der Regionalisierung liegt darin, dass wir infolge der geographischen Unbestimmtheit der Sachbilanzen, oft nicht wissen, wo die Emissionen erfolgen. Dies gilt vor allem für viele generischen Daten und Hintergrundprozesse. Viele Rohstoffe werden auf sog. spot markets gekauft. Auch die Produkte werden durch die Globalisicrung oft weltweit gehandelt. Auch wenn wir für einen bestimmten Stichtag den genauen Produktbaum mit vollständiger geographischer Auflösung kennen würden, könnte diese Information schon kurz danach wieder falsch sein. Man wird also mit plausiblen Szenarien zur geographischen (und zeitlichen) Verteilung arbeiten müssen.

5.2 „Neue“ Wirkungskategorien

Neue Wirkungskategorien sind meist alte, die bisher nicht oder nicht genügend bearbeitet wurden, z.B.:

- Wasser (war immer schon ein Teil der „Ressourcen", hat aber auch ökologische und soziale Komponenten)
- Naturraumbeanspruchung bzw. land use (wie Wasser)
- Lärm (v.a. Straßenverkehrslärm): Fortschritt [Althaus et al. 2009]
- „Carbon Footprint" = GWP, keine neue Kategorie. Aber strengere Regeln für Datenerhebung und Allokation werden nötig sein; daher ist eine eigene, auf 14040 basierende Normung in Entwicklung (s.a. British Standard PAS 2050/2008 [Sinden 2009])
- Social categories (besser als eigene SLCA mit gleichen Systemgrenzen wie die dazugehörige LCA [Klöpffer und Renner 2007])

Die Bedeutung der Wirkungskategorie „Wasser" kann gar nicht unterschätzt werden [Koehler 2008; Milà i Canals et al. 2008]. Dass sie so lange nicht bearbeitet wurde, könnte damit zusammenhängen, dass die Ökobilanz vorwiegend in Ländern ohne Wassermangel entwickelt wurde.

5.3 Human- und Ökotoxizität

Für die Toxizitätskategorien gibt es seit langer Zeit einfache Indikatoren, diese gelten aber als zu wenig wissenschaftlich.

- UNEP /SETAC Working Group entwickelte ein „abgespecktes" Konsens-Multimedia Modell „USEtox" zur Expositionsabschätzung und Charakteresierungs-Faktoren für eine große Anzahl von Chemikalien [Rosenbaum et al. 2008]

Probleme: Datenlage (Sachbilanz) und Symmetrieprobleme bei vergleichenden Ökobilanzen. Toxische Emissionen werden oft nicht in ausreichender Qualität für die Sachbilanzen berichtet. Dadurch wird der ehrliche Berichterstatter „bestraft". Angesichts der großen Anzahl von Chemikalien können viele übersehen werden. Das Problem liegt also auf der Seite der Sachbilanz.

5.4 Überführung in die Praxis

Die vorgeschlagenen neuen oder verbesserten Wirkungskategorien, -indikatoren und Charakterisierungsmodelle mit Regionalisierung etc. haben es bisher nicht in die allgemeine Praxis der Ökobilanzierung geschafft. Diese Aussage bezieht sich auf die meisten „real life" Ökobilanzen, die mir bei der kritischen Prüfung nach ISO 14040+44 zur Kenntnis gelangt sind.

Referenzen

[Althaus et al. 2009] Althaus, H.-J.; de Haan, P.; Scholz, R.W.: Traffic noise in LCA, Part 1. Int. J. Life Cycle Assess. 14, 560-570. Part 2. DOI 10.1007/s11367-009-0117-1

[Barnthouse et al. 1998] Barnthouse, L. et al. (eds.): Life-Cycle Impact Assessment: The State-of-the-Art. Report of the SETAC Life-Cycle Assessment (LCA) Impact Assessment Workgroup. 2nd edition. Society of Environmental Toxicology and Chemistry. Pensacola, Florida, USA 1998

[Finnveden und Lindfors 1998] Finnveden, G.; Lindfors, L.-G.: Data Quality of Life Cycle Inventory Data - Rules of Thumb. Int.J. LCA 3 (2) 65-66

[Guinée et al. 2002] Guinée, J.B. (final editor) et al.: Handbook on Life Cycle Assessment – Operational Guide to the ISO Standards. ISBN 1-4020-0228-9. Kluwer Academic Publ., Dordrecht

[Klöpffer 2006] Klöpffer, W.: The Role of SETAC in the Development of LCA. Int. J. LCA, Vol. 11 (Special Issue 1), 116-122

[Klöpffer und Renner 2007] Klöpffer, W.; Renner, I.: Lebenszyklusbasierte Nachhaltigkeitsbewertung von Produkten. Technikfolgenabschätzung – Theorie und Praxis (TATuP) 16 (3) 32-38

[Klöpffer 2009] Klöpffer, W.: Experiences with the critical review process of aluminium LCI data. Int. J. Life Cycle Assess. 14 (Special Issue 1) 45-51

[Klöpffer und Grahl 2009] Klöpffer, W. und Grahl, B.: Ökobilanz (LCA). Wiley VCH Verlag, Weinheim (2009). ISBN 978-3-527-32043-1

[Koehler 2008] Koehler, A.: Water use in LCA: managing the planet´s freshwater resources. Int. J. Life Cycle Assess. 13, 451-455

[Kurth et al. 2004] Kurth, S.; Schüler, D.; Renner, I.; Klöpffer, W.: Entwicklung eines Modells zur Berücksichtigung der Risiken durch nicht bestimmungsgemäße Betriebszustände von Industrieanlagen im Rahmen von Ökobilanzen. Forschungsbericht 201 48 309, UBA-FB 000632. UBA Texte 34/04, Berlin

[Milà i Canals et al. 2008] Milà i Canals, L. et al.: Assessing Freshwater Use Impacts in LCA: Part 1 – Inventory Modelling and Characterisation Factors for the Main Impact Pathways. Int. J. LCA 13, DOI 10.1007/s11367-008-0030-z

[OECD 1982] OECD Hazard Assessment Project, Step Systems Group, Final Report, Stockholm, February 1982

[Rosenbaum et al. 2008] Rosenbaum R.K. et al.: USEtox – The UNEP-SETAC toxicity model: recommended characterisation factors for human toxicity and freshwater ecotoxicity in Life Cycle Impact Assessment. Int. J. Life Cycle Assess. 13 (7) 532-546

[Sinden 2009] Sinden, G.: The contribution of PAS 2050 to the evolution of international greenhouse gas emission standards. Int. J. Life Cycle Asess. 14, 195-203

[Udo de Haes et al. 1999] Udo de Haes, H.A. et al.: Best Available Practice Regarding Impact Categories and Category Indicators in Life Cycle Impact Assessment. Part 1. Int. J. LCA 4 (2) 66-74

openLCA: Open Source Software für Life Cycle Assessments – Stand und Weiterentwicklung

Michael Srocka, GreenDeltaTC GmbH, Berlin

1 Einleitung

Zur Durchführung von Ökobilanzen werden oft spezielle Softwarelösungen benötigt und / oder vorhandene Tools kommen aufgrund der Lizenzbedingungen nicht in Frage. Das openLCA-Projekt hat es sich daher zum Ziel gesetzt, eine kostenlose, moderne, modular erweiterbare Open-Source-Software zu entwickeln, mit der es möglich ist, Lebenszyklusanalysen nach ISO 14040 durchzuführen und die außerdem einfach an spezielle Fragestellungen angepasst werden kann. Eine erste Betaversion der Software wurde im September 2008 veröffentlicht und ist als Open-Source-Software frei verfügbar. Mit mehreren tausend Downloads stieß das Projekt international auf viel positive Resonanz. Zahlreiche Tester und Anwender gaben wertvollen Input und sind jetzt als Editoren eingebunden.

Derzeit steht eine neue Version von openLCA kurz vor der Veröffentlichung. Im Vergleich zur ersten Version kommt diese mit zahlreichen Neuerungen, die die Leistungsfähigkeit und Benutzerfreundlichkeit erhöhen und die Erweiterung und Wiederverwendung von Komponenten aus openLCA erlauben. Zu den neuen Features von openLCA zählen insbesondere ein neuer graphischer Editor für Produktsysteme, die Möglichkeit der Parametrisierung von Prozessen, Produktsystemen und Projekten, Unsicherheitsanalysen, verschiedene Verfahren zur Behandlung von Multi-Outputprozessen sowie Mehrsprachigkeit. Wir haben viele wertvolle Rückmeldungen von Testern und Anwendern erhalten, die in diese neue Version eingeflossen sind.

Im Folgenden wird das grundlegende Modell von openLCA kurz dargestellt und die Berechnung eines Produktsystems in openLCA mit einem einfachen Beispiel gezeigt. Um den Umfang dieses Beitrags nicht zu sehr auszudehnen, verweisen wir für weitere Informationen zu openLCA auf die Projektseite www.openLCA.org.

2 Das Modell von openLCA

OpenLCA als Software zur Erstellung von Lebenszyklusmodellen verfügt über ein Datenmodell, dass sich an dem LCA-Datenformat der ISO 14048 TS orientiert und moderne Konzepte aktueller Austauschformate für LCA-Daten, wie zum Beispiel die Flusseigenschaften im ILCD-Format [1] oder die Definition von Allokationseigenschaften im EcoSpold 2-Format [2], beinhaltet.

Kernelement des openLCA-Modells sind natürlich die Prozesse, die neben einer Prozessbeschreibung, Informationen zur Modellierung sowie Validierung und administrativen Informationen eine Menge von Flüssen als Inputs und Outputs umfassen. Dabei sind Kontakte („Actors"), Quellenangaben („Sources") und Flüsse („Flows") eigenständige Modellierungsobjekte, die zentral verwaltet und in beliebig vielen Prozessen verwendet werden können.

Flüsse sind entweder vom Typ Produkt, Abfall oder Elementarfluss und können über verschiedene Eigenschaften verfügen. So kann zum Beispiel Diesel als ein Produkt mit der Referenzeigenschaft Masse, einem Heizwert von 42,6 MJ/kg und einem Marktpreis von 0,67 EUR/kg in openLCA angelegt werden. Damit können in einer Lebenszyklusanalyse durch das Hinzufügen des Marktpreises zu Produkten gleichzeitig die Kosten mit abgebildet werden. Neben den Flusseigenschaften gibt es schließlich noch Einheiten, die in openLCA mit einer Referenzeinheit und den jeweiligen Umrechnungsfaktoren zu Gruppen zusammengefasst werden („Unit groups").

Prozesse können dann in einem Produktsystem graphisch über ihre Produkte miteinander verbunden und berechnet werden. Für die Bewertung der Ergebnisse können LCIA-Methoden mit Kategorien und Charakterisierungsfaktoren für Elementarflüsse angelegt werden. In einem Projekt lassen sich dann schließlich mehrere solcher Produktsysteme miteinander vergleichen. Die Abbildung 1 stellt das Prinzip dieses Modells in UML-Notation dar.

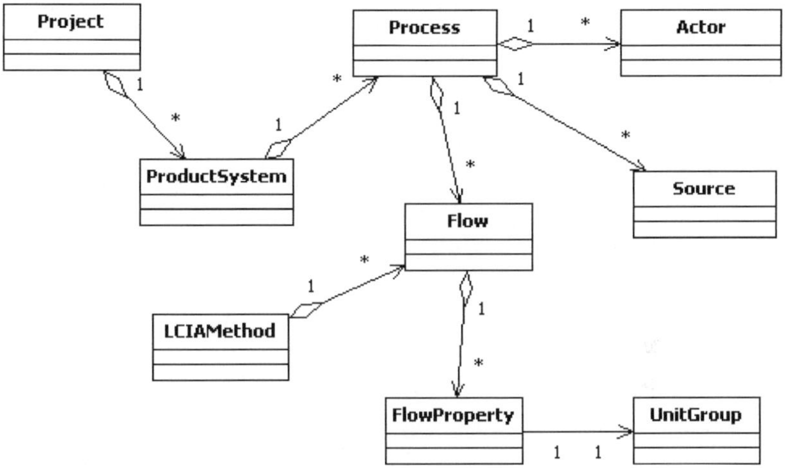

Abb. 1: Das Modell von openLCA

3 Rechnen mit openLCA – ein Beispiel

Kernstück von openLCA ist der Produktsystemeditor, mit dem Netzwerke von Prozessen, die über ihre Produkte und Dienstleistungen miteinander verbunden sind, modelliert und berechnet werden können. Anhand eines kleinen Beispiels zur Herstellung von Aluminium soll die Funktionsweise dieses Editors und der Berechnung in openLCA demonstriert werden. Die Daten sind dabei an [3] und [4] angelehnt, jedoch geändert und nicht vollständig. Tabelle 1 stellt die Technologiematrix und Interventionsmatrix dieses Produktsystems dar (Inputs sind dabei negativ, Outputs positiv).

Legt man in openLCA die entsprechenden Prozesse an und erstellt ein Produktsystem mit dem Prozess „Ingot casting“ als Referenzprozess, kann man durch Nutzen der Autovervollständigung das System von openLCA erstellen lassen. Natürlich kann man das System auch von Hand erstellen, indem man Prozesse in das Produktsystem hineinzieht und diese anhand ihrer Produkte verlinkt. Dabei können zwei Prozesse verbunden werden, wenn ein Prozess das Produkt im Output (Lieferant) und der andere im Input (Empfänger) hat. Das Beispielproduktsystem, welches in Tabelle 1 definiert ist, sieht dann in openLCA wie in Abbildung 2 aus.

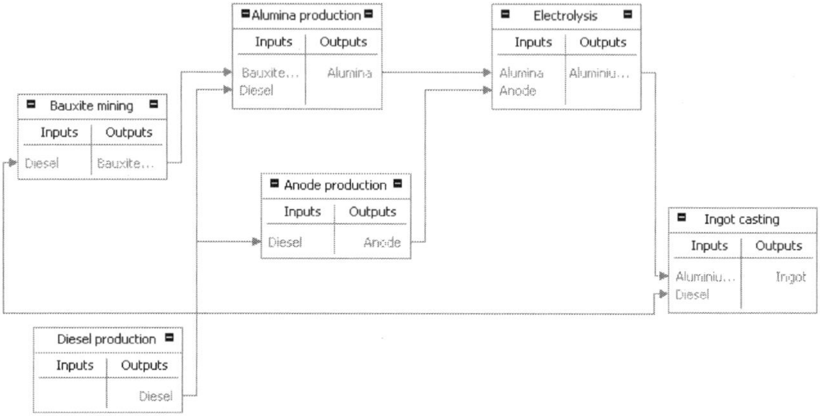

Abb. 2: Das modellierte Beispielsystem in openLCA

	Diesel production	Bauxite mining	Alumina production	Anode production	Electrolysis	Ingot Casting
Diesel [kg]	1	-1,993	-0,6	-3,2		-0,1
Bauxite, at plant [kg]		1000	-2685			
Alumina [kg]			1000		-1925	
Anode [kg]				1000	-441	
Aluminium (liquid metal) [kg]					1000	-874
Ingot [kg]						1000
Crude oil [kg]	-1,5					
Bauxite [kg]		-1000				
CO2 / CO2 equ. [kg]	0,302	48	991	849	9789	368
NOx [kg]	0,000878		1,17	0,29	0,35	0,16
SO2 [kg]	0,0017		5,3	1,7	13,4	0,29

Tab. 1: Technologie- und Interventionsmatrix des Beispielsystems

Zur Berechnung dieses Produktsystems bietet openLCA zwei Methoden an: Die Matrixmethode, wie sie in [5] beschrieben ist, und eine sequentielle Methode. Die Berechnung des Beispielproduktsystems erfolgt in der Matrixmethode mit den folgenden Gleichungen (siehe [5]):

$$s = A^{-1} f$$

$$g = Bs$$

mit:

s: Vektor der Skalierungsfaktoren der einzelnen Prozesse

A^{-1}: Inverse der Technologiematrix

f: Nachfragevektor

g: Bilanzergebnis

B: Interventionsmatrix

Angewandt auf das Beispielproduktsystem mit einer Nachfrage von 1000 kg „Ingot" ergibt sich damit in openLCA des Berechnungsergebnis in Abbildung 3, welches leicht nachgerechnet werden kann.

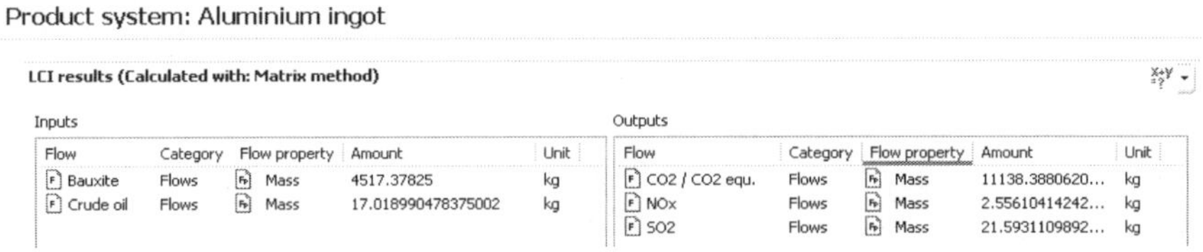

Product system: Aluminium ingot

LCI results (Calculated with: Matrix method)

Inputs

Flow	Category	Flow property	Amount	Unit
Bauxite	Flows	Mass	4517.37825	kg
Crude oil	Flows	Mass	17.018990478375002	kg

Outputs

Flow	Category	Flow property	Amount	Unit
CO2 / CO2 equ.	Flows	Mass	11138.3880620...	kg
NOx	Flows	Mass	2.55610414242...	kg
SO2	Flows	Mass	21.5931109892...	kg

Abb. 3: Berechnungsergebnisse des Beispiels

Das Ergebnis der sequentiellen Methode ist äquivalent, intern arbeitet diese aber anders [6]. In openLCA ist diese Methode durch einen rekursiven Algorithmus implementiert, in dem ausgehend vom Referenzprozess des Produktsystems ein Prozess seine jeweiligen Nachbarprozesse anhand der benötigten Input- bzw. Outputmengen skaliert und dieser Vorgang dann mit den Nachbarprozessen wiederholt wird usw. Hat man dabei zwei Prozesse p, q sowie einen Fluss der Output o_p von p und Input i_q von q ist, dann berechnen sich die Skalierungsfaktoren f_p und f_q der Prozesse zu

$$f_p = f_q \frac{i_q}{o_p}$$

wenn der Prozess p vom Prozess q aus skaliert wird, und zu

$$f_q = f_p \frac{o_p}{i_q}$$

wenn der Prozess q vom Prozess p aus skaliert wird.

Mit beiden Berechnungsmethoden ergibt sich in openLCA das oben dargestellte Ergebnis. Es stellt sich daher die Frage, warum beide Berechnungsmethoden in openLCA implementiert sind. Die sequentielle Methode kann eine Grundlage für das Abbilden dynamischer Prozesse bilden, da die Prozesse in einer zeitlichen Folge skaliert werden. Zudem kann während des Skalierungsprozesses auf den Algorithmus Einfluss genommen werden oder bestimmte Berechnungen durchgeführt werden. Ein Beispiel dafür ist das Abschätzen von Unsicherheiten mit Näherungsverfahren [7]. Die Matrixmethode ist hingegen formal beschrieben [5] und wird zum Beispiel zur Berechnung von Systemprozessen in ecoinvent benutzt [8]. Unterschiede in den Berechnungsergebnissen der beiden Methoden kann es geben, wenn bestimmte Einstellungen in der sequentiellen Methode vorgenommen werden, wie zum Beispiel die Wahl der Skalierungsrichtung.

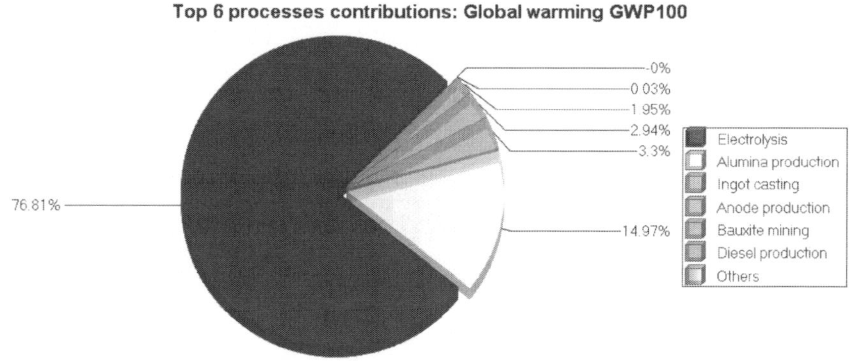

Abb. 4: Bewertungsergebnisse des Beispiels

Zum Abrunden des Beispiels fehlt natürlich noch das Anwenden einer Impact Assessment Methode. In Abbildung 4 sind die prozentualen Beiträge der einzelnen Prozesse zum Treibhausgaspotential dargestellt, wie sie von openLCA errechnet werden. OpenLCA erlaubt den Export der Berechnungsergebnisse in Form von Tabellen und Diagrammen. Des Weiteren werden die zwischen den Prozessen ausgetauschten Mengen von Flüssen in einem Sankey-Diagramm visualisiert (Abb. 5).

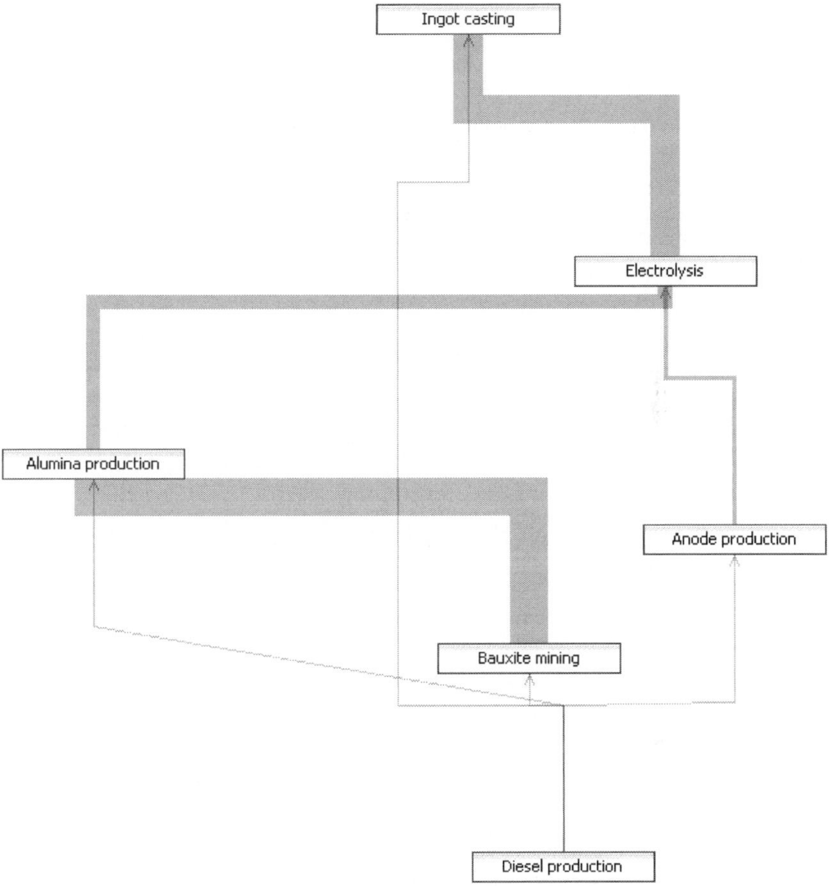

Abb. 5: Sankey-Diagramm des berechneten Beispiels in openLCA

4 Fortgeschrittene Methoden

OpenLCA kann weit mehr als einfache Beispiele wie im vorherigen Abschnitt berechnen. Ein Ziel für die aktuelle Version von openLCA war es zum Beispiel die ecoinvent-Systemprozessergebnisse [9] vollständig reproduzieren zu können. Dabei müssen Produktsysteme mit mehreren tausend Prozessen berechnet werden, was die Leistungsfähigkeit und Korrektheit der Berechnungsmethodik unter Beweis stellt.

Nach den bisherigen Tests wurde dieses Ziel erreicht (Abb. 6). Weitere Features von openLCA sind:

- Berechnung von Zyklen in Produktsystemen (z.B. Materialrecycling oder Stromherstellungsprozesse, die selbst Strom verbrauchen),
- Behandlung von Multi-Outputprozessen durch dynamische Berechnung der Allokationsfaktoren aus Produkteigenschaften (wie zum Beispiel Masse oder Marktwert), Vergabe von kausalen Allokationsfaktoren oder Systemerweiterung,
- Berechnung von Unsicherheiten in Produktsystemen durch Monte-Carlo-Simulationen oder durch Näherungsverfahren [7],
- Parametrisierung von Prozessen, Produktsystemen und Projekten durch globale und lokale Parameter,
- Verschiedene Import- und Exportmöglichkeiten von Daten sowie die Möglichkeit des Arbeitens mit einer externen Datenbank (Client-Server) im Team.

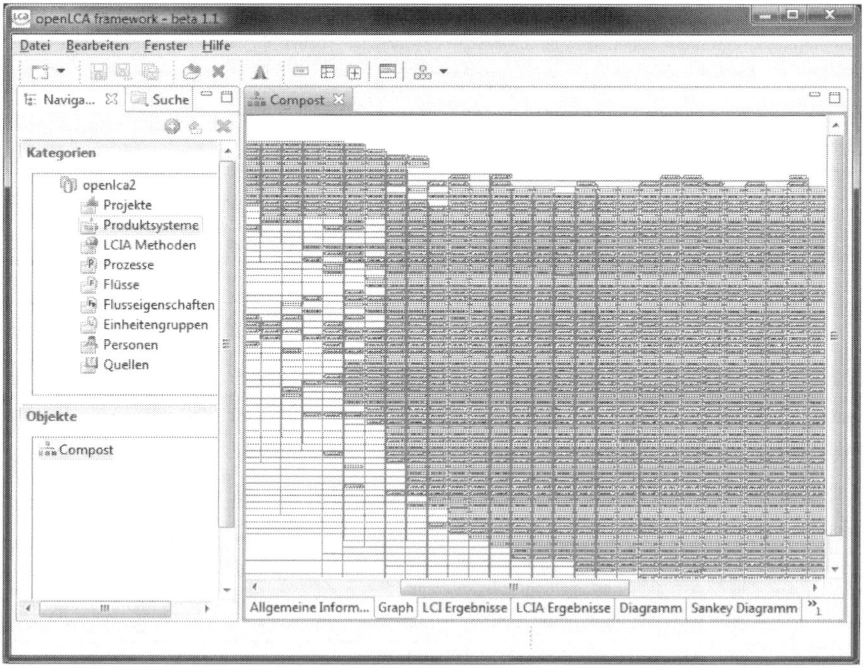

Abb. 6: Ein ecoinvent-Produktsystem in openLCA

5 Weiterentwicklung und Ausblick

Die derzeitige Version von openLCA befindet sich kurz vor dem öffentlichen Release und beinhaltet den vollen Umfang einer Standardökobilanzsoftware. Natürlich muss sich diese Software noch bei den Nutzern bewähren, weshalb das „Beta“ zunächst im Namen verbleibt. Aufgrund der Downloadzahlen und der steigenden Zahl von Beitragenden, Anwendern und Interessenten gehen wir davon aus, dass das Projekt weiter an Dynamik gewinnt.

Die interne Struktur von openLCA ist für die Wiederverwendung und Erweiterung von Komponenten ausgelegt. Damit soll es möglich sein, die Berechnungs- und Speicherkomponenten von openLCA in anderen Anwendungskontexten wie zum Beispiel ERP- und PDM-Systemen oder Internetanwendungen wiederzuverwenden. Daneben sollen Interessierte in der Lage sein, openLCA erweitern zu können. Wie das gehen kann, wurde zum Beispiel in [10] mit der Erweiterung von openLCA durch eine einfache Methode zur Bewertung von sozialen Auswirkungen beschrieben.

Referenzen

[1] http://lca.jrc.ec.europa.eu/lcainfohub/developerPage.vm, zuletzt besucht am 23.09.09

[2] http://www.ecoinvent.org/database/ecospold-data-format/ecospold-v2/, zuletzt besucht am 23.09.09

[3] ELCD core database version II, http://lca.jrc.ec.europa.eu/lcainfohub/ datasetArea.vm, zuletzt besucht am 23.09.09

[4] International Aluminium Institute: Life Cycle Assessment of Aluminium: Inventory data for the worldwide primary aluminium industry. March 2003

[5] Heijungs, R., Sangwon Suh, Sangwon: The Computational Structure of Life Cycle Assessment. Springer Netherland, 2002

[6] Schmidt, M. (1995): Die Modellierung von Stoffrekursionen in Ökobilanzen. In: Schmidt, M., Schorb, A. (Hrsg.): Stoffstromanalysen in Ökobilanzen und Öko-Audits, Berlin, Heidelberg, New York.

[7] Ciroth, A., Fleischer, G., Steinbach, J.: Uncertainty Calculation in Life Cycle Assessments - A Combined Model of Simulation and Approximation, Int J LCA 9 (4) 216 – 226 (2004)

[8] Frischknecht R. et al. (2007), Overview and Methodology. Final report ecoinvent v2.0 No. 1, Swiss Centre for Life Cycle Inventories, Duebendorf, CH.

[9] http://www.ecoinvent.org, zuletzt besucht am 23.09.09

[10] Srocka M., Greve S., Ciroth A.: The openLCA Plug-in Structure – Opening up an Open Source Sustainability Assessment Software, präsentiert auf der EnviroInfo 2009.

Die Allokation in der Ökobilanzierung vor dem Hintergrund der Nutzenmaximierung

Mario Schmidt, Hochschule Pforzheim

1 Einleitung

Seit es Ökobilanzen oder Life Cycle Assessments (LCA) gibt, wird über das Problem der Allokation diskutiert [BUS 1984, PGL 1992; SETAC 1994]. Sie kann die Ergebnisse von Ökobilanzen wesentlich beeinflussen und entscheidet, welche Bedeutung z.B. Nebenprodukte oder das Recycling im Lebensweg der Produkte haben. Da die Allokation an vielen Stellen in Ökobilanzen notwendig ist und es mehrere Ansätze zur Handhabung gibt, ist sie zugleich eine Quelle für Intransparenz und Willkür. So ist es nicht verwunderlich, dass sich die einschlägigen Regelungen wie etwa die ISO 14.044 diesem Thema explizit widmen.

Das eigentliche Grundproblem der Allokation soll an einem klassischen Beispiel aufgezeigt werden. In den 80er Jahren beschwor der schweizerische Ingenieur Grassmann die Fortschritte auf dem Gebiet der Solartechnologie und verglich sie mit den Ergebnissen der Evolution: „Der Wirkungsgrad der technischen Anlagen, gerechnet von der auffallenden Strahlung bis zum abgegebenen Gleichstrom ist rund eine Zehnerpotenz höher als der der Photosynthese der Pflanzen." Und weiter: „Der Nettowirkungsgrad übertrifft selten 2%." [Grassmann 1987]. Die einfache Rechnung, die er durchführte, verblüfft in ihrem Ergebnis. Sollte die Natur tatsächlich so ineffizient sein?

Betrachtet man die gängige Reaktionsgleichung für die Photosynthese, so fällt auf, dass die Rechnung mit dem ersten Hauptsatz der Thermodynamik nicht beendet ist [Müller 1996]. Denn der zweite Hauptsatz wiederspricht in gewisser Weise dem ersten, wenn man rein stöchiometrisch aus den Produkten Kohlendioxid, Wasser und Sonnenenergie die Produkte Kohlenhydrat und Sauerstoff herstellt. Man hat etwas vergessen, denn bei der Reaktion wird eine Entropieerhöhung notwendig, die nur erreicht werden kann, wenn die Pflanze gleichzeitig Wasser verdunstet und mit Luft mischt. Bei einer Temperatur von 288 °K muss die Pflanze deshalb die 288fache

Menge an Wasser und die 3fache Menge an Luft verwenden und miteinander vermischen, als dies nach stöchiometrischer Rechnung erforderlich gewesen wäre.

Es handelt sich bei der Photosynthese also um einen Kuppelprozess. Die Natur produziert damit Biomasse und befeuchtet die Luft gleichermaßen. Schlägt man die für diesen Prozess erforderliche Energiemenge nur der Biomasse zu, so muss der Wirkungsgrad zwangsläufig gering ausfallen. Doch wie soll man die erforderliche Energie fair zwischen den beiden „Produkten" aufteilen? Die Natur kennt nur den kombinierten Prozess. Aber der Homo technicus bewertet den Nutzen der Photosynthese anders: Für ihn ist nur die Biomasse „wertvoll", den Luftbefeuchter vernachlässigt er. Zwangsläufig muss ihm der Wirkungsgrad der Photosynthese unbefriedigend erscheinen.

Wichtig ist also, was der Nutzen eines Prozesses ist. Diese Frage lässt sich nicht „objektiv" beantworten. Sie unterliegt immer einer subjektiven Einschätzung, einer Bewertung der Erzeugnisse des Prozesses. Die Natur kennt im vorgestellten Beispiel nur den Gesamtprozess der Photosynthese und erzeugt ein Produktbündel. Das Gesamtsystem steht im Vordergrund. Der Homo technicus aber teilt das System in Subsysteme und will diese Subsysteme einzeln für sich analysieren. Damit beginnt das Allokationsproblem.

2 Typische Beispiele

2.1 Die Chlor-Alkali-Elektrolyse

Eine Allokation wird in vielen Situationen notwendig: bei Kuppelprozessen, bei Transportvorgängen oder beim Recycling. Am einfachsten kann sie an dem starren Kuppelprozess der Chlor-Alkali-Elektrolyse erläutert werden. Aus Steinsalz, Wasser und elektrischer Energie entstehen in einem festen stöchiometrischen Verhältnis die drei Produkte Natriumhydroxid, Chlorgas und Wasserstoff (siehe Abb. 1). Benötigt man nur eines dieser Produkte für seine Ökobilanz und setzt diesen Prozess an, so hat man automatisch weitere Produkte mitproduziert, die in der funktionellen Einheit einer Ökobilanz mit auftauchen müssten. Das gängige LCA-Rechenverfahren von Heijungs (1994), wie es auch in der Datenbank von ECOINVENT eingesetzt wird, geht ausschließlich von Einproduktprozessen aus, d.h. jeder Prozess liefert genau ein Produkt. Damit lässt sich ein System aus linearen Gleichungen aufbauen, mit dem die wechselseitigen Verknüpfungen und Materialkreisläufe im Produktionssystem abbilden werden können. Der Kuppelprozess der Chlor-Alkali-Elektrolyse muss dazu in drei Einzelprozesse zerlegt werden (siehe Abb. 2).

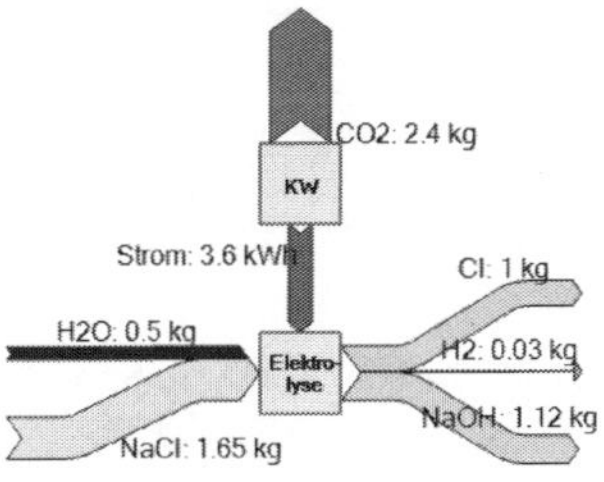

Abb. 1: Die Chlor-Alkali-Elektrolyse als Kuppelprozess (vereinfacht)

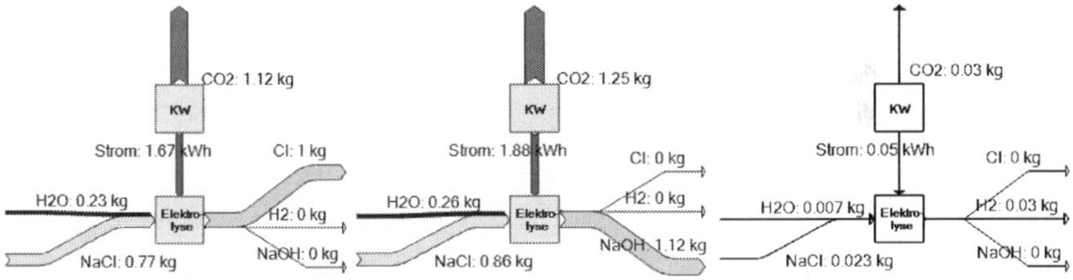

Abb. 2: Die Chlor-Alkali-Elektrolyse als drei Einzelprozesse für Natriumhydroxid, Chlor und Wasserstoff (von links nach rechts)

Doch wie werden die erforderlichen Rohstoffe, der Energiebedarf und die Umweltbelastungen zwischen den drei Einzelprozessen aufgeteilt? Die Verteilung könnte einfach nach Masseanteil erfolgen – so wurde in Abb. 2 vorgegangen [Mampel 1995]. Man könnte – zumindest für die Eingangsstoffe – auch die Stöchiometrie heranziehen und schauen, woher welche Elemente stammen; allerdings bleibt dann die Zurechnung der Energie ungeklärt. Auf jeden Fall steht hinter diesen Ansätzen der Versuch, ein Art Verursachungsprinzip anzuwenden. Doch dieser Ansatz ist zweifelhaft, da der Rohstoffeinsatz und die Umweltbelastungen weder mit der Masse noch mit der Stöchiometrie der einzelnen Produkte skalieren, sondern nur gekoppelt auftreten.

Erinnert man sich an die historischen Ursprünge der Chlor-Alkali-Elektrolyse, so tritt noch ein weiteres Problem auf. Die beiden Hauptprodukte Natriumhydroxid und Chlor waren zu Beginn des 20. Jahrhunderts keineswegs beide „erwünscht“, die Nachfrage nach Natriumhydroxid war wesentlich größer. Kurz vor dem 1. Weltkrieg existierte durch die neue Technik sogar ein Überangebot an Chlor, und der Chemiehandel beklagte die „ruinösen Preise“ von Chlorprodukten [Grauer 1902; Gehe 1913, S. 144]. Chlor konnte fast schon als Abfallprodukt des Kuppelprozesses angesehen werden; doch in diesem Fall dürften Rohstoffbedarf und Umweltbelastung nicht auf das Chlor angerechnet werden.

Die zentrale Frage, die sich hier stellt, ist folgende: Muss sich die Allokation an den Outputstoffen orientieren, die „potentiell“ (z.B. aufgrund physikalischer oder chemischer Eigenschaften) genutzt werden können, oder nur an jenen, für die „de facto“ eine Nutzung möglich ist? Im ersten Fall kann man von Masseanteilen oder Elementgehalt ausgehen. Im letzteren Fall müsste man sich an der Nachfrage orientieren, die jedoch vor 100 Jahren für Chlor zu gering war. Chlor war quasi kein Produkt und hatte keinen Nutzen dargestellt, dies machte sich am Marktpreis fest.

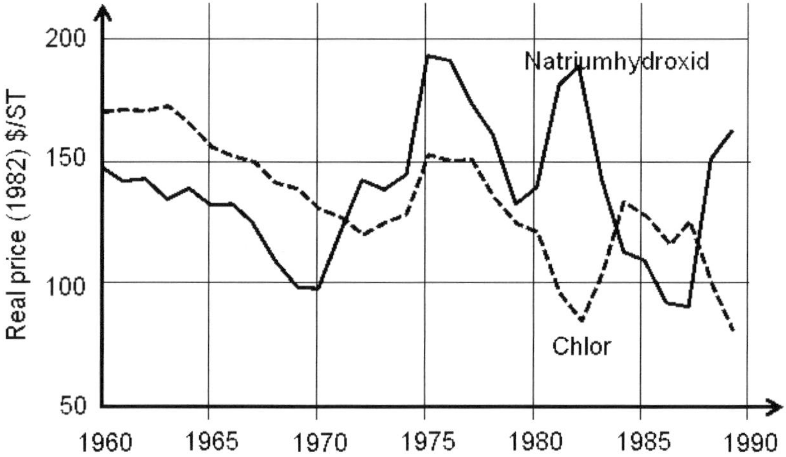

Abb. 3: Die Marktpreisschwankungen für die Produkte aus der Chloralkali-Elektrolyse. Nach [Ricciardelli 1991].

Auch in den vergangenen Jahrzehnten durchlebten die Marktpreise für Chlor und Natriumhydroxid erhebliche Schwankungen [Ricciardelli 1991]; der wirtschaftliche Nutzen der Produkte unterlag vielen Einflüssen. Diese Situation wiederholt sich heute in vielen Fällen, wo Nebenprodukte – je nach Marktlage – als Abfälle oder als wertvolle Sekundärrohstoffe in Erscheinung treten können. Die Allokation muss diese Nutzeneinschätzung berücksichtigen, sonst würde sie den Aufwand eines Prozesses nicht mehr der eigentlichen funktionalen Einheit zuordnen.

2.2 Kraft-Wärme-Kopplung

Die Frage, was Produkt und was Abfall ist, tritt besonders deutlich bei der Kraft-Wärme-Kopplung zu Tage. Ein Kraftwerk fernab der Abnehmer von Industrie und Haushalten muss die Wärme als Abfall, eben als *Ab*wärme einstufen. Sind dagegen Abnehmer da, so kann die Kraft-Wärme-Kopplung als ein Kuppelprozess mit zwei Produkten verstanden werden. Sollen der Brennstoff und die Umweltbelastungen auf diese beiden Produkte verteilt werden, so kann dies nach Energieanteil erfolgen.

In der Fachdiskussion wurde jedoch immer wieder die unterschiedliche Wertigkeit der Energie, gemessen als Exergie, thematisiert. Dies führt zu einer veränderten Allokation. Ebenso kann man davon ausgehen, welches Produkt den Ausschlag für den Bau und Betrieb der Anlage gegeben hat und diesem den gesamten Aufwand anlasten: Geht es primär um die Stromerzeugung, so wird jede kWh Abwärme, die nun zusätzlich genutzt wird, die Brennstoff- und Umweltbilanz nicht oder zumindest in nur geringem Umfang verschlechtern. Dieses Beispiel hatte bereits [Frischknecht 1998] für verschiedene Allokationsansätze vorgestellt (siehe Tab. 1).

Tab. 1: Allokationsfälle bei der Kraft-Wärme-Kopplung. Nach [Frischknecht 1998].

Fall	Kriterium	Parameter	Gewichtungsfaktor		Allokationsfaktor	
			Elektrisch	Fernwärme	Elektrisch	Fernwärme
1	Physikalischer Wert	Energieinhalt (kWh/kWh)	1	1	0,36	0,64
2		Exergieinhalt (kWh/kWh)	1	0,182	0,75	0,25
3	Ökonomischer Wert	Verkaufswert (SFr/kWh)	0,178	0,062	0,62	0,38
4	Motivation	Wärme ist Nebenprodukt	1	0	1	0
5		Strom ist Nebenprodukt	0	1	0	1

Ein in der Ökobilanzierung verbreiteter Ansatz zur Umgehung einer Allokation ist die Erweiterung des Systems. Wenn in einem System ein Kuppelprozess auftritt, der ein zusätzliches Produkt erzeugt, so wird dieser Kuppelprozess nicht durch Allokation aufgeteilt, sondern das zusätzliche Produkt wird in die funktionelle Einheit, die es zu vergleichen gilt, mit aufgenommen. Das führt zu der Schwierigkeit, dass in einem Vergleichssystem dieses Kuppelprodukt möglicherweise gar nicht (in der gleichen Menge) vorkommt. Es muss dann durch geeignete Äquivalenzprozesse, um die das

System erweitert wird, erzeugt werden, um Vergleichbarkeit herzustellen. Das Verfahren ist in Abb. 4 dargestellt.

Allerdings wurde diese Vorgehensweise kritisiert und nur als eine spezielle Form der Allokation bezeichnet [Frischknecht 2000]. Die Frage, welche Allokationsfaktoren verwendet werden sollen, wird – vereinfacht gesagt – nur durch die Frage ersetzt, welchen Äquivalenzprozess man auswählt. Die ISO-Norm 14044 bevorzugt deshalb zu Unrecht vor der Allokation die so genannte Systemerweiterung.

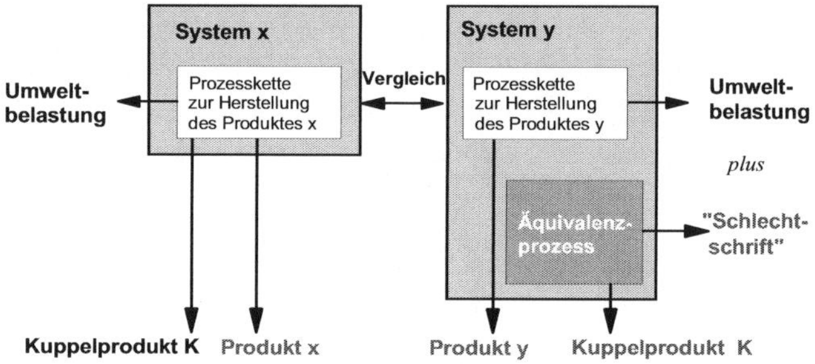

Abb. 4: Umgehung der Allokation durch eine Systemerweitung mittels Äquivalenzprozessen im Vergleichssystem. Nach [Mampel 1995].

2.3 Spezialfall Müllverbrennung

Ein in der Ökobilanzierung wichtiger Anwendungsfall sind Entsorgungsprozesse, wie z.B. die Müllverbrennung. Sie hatte auf die Entwicklung geeigneter Allokationsvorschriften für den LCA-Bereich einen großen Einfluss. Dies wird an folgendem Beispiel deutlich. Die funktionelle Einheit einer Müllverbrennung liegt auf der Input-Seite, es ist nämlich der zu verbrennende Abfall. Dabei entstehen Umweltbelastungen, zur Einfachheit werden hier nur pauschal Emissionen angesetzt. Wenn nun mehrere Abfälle gemeinsam verbrannt werden, so entsteht wieder ein Kuppelprozess mit zwei Kuppel-„Produkten“ auf der Inputseite. Die Frage ist dann, wie die Emissionen auf die Abfälle zugerechnet werden. Im einfachsten Fall kann man die Emissionen entsprechend der Mengen auf die beiden Abfälle verteilen (siehe Abb. 5).

Dieses Vorgehen ist aber nur sinnvoll, wenn beide Abfälle gleichermaßen zu diesen Emissionen führen. Es gibt aber bekanntlich Abfälle mit Inhaltsstoffen, z.B. Schwermetallen, die zu spezifischen Emissionen führen. Es wäre nicht angemessen, diese Emissionen auch den anderen Abfällen, die daran nicht beteiligt sind, anzurechnen. Hier erwartet man eine Art Verursachungsprinzip.

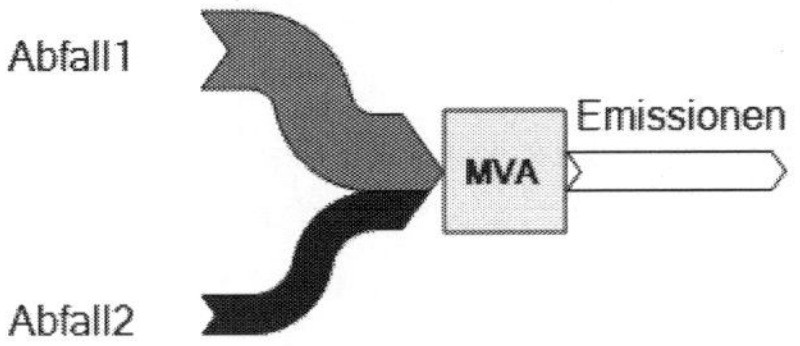

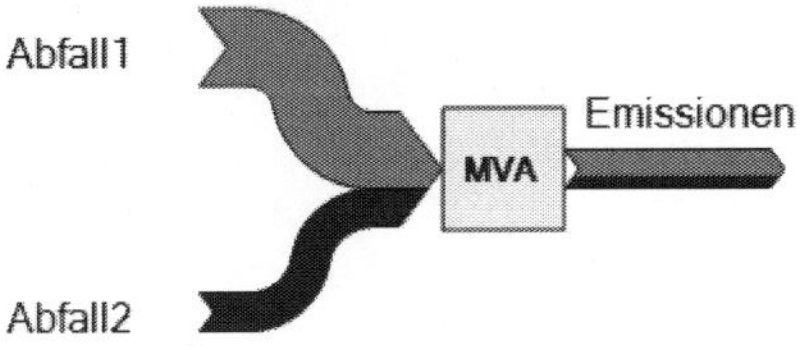

Abb. 5: Allokation der Emissionen auf zwei Abfallströme bei einem Entsorgungsprozess.

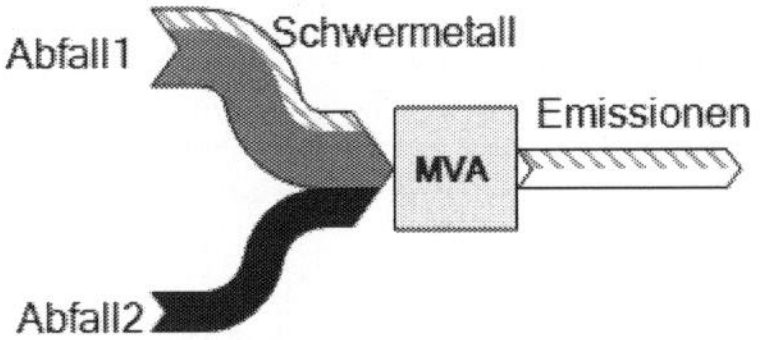

Abb. 6: Die Schwermetallemissionen dürfen nach dem Verursacherprinzip nur dem Abfall 1 zugerechnet werden.

Das Verursachungsprinzip ist hier naheliegend. Insofern scheint der Ansatz der ISO-14044-Norm berechtigt. Sie verlangt nämlich den Vorrang von „physikalischen Beziehungen" vor der Anwendung ökonomischer Größen. Aber dieses Prinzip lässt sich auf klassische Kuppelprozesse nur begrenzt übertragen.

2.4 Allokationen beim PCF

Eine Neuauflage der Allokationsdiskussion erfolgte 2008 mit der Veröffentlichung der britischen PAS 2050 zum Product Carbon Footprint (PCF). Der PCF folgt im Wesentlichen der Methodik der LCA, bezieht sich allerdings nur auf die Treibhauswirkung des Produktsystems. Bei den Allokationen wurde in der PAS 2050 ursprünglich nicht ein Vorrang der physikalischen Beziehungen, sondern der ökonomischen Zusammenhänge verlangt. Dies führte zu erheblicher Kritik.

Konkrete Anwendungsbeispiele zeigen aber die Grenzen des physikalischen Ansatzes. So tritt beispielsweise bei der Ernte und Herstellung von Baumwolle folgendes Problem auf [Jungmichel 2009]: Von der geernteten Saatbaumwolle müssen die Baumwollsamen getrennt werden, um die Rohbaumwolle zu erhalten. Rohbaumwolle und Baumwollsamen sind beides Produkte, die weiterverarbeitet werden können – mit einer Gewichtsaufteilung von 40 % zu 60 %. Physikalisch betrachtet müssten also die Baumwollsamen den größeren Anteil an Aufwendungen und Umweltbelastungen durch den Anbau der Baumwolle erhalten. Dies widerspricht aber der ursprünglichen Motivation des Anbaus, nämlich die Rohbaumwolle herzustellen. Sie ist der eigentlich wertschöpfende Prozess, sie verspricht den größten Nutzen. Dies drückt sich auch in den Marktpreisen aus. Die Rohbaumwolle macht 87 % des Wertes aus, die Baumwollsamen nur 13 %. Ähnliche Beispiele lassen sich auch sonst in der Praxis finden, z.B. beim Anbau von Weizen (und der Nutzung von Stroh als Kuppelprodukt). Hier ist eine Anwendung von ökonomischen Allokationsvorschriften, nämlich die Zurechnung nach Marktpreis, wesentlich sinnvoller. Mit dem Marktpreis werden die Rohstoffaufwendungen und die Umweltbelastungen dem Nutzen zugeordnet. Der Nutzen ist aber immer ein Begriff aus dem ökonomischen System. Er zeigt an, was Nebenprodukt und was Hauptprodukt des Prozesses ist.

Ein ebenso interessanter Fall aus der textilen Kette ist der Umgang mit Nebenprodukten entlang der Supply Chain [Jungmichel 2009]. Viele Zulieferer für die Verarbeitung der Baumwolle, des Garns und für die Konfektionierung der Textilien, die im Westen auf den Markt kommen, sind in Ländern wie China oder Indien. Die Wertschöpfung dieser Betriebe besteht im Wesentlichen in dem Zuliefergeschäft für Auftraggeber aus den Industrieländern. Allerdings kommt es vor, dass nicht unerhebliche Produktionsmengen der Betriebe in den regionalen Markt der Länder gehen – zu deutlich geringeren Preisen als die Exportgüter. Bei einer Analyse eines T-Shirts für den Otto-Versand entstehen bei einem Produktgewicht von 222 Gramm entlang der Supply Chain 1,65 kg Nebenprodukte. Würde man die Treibhausgasemissionen des PCF nach Gewicht allozieren, so würde der PCF für das T-Shirt um 45 % günstiger ausfallen, die lokal genutzten Nebenprodukte würden stärker belastet werden. Dabei ist aber klar, dass die Produktion nur aufgrund der exportorientierten Lieferbeziehungen erfolgt. Gerade unter dem Gesichtspunkt der nachhaltigen Entwicklung ist hier eine sture Allokation nach physikalischen Kriterien wenig sinnvoll.

3 Ökonomischer Zugang

3.1 Kuppelprozesse

Die Beschäftigung mit Kuppelprozessen und deren Bewertung ist vor allem in der ökonomischen Theorie immer wieder ein Thema [Müller-Fürstenberger 1995; Oenning 1996; Baumgärtner 2006]. Erstmals wies Adam Smith auf Kuppelprozesse hin, die sich entsprechend der damaligen Zeit auf landwirtschaftliche Produkte bezogen [Smith 1776/1999, S. 284]:

> *„Gewisse Arten von Bodenprodukten hat die Natur als eine Art Anhängsel zu anderen Arten ausgebildet, so dass die Menge des einen…*

notwendigerweise durch die des anderen begrenzt ist. Die Menge Wolle oder Häute ... ist notwendigerweise durch die Stückzahl des ... Groß- und Kleinviehs beschränkt. Dieselben Ursachen, die ... den Fleischpreis steigen lassen, sollten ... die gleiche Wirkung auf die Preise von Wolle und Häuten haben und diese ebenfalls ... steigen lassen. ... Doch die Ausdehnung ihrer jeweiligen Märkte ist für gewöhnlich höchst unterschiedlich. Der Markt für Frischfleisch beschränkt sich fast überall auf das Erzeugerland... Umgekehrt beschränkt sich der Markt für Wolle und Häute ... sehr selten auf das Erzeugerland. Sie lassen sich leicht in weit entfernte Länder transportieren.... In ... dünn besiedelten Ländern ist der Preis von Wolle und Haut im Verhältnis zu dem des ganzen Tieres immer viel höher als in Ländern, in denen ... mehr Fleisch nachgefragt wird.“

Damit schildert Smith nicht nur die Kuppelproduktion selbst, sondern auch das Problem, welcher Nutzen mit den Kuppelprodukten jeweils verbunden ist und welche Bedeutung die marktliche Nachfrage für die Einschätzung des Nutzens hat.

Dieses Thema ist bis heute aktuell, wenngleich die Rahmenbedingungen sich in einer modernen Industriegesellschaft und zukünftigen Kreislaufwirtschaft verändert haben. Insbesondere muss neu geklärt werden, was Produkt und was Rohstoff bzw. Kosten sind. Besonders das MVA-Beispiel aus Kap. 2 muss sich in einen fortschrittlichen Ansatz nahtlos einfügen lassen.

Während für den Ökologen bei einem Produktionsprozess die Produkte auf der einen Seite und die Rohstoffverbräuche sowie die Umweltbelastungen auf der anderen Seite zu erfassen sind, interessiert sich der Ökonomen für die monetär bewertete Ausbringungsmenge an Produkten und den monetär bewerteten Verzehr an Faktoren, darunter Rohstoffe, Arbeitskraft und Kapital. Letztendlich geht es dem Ökonomen um Kosten und Leistung oder, in einer anderen Darstellung, um den monetären Aufwand und den monetären Ertrag einer Produktion. Dieses Begriffspaar „Aufwand und Ertrag“ kann nicht nur monetär interpretiert werden, sondern es kann verallgemeinert und auf die stoffliche Ebene übertragen werden [Dyckhoff 1994; Möller 2000]: Ein Ertrag ist das gewünschte Ergebnis eines Umwandlungsprozesses. Dabei ist es unerheblich, ob es sich um einen Input oder Output handelt; der Umwandlungsprozess kann sowohl Produktion als auch Reduktion sein. Unter Reduktion werden Recyclingprozesse verstanden. Aufwand sind hingegen alle Inputs oder Outputs, die zur Erbringung des Ertrags erforderlich sind und ökonomisch oder ökologisch unerwünscht sind. Damit unterliegen Erträge einem Maximierungsgebot, während die Aufwände zu minimieren sind.

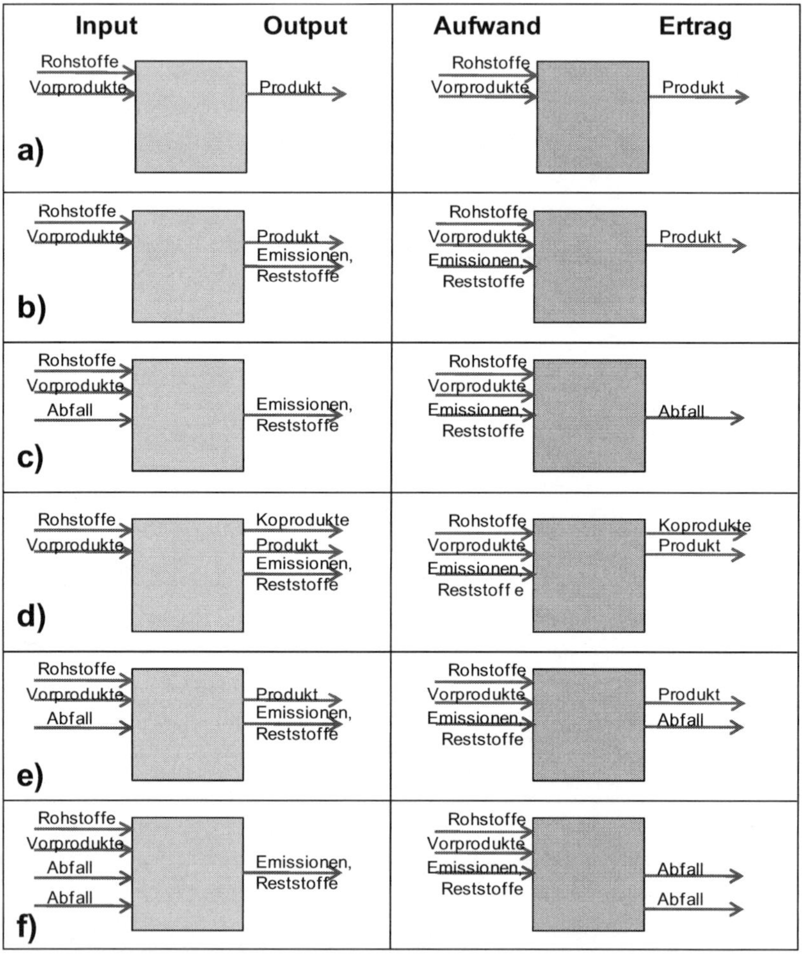

Abb. 7: Systematik von Transformationsprozessen: a) Produktion (nur ökonomisch), b) Produktion (incl. ökologischer Aufwand), c) Reduktion, d) klassische Kuppelproduktion, e) Kuppelprozess mit kombinierter Produktion und Reduktion, f) Kuppelreduktion.

Diese begriffliche Festlegung ermöglicht die systematische Darstellung von Produktion und Reduktion als Umwandlungsprozesse, egal auf welcher Seite der Ertrag auftritt. Außerdem können damit schnell Kuppelprozesse identifiziert werden. In Abb. 7 werden Produktion und Reduktion als Input-Output-Prozess (links) und als Aufwands- und Ertrags-Prozess (rechts) dargestellt. Der Fall a) ist der klassische Produktionsfall, wie er von der Ökonomie betrachtet wird. In Fall b) kommen die Emissionen auf der Outputseite hinzu, die als ökologischer Aufwand interpretiert werden. Bei der Reduktion in Fall c) wird ein Abfall durch den Prozess „vernichtet", er ist also der Ertrag des Prozesses; alle anderen Ströme sind der dafür erforderliche Aufwand. Ein Kuppelprozess liegt dann vor, wenn auf der Aufwandsseite mehrere Aufwände auftreten. Das können mehrere Produkte sein (Fall d), aber auch ein Produkt und ein Abfall auf der Inputseite (Fall e) oder zwei Abfälle auf der Inputseite (Fall f).

Interessant sind die Reststoffe auf der Outputseite: Wann sind sie ein Aufwand und wann können sie ein Kuppelprodukt sein? Ökonomisch betrachtet sind sie dann ein Aufwand, wenn Kosten zu ihrer Entsorgung entstehen. Tragen Sie dagegen zum Erlös des Prozesses bei, so werden sie zu einem Koprodukt. Es ist also der Marktpreis, oder genauer sein Vorzeichen, der darüber entscheidet, ob ein Input- oder Output-Material als Aufwand oder als Ertrag interpretiert werden muss. [Dyckhoff 1994] hat dafür das Begriffspaar Gut/Übel eingeführt: Ein Gut besitzt quasi einen positiven Marktpreis, ein Übel einen negativen, d.h. man muss dafür bezahlen, um sich seiner zu entledigen.

Die Aufgabe der Allokation besteht nun genau darin, den Aufwand eines Prozesses auf mehrere Erträge zu verrechnen. Vor dieser Aufgabe stehen sowohl die Ökonomen als auch die Ökologen. Ein Kuppelprozess wird quasi in zwei oder mehrere Prozesse mit jeweils nur einem Ertrag geteilt. Die Summe der Aufwände (und Erträge) über alle Prozesse muss dabei wieder zu den Ausgangswerten führen.

3.2 Allokation bzw. Kuppelprozesszurechnung

Von welchem Prinzip lässt man sich bei dieser Zurechnung leiten? Es wurde bereits deutlich, dass innerhalb der LCA-Methodik eine physikalische Orientierung vorherrscht, d.h. man sucht nach kausalen Zusammenhängen zwischen dem Aufwand und den verschiedenen Erträgen. Für einen echten Kuppelprozess dürfte sich das allerdings schwerfallen. Das beschrieb schon John Stuart Mill, der als Erster das eigentliche Allokationsproblem formulierte, nämlich wie die Kosten einer Kuppelproduktion den einzelnen Kuppelprodukten zugerechnet werden können [Mill 1862/1864, S. 419]:

„Es trifft sich zuweilen, daß zwei verschiedene Artikel, so zu sagen, gemeinsame Produktionskosten haben. Sie sind beide Produkte einer und derselben Operation ..., und die Auslage findet wegen beider zusammen statt...
Von solchen Artikeln, welche so in ihrer Produktion verbunden sind, lassen sich manche Beispiele anführen. Koke und Steinkohlengas z.B. werden beide aus demselben Material und durch dieselbe Operation hergestellt. In einem partielleren Sinne gehören dahin: Hammelfleisch und Wolle; Ochsenfleisch, Häute und Talg; Kälber und Milchprodukte; Küken und Eier.
Die Produktionskosten können gar nicht in Betracht kommen, um den Werth der so verbundenen Artikel im Verhältnis zu einander zu bestimmen; nur ihr vereinter Werth wird dadurch bestimmt. ... Es bedarf eines Prinzips, um zwischen beiden dem jeden zukommenden Antheil an den Produktionsausgaben zu bestimmen.
Da die Produktionskosten hier im Stiche lassen, so müssen wir zu einem ...fundamentalen Gesetze des Werthes zurückkehren – dem Gesetz der Nachfrage und des Angebotes. Dieses Gesetz geht dahin, daß die Nachfrage nach einem Artikel je nach seinem Werthe variirt, und daß der Wert sich selbst so regulirt, daß die Nachfrage sich dem Angebot gleich stellt. Hieraus können wir das gesuchte Prinzip der Verteilung entnehmen.“

Mill verteilt die Kosten also nach dem Wert der Produkte, der sich aufgrund der Nachfrage am Markt einstellt. Innerhalb der Betriebswirtschaftslehre wird diese Vorgehensweise als das Tragfähigkeitsprinzip bezeichnet. Die Kosten (oder der Aufwand) werden entsprechend dem Wert auf jene Kostenträger verteilt, die aufgrund ihrer marktlichen Potenz in der Lage sind, die Kosten überhaupt zu „tragen“.

Es ist nicht das einzige Prinzip, nach dem Kuppelprozesskosten verteilt werden können. Im Zusammenhang mit der Verteilung von Gemeinkosten in Betrieben wurden insbesondere durch [Rummel 1947] Kenngrößen eingeführt, mit denen eine Verrechnung erfolgt. Typisch ist die Anwendung eines Qualitätsprinzips, bei dem man technische Qualitätsgrößen der Ertragsobjekte verwendet (z.B. Gewicht, Volumen, Heizwert, ...) und dementsprechend die Kosten verteilt. Genau genommen versucht man dabei jedoch, die Kosten auf eine quantifizierbare Nutzengröße zu verrechnen, die sich für alle Ertragsobjekte gleichermaßen anwenden lässt. Insbesondere der Techniker sucht dabei Nutzengrößen, die eindeutig und frei von Willkür sind, also am besten durch die technischen Eigenschaften der Ertragsobjekte vorgegeben sind, z.B. Heizwert von Energieträgern, das Volumen von Transportkapazitäten usw. Im Umweltbereich wird dieses Qualitätsprinzip jedoch oft mit dem kausalen Prinzip verwechselt.

Insbesondere [Riebel 1994] hat diese Kausalität sehr in Zweifel gezogen. Denn was ist Ursache und was die Wirkung? Ist das Produkt die Ursache und sind die Kosten (oder die Umweltbelastungen) die Wirkung? Riebel hat formal argumentiert, dass die Leistung, d.h. in der Regel das Produkt, oft erst NACH dem Verzehr der Produktionsfaktoren (und nach den Umweltbelastungen) entsteht. Also folgt die Ursache – zeitlich betrachtet – der Wirkung, was kaum als Kausalprinzip bezeichnet werden kann, auch und erst recht nicht in den Natur- und Ingenieurwissenschaften. Vielmehr folgt man bei der Verrechnung einer Mittel-Zweck-Relation. Sowohl das Produkt als auch der Faktorenverzehr (und die Umweltbelastungen) sind hingegen gemeinsame Wirkungen einer ganz anderen Ursache: nämlich der Entscheidung, die Produktion in der vorliegenden Weise durchzuführen. Riebel schlug damit die Brücke zur dispositiven Ebene und suchte nach entscheidungsorientierten Lösungen. Bei der Kuppelproduktion lehnte er eine Aufteilung der Kosten durch Allokation strikt ab und forderte die Rechnung in Kuppelproduktbündeln, was sich in der Praxis allerdings kaum durchgesetzt hat.

4 Allokation mit Nutzenmaximierung

Bereits [Frischknecht 2000] hatte darauf hingewiesen, dass die Allokation bei LCA unter dem Gesichtspunkt der Entscheidungsfindung gesehen werden muss und je nach Entscheidungssituation verschiedene Vorgehensweisen erforderlich sein können.

Einen interessanten Weg hat der Betriebswirt [Gümbel 1988] im Bereich der klassischen Kostenrechnung eingeschlagen. Er stellte die Frage nach der Zurechnung von echten Gemeinkosten auf die Kostenträger, also die Produkte, und suchte nach einem willkürfreien Verfahren, was bislang immer als aussichtslos angesehen wurde. Sein Vorschlag geht schließlich von einer Nutzenfunktion U für alle Produkte des Unternehmens aus:

$$U = f(y_1, \ldots, y_N)$$

Die y_i sind hierbei die verschiedenen Mengen des Produktabsatzes. U kann als Nutzenfunktion monetär ausgerichtet sein und die Gewinnfunktion enthalten; es können aber auch nichtmonetäre Komponenten berücksichtigt werden wie z.B. das Prestige des Unternehmens. Diese Nutzenfunktion gilt es nach Gümbel zu maximieren.

$$\max U = f(y_1,\ldots,y_N)$$

Dabei muss allerdings folgende Restriktion erfüllt werden:

$$E = K + G$$

Der Erlös, der sich aus dem Absatz der Produkte ergibt, ist E. Er muss mindestens die Kosten K und den gewünschten Gewinn G ergeben. Aus diesem Optimierungsproblem konnte Gümbel eine Formel ableiten, in der die geforderten Produktpreise nur noch von der Absatzmenge und den Grenznutzenwerten der Produkte abhängen. Das ist aber letztendlich das Tragfähigkeitsprinzip, da die Verrechnung der Kosten von der Nutzenbewertung der Produkte abhängt. Die Zurechnung ist nicht mehr willkürlich, sondern wird durch das Optimierungsziel vorgegeben. Allerdings muss eine geeignete Wahl einer Nutzenfunktion U erfolgen. Genau hierin liegt nun die Willkür. Sie kann je nach Zielgruppe, z.B. unternehmensintern oder Konsument, unterschiedlich ausfallen.

Dieser Ansatz kann auf das vorliegende LCA-Problem der Zurechnung eines ökologischen Aufwands, etwa von Emissionen, auf Produkte eines Unternehmens oder eines Prozesses übertragen werden. Dabei wird auch davon ausgegangen, dass mit den Produkten ein Nutzen erzeugt wird, der sich messen lässt, und dass dieser Nutzen maximiert werden soll. Zur Vereinfachung aber ohne Beschränkung der Allgemeinheit wird von 2 Produkten ausgegangen, wobei die y_i die bekannten Produktmengen beschreiben:

$$\max U = f(y_1, y_2)$$

Die Gesamtemission des Unternehmens oder des Prozesses beträgt E. Sie ist bekannt und muss auf die beiden Produkte verteilt werden. Dazu müssen produktionsspezifische Emissionsfaktoren e_1 und e_2 ermittelt werden. Es gilt also die Nebenbedingung:

$$E = e_1 \cdot y_1 + e_2 \cdot y_2$$

Dieses Optimierungsproblem kann mit dem bekannten Lagrange-Ansatz gelöst werden. Die Lagrange-Funktion lautet dann:

$$L = U(y_1, y_2) + \lambda \cdot (E - e_1 \cdot y_1 - e_2 \cdot y_2)$$

$$\frac{\partial L}{\partial y_1} = \frac{\partial U}{\partial y_1} - \lambda \cdot e_1 = 0$$

$$\frac{\partial L}{\partial y_2} = \frac{\partial U}{\partial y_2} - \lambda \cdot e_2 = 0$$

$$\frac{\partial L}{\partial \lambda} = E - e_1 \cdot y_1 - e_2 \cdot y_2 = 0$$

Aus den partiellen Ableitungen nach den Absatzmengen y_1 und y_2 erhält man:

$$e_2 = \left(\frac{\partial U}{\partial y_2} \Big/ \frac{\partial U}{\partial y_1} \right) \cdot e_1$$

Die Ableitung nach dem Lagrange-Multiplikator λ wird nach e_1 aufgelöst und man erhält:

$$e_1 = \frac{E - e_2 \cdot y_2}{y_1}$$

Die letzten beiden Gleichungen können gemeinsam nach e_1 bzw. e_2 aufgelöst werden und es folgt schließlich:

$$e_1 = \frac{E}{y_1 + \left(\frac{\partial U}{\partial y_2} \Big/ \frac{\partial U}{\partial y_1} \right) \cdot y_2} \quad \text{und} \quad e_2 = \frac{E}{y_2 + \left(\frac{\partial U}{\partial y_1} \Big/ \frac{\partial U}{\partial y_2} \right) \cdot y_1}$$

Dieser Ansatz kann konkret angewendet werden. Geht man davon aus, dass die Nutzenfunktion nur von den Marktpreisen m_i und Absatzmengen abhängt, so erhält man für U:

$$U = m_1 \cdot y_1 + m_2 \cdot y_2$$

Die produktspezifischen Emissionsfaktoren lauten dann:

$$e_1 = E \cdot \frac{m_1}{m_1 \cdot y_1 + m_2 \cdot y_2} \quad \text{und} \quad e_2 = E \cdot \frac{m_2}{m_1 \cdot y_1 + m_2 \cdot y_2}$$

Dies ist aber genau die Gewichtung bei der Verteilung der Emissionen nach den Marktpreisen und entspricht dem Tragfähigkeitsprinzip:

$$\frac{e_1}{e_2} = \frac{m_1}{m_2}$$

Man kann an dieser Stelle noch berücksichtigen, dass der Nutzen der erzeugten Güter nicht ausreichend durch den Marktpreis dargestellt wird, sondern Externalitäten einbezogen werden müssen. Unterstellt man beispielsweise, dass die Emissionen, die den Produkten zugewiesen werden, deren Nutzen beeinflussen, so kann man von einer modifizierten Nutzenfunktion ausgehen:

$$U = (m_1 - c \cdot e_1) \cdot y_1 + (m_2 - c \cdot e_2) \cdot y_2$$

Hierbei wird der monetäre Nutzen des Produktes um einen Wert geschmälert, der proportional zu seinen zugewiesenen Emissionen ist, c ist dabei eine Konstante. Aus der Sicht des Konsumenten könnte das z.B. der Fall sein, wenn er den PCF neben dem Produktpreis bei seiner Kaufentscheidung mit berücksichtigt. Aus der Sicht des Herstellers könnten dagegen zusätzliche Kosten, etwa eine Emissionsabgabe, auftreten. Doch auch dieser Ansatz führt, wie man leicht nachrechnen kann, zu einer Gewichtung nach den Marktpreisen:

$$e_1 = E \cdot \frac{(m_1 - c \cdot e_1)}{U} \quad \text{und} \quad e_2 = E \cdot \frac{(m_2 - c \cdot e_2)}{U}$$

bzw.

$$\frac{e_1}{e_2} = \frac{m_1}{m_2}$$

Für diesen einfachen und plausiblen Fall wäre also die Zurechnung der Emissionen auf die Produkte nach dem Marktpreis durchaus gerechtfertigt. Dabei wird das Ziel der Nutzenmaximierung unterstellt. Die Willkür liegt nicht in der Wahl der Allokationsvorschrift, sondern in der Wahl der Nutzenfunktion. Eine andere, ggf. komplexere Nutzenfunktion könnte durchaus zu einem Abweichen von dieser einfachen Allokationsvorschrift führen. Allerdings wäre dazu zuerst die Analyse der Entscheidungssituation und der Nutzenfunktion erforderlich.

5 Schlußfolgerungen

Mit der gewählten begrifflichen Systematik und dem ökonomisch orientierten Allokationsansatz können noch weitere virulente Fragestellungen aus dem Bereich der LCA gelöst werden. So taucht immer wieder das (Allokations-) Problem auf, wie Umweltbelastungen bei Recycling verrechnet werden sollen: Werden sie vollständig dem (Primär-) Produkt der 1. Generation angerechnet, oder auf die n Generationen in geeigneter Weise verteilt, die der Lebenszyklus dann hat? Dies entscheidet erheblich über die Umweltfreundlichkeit der Verwendung von Sekundärrohstoffen.

Die Antwort an dieser Stelle ist klar: Grundlage muss das Tragfähigkeitsprinzip sein, wenn eine Nutzenmaximierung angestrebt wird. Damit ist noch nicht abschließend geklärt, wie der Nutzen gemessen wird. Aber in unserem (Welt-) Wirtschaftssystem wird der Nutzen von Gütern und Leistungen nun mal in erster Linie mit dem Marktpreis bewertet. Diese Bewertung mag aufgrund von gewissen Externalitäten nicht vollkommen sein, sie zu ignorieren hieße aber, sich jenseits des dispositiven Systems zu stellen, mit dem unsere ökonomische Welt de facto gesteuert wird.

Wenn man mit der LCA in reale Produktions- und Reduktionssysteme nutzenoptimierend eingreifen will, so muss man sich dieser Situation stellen und die Brücke zu entscheidungsorientierten Systemen wagen. Die reinen Natur- und Technikwissenschaften können dazu keine Antwort liefern. Insofern ist die Regelung in der ISO-Norm 14044 mit ihrem Vorrang für physikalische Beschreibungen bei Allokationen für den Einfluss der LCA fatal. Hier ist ein offener Dialog mit den Wirtschaftswissenschaften erforderlich. Die spannende Frage nach der Nutzenfunktion von Produkten dürfte dazu genügend Anlass bieten. Sie führt auch in der Beschreibung der funktionellen Einheit weiter und öffnet das Tor zu weiteren ökologischen Bewertungs- und Steuerungsverfahren.

Danksagung

Diese Arbeit wurde im Rahmen des Projektes „DyLiC - Dynamic Life Cycle Assessment - Methodische Erweiterung der Ökobilanzierung unter Berücksichtigung kostenrechnerischer Erfahrungen", gefördert durch das Bundesministerium für Bildung und Forschung, erstellt.

Referenzen

[Baumgärtner 2006] Baumgärtner, S., Faber, M., Schiller, J.: Joint production and responsibility in ecological economics : on the foundations of environmental policy. Edward Elgar, Cheltenham (2006).

[BUS 1984] Bundesamt für Umweltschutz Bern (Hrsg.): Oekobilanzen von Packstoffen. Schriftenreihe Umweltschutz Nr. 24. Bern (1984).

[Dyckhoff 1994] Dyckhoff, H.: Grundlagen einer umweltorientierten Produktionswirtschaft, 2. Aufl., Springer-Verlag, Berlin/Heidelberg (1994).

[Frischknecht 1998] Frischknecht, R.: Life Cycle Inventory Analysis for Decision-Making. Diss. ETH Nr. 12599. Zürich 1998.

[Frischknecht 2000] Frischknecht, R.: Allocation in Life Cycle Inventory Analysis for Joint Production. Int. J. LCA Vol. 5 Nr. 2, S. 85 – 95 (2000).

[Gehe 1913] Gehe & Co. Aktiengesellschaft Dresden: Handels-Bericht 1913. Dresden (1913).

[Grassmann 1987] Grassmann, P.: Wirkungsgrade in der Welt des Lebens und der Technik. Wärme- und Stoffübertragung 21, 67- 71 (1987).

[Grauer 1902] Grauer, K.: Preisbewegung von Chemikalien seit dem Jahre 1861. Sammlung Chemischer und chemisch-technischer Vorträge VII. Band. 2/4. Heft. Verlag von Ferdinand Enke, Stuttgart (1902).

[Gümbel 1988] Gümbel, R.: Haben die Vollkostenrechner wirklich unrecht? Theoretische Grundlagen der Kostenrechnung, in: Lücke, Wolfgang (Ed.): Betriebswirtschaftliche Steuerungs- und Kontrollprobleme, Wiesbaden: 81-90 (1988).

[Heijungs 1994] Heijungs, R: A generic method for the identification of options for cleaner products. Ecological Economics Vol. 10, S. 69-81 (1994).

[Jungmichel 2009] Jungmichel, N. et al.: Carbon Footprint von Textilien - vom Verstehen zum Handeln. Präsentation auf der Abschlusskonferenz zum Forschungsprojekt „CO2-Kennzeichnung von Waren und Dienstleistungen“ Berlin, 2. Juli 2009

[Klöpffer 2009] Klöpffer, W. und Grahl, B.: Ökobilanz (LCA). Wiley VCH Verlag, Weinheim (2009). ISBN 978-3-527-32043-1

[Mampel 1995] Mampel, U.: Zurechnung von Stoff- und Energieströmen – Probleme und Möglichkeiten für Betriebe. In: Schmidt, M., Schorb, A. (Hrsg.): Stoffstromanalysen in Ökobilanzen und Öko-Audits. Springer-Verlag Berlin/Heidelberg (1995), S. 133-145.

[Mill 1862/1864] Mill, J. S.: Grundsätze der politischen Ökonomie, 2. dt. Aufl. übers. von Adolf Soetbeer, Hamburg (1864).

[Möller 2000] Möller, A.: Grundlagen stoffstrombasierter Betrieblicher Umweltinformationssysteme, Projekt-Verlag, Bochum (2000).

[Müller 1996] Müller, I.: Thermodynamic aspects of photosynthesis. Rendiconti del circolo matematico di Palermo Serie II, Suppl. 45 (1996), pp. 453-464.

[Müller-Fürstenberger 1995] Müller-Fürstenberger, G.: Kuppelproduktion. Physica-Verlag Heidelberg (1995).

[Oenning 1996] Oenning, A.: Theorie betrieblicher Kuppelproduktion. Physica-Verlag Heidelberg (1996).

[PAS 2050] British Standard Institution: Specification for the assessment of the life cycle greenhouse gas emissions of goods and services, PAS 2050, BSI, London (2008).

[PGL 1992] Projektgemeinschaft „Lebenswegbilanzen“: Methoden für Lebenswegbilanzen von Verpackungssystemen. FhG-ILV/GVM/ifeu (1992).

[Ricciardelli 1991] Ricciardelli, T.E.: An econometric model of the demand in the chlorine and alkali industries. Massachusetts Institute of Technology (1991).

[Riebel 1994] Riebel, P.: Einzelkosten- und Deckungsbeitragsrechnung, 7. Aufl., Gabler-Verlag, Wiesbaden (1994).

[Rummel 1947] Rummel, K.: Einheitliche Kostenrechnung, 3. Aufl., Stahleisen-Verlag, Düsseldorf (1947).

[SETAC 1994] Huppes, G., Schneider, F.: Proceedings of the European Workshop on Allocation in LCA at the Centre of Environmental Science of Leiden University. SETAC Europe Brussels (1994).

[Smith 1776/1999] Smith, A.: Untersuchung über Wesen und Ursache des Reichtums der Völker, Band I, Verlag Wirtschaft und Finanzen Düsseldorf (1999).

Carbon Footprint – Der britische „Standard“ PAS 2050 im Spiegel der Ökobilanz-Methodik und weitere Normierungsbestrebungen

Heinz Stichnothe, University of Manchester, School of Chemical Engineering and Analytical Science, Manchester, und Johann-Heinrich von Thünen-Institut, Braunschweig

1 Einleitung

Die Verbrennung nicht erneuerbarer Rohstoffe, Landschaftsveränderung und Emissionen aus industrieller Produktion haben zur Freisetzung von Treibhausgasen, insbesondere CO_2 geführt. Inzwischen gibt es einen Konsens unter Wissenschaftlern aus 130 Ländern, dass die Erhöhung von Treibhausgasen in der Atmosphäre den globalen Temperaturanstieg verursacht hat und somit bestätigt, dass menschliche Aktivitäten erheblich zum Klimawandel beitragen (IPCC, 2007).

Der „Intergovernmental Panel on Climate Change“ (IPCC) schätzt, dass das Risiko von schwerwiegenden Auswirkungen aufgrund des Klimawandels erheblich steigt, wenn die Temperatur um mehr als 2°C bezogen auf das vor-industrielle Niveau (EPA, 2006) ansteigt. Wenn die Menschheit weiterhin Treibhausgase wie bisher freisetzt, wird sich die globale Durchschnittstemperatur bis zum Ende des Jahrhunderts um bis zu 6°C erhöhen. Das reicht aus, um extreme Wetterereignisse wie Fluten and Trockenperioden häufiger auftreten zu lassen. Durch die damit potenziell verbundenen Konflikte, Seuchen oder andere Epidemien, sowie Völkerwanderungen unbekannten Ausmaßes ist eine Gefährdung der geopolitische Sicherheit zu erwarten. Maßnahmen gegen den Klimawandel sind unbedingt erforderlich, um menschliches Leiden, ökologische Katastrophen und politische und ökonomische Instabilität zu vermeiden. Um dieses Ziel zu erreichen, muss die Temperaturerhöhung auf unter 2°C beschränkt werden. Die Emissionen dürfen ab 2020 nicht mehr steigen und danach bis 2050 – bezogen das das Niveau von 1990 um 50 % sinken (UK Government, 2009).

Der Übergang zu einer "Low Carbon Economy" ist eine – wenn nicht die – entscheidende Herausforderung des 21sten Jahrhunderts. Wenn jedoch kein Zweifel daran beseht, das Treibhausgasemissionen erheblich reduziert werden müssen, stellt sich die Frage, wie viel Länder, industrielle Sektoren, Institutionen und Individuen dazu beitragen müssen.

2 Geschichte

Das „Intergovernmental Panel on Climate Change" (IPCC) wurde 1988 gegründet, um das Problem des Klimawandels und dessen potenzielle Auswirkungen zu untersuchen. Im ersten Report 1990 hat der IPCC bestätigt, dass der Klimawandel bereits stattfindet. Daraufhin wurde auf dem Weltgipfel für nachhaltige Entwicklung (WSSD) in Rio de Janeiro im Jahre 1992 die Vereinigte Nationen Rahmenkonvention zum Klimawandel (UNFCCC) von den Mitgliedsstaaten unterzeichnet. Das Ziel der Vereinbarung ist es, die Konzentration von Treibhausgasen in der Atmosphäre auf einem niedrigen Niveau zu stabilisieren, um die Auswirkungen des Klimawandels auf ein unvermeidbares Ausmaß zu begrenzen. Die Industriestaaten sollen dabei die Führungsrolle übernehmen. Als nicht-bindendes Ziel wurde die Stabilisierung der Emissionen auf dem Niveau des Jahres 1990 vorgeschlagen.

Im Kyoto-Protokoll wurden die genauen Modalitäten formuliert. Es dauerte jedoch 7 Jahre bis das Protokoll unterschriftsreif vorlag und weitere 7 Jahre bis es ratifiziert wurde. Das Kyoto-Protokoll legt erstmals völkerrechtlich verbindliche Zielwerte für den Ausstoß von Treibhausgasen in den Industrieländern fest. Die im Protokoll reglementierten Gase sind CO_2, Methan, Distickstoffoxid, teilhalogenierte Fluorkohlenwasserstoffe, perfluorierte Kohlenwasserstoffe und Schwefelhexafluoride. Auf nationaler Ebene sind Unternehmen verpflichtet ihre Treibhausgasemissionen zu berichten. Die dazugehörigen Anforderungen zur Quantifizierung, zum Monitoring und zur Berichterstattung sind in der Umweltstandardserie 14064 (1-3) festgelegt.

Der Einsatz neuer Technologien und erhöhte Ressourceneffizienz allein reichen jedoch nicht aus, um die Emissionsreduktionsziele zu erreichen. Verändertes Konsumverhalten wird mit hoher Wahrscheinlichkeit eine entscheidende Rolle spielen (Jackson, 2006). Die EU-Kommission hat 2008 einen "Sustainable Consumption and Production and Sustainable Industrial Policy Action Plan" vorgestellt. Der Aktionsplan baut auf einem integrierten and flexiblen Ansatz auf, in dem minimale bindende Anforderungen mit freiwilligen Maßnahmen kombiniert werden. Der Aktions-Plan strebt an, politische Rahmenbedingungen sowie Synergieeffekte zu schaffen, um die Nachhaltigkeit des Konsums und der Produktion im europäischen Raum zu fördern

(EU, 2008). Ein „Produkt-Carbon Footprint" als Umweltkennzeichen ist eines der Instrumente, die dabei eine entscheidende Rolle spielen könnten.

3 Konzepte: Carbon Footprint – Global warming Potential – Ecological carbon footprint

3.1 Hintergrund

Der Begriff „Carbon Footprint" (CF) ist dem „Ecological Footprint" von Rees und Wackernagel (Wackernagel, 1996) nachempfunden. Er beruht jedoch inhaltlich auf dem Konzept des Treibhauspotentials (Global Warming Potential) der Ökobilanz, während der „Ecological Footprint" Treibhausgasemissionen mit der globalen Absorptionskapazität der produktiven Landfläche verknüpft und somit menschliche Aktivitäten mit dem Ökosystemservice der Erde in Bezug setzt.

Das Treibhauspotential oder „Global Warming Potential" ist der wissenschaftlich am besten untersuchte Indikator für den Klimawandel. Er formuliert die Auswirkungen aller Treibhausgase als CO_2-Äquivalente über einen Zeitraum von 100 Jahren (IPCC, 1990) und wird seit langem in Ökobilanzen verwendet.

Vereinfacht könnte man sagen, der „Produkt-Carbon Footprint" hat seinen Namen vom „Ecological Footprint" und folgt der IPCC Definition für das Treibhauspotential, doch: leider ist es nicht ganz so einfach.

3.2 Carbon Footprint und Ökobilanz Standards

Obwohl das Treibhauspotential in Ökobilanzen seit langem genutzt wird, gibt es nach wie vor methodische Unstimmigkeiten, die insbesondere für die Produktdeklarierung von großer Bedeutung sind. Die Kommunikation von Ökobilanzergebnissen für Produktdeklarationszwecke ist in der ISO 14025 beschrieben. Sie hat jedoch wesentliche kritische Aspekte auf sogenannte „Product Category Rules" (PCR) ausgelagert. Sowohl ISO 14040/44 als auch ISO 14025 sind in ihren Formulierungen eher wage.

Die künftige Carbon Footprint Standard wird auf ISO 14040/44 basieren, jedoch gibt es noch eine Reihe von methodischen „Unklarheiten" wie zum Beispiel:

- Welche Gase werden berücksichtigt?
- Wie hoch muss der Anteil der primären Daten sein?
- Werden Infrastruktur und Produktionsanlagen mit berücksichtigt?
- Wie wird das Konsumentenverhalten definiert?

- Wird die Kohlenstoffspeicherung im Boden (direkte und ggfs. indirekte Landschaftsveränderung) berücksichtigt, wenn ja, wie?
- Wird Carbon off-setting erlaubt?
- Wie wird der CF langlebiger Produkte berechnet?

Eine detailliertere Aufzählung der methodischen Herausforderungen wurde kürzlich von Finkbeiner veröffentlicht (Finkbeiner, 2009).

Die verbindliche Verpflichtung zur Umweltproduktdeklarierung, wie derzeit in Frankreich angestrebt, macht einen klar beschriebenen, konsistenten Ansatz für die Kommunikation innerhalb internationaler Zuliefererketten zwingend erforderlich, da der Umfang der Datenerfassung für Unternehmen erheblich ist und die damit verbundenen Kosten so gering wie möglich gehalten werden sollten. Aus diesem Grund gibt es verschiedene Standardisierungsbestrebungen, z.B. ISO 14067 und WRI/WBCSD Product-Carbon Footprint sowie Pilotprojekte in Japan und Deutschland.

Im Vereinigten Königreich ist 2008 ein erster Standardentwurf (PAS 2050) veröffentlicht worden. Die Produktdeklarierung erfolgt dabei auf freiwilliger Basis und wird von einer Zertifizierungsorganisation überwacht (BSI, 2008). Mit PAS 2050 wird versucht, die existierende Ökobilanzmethodik zu vereinfachen und klar beschriebene Handlungsanweisungen für Unternehmen zur Verfügung zu stellen (Sinden, 2009). Zusätzlich sind Berechnungswerkzeuge entwickelt worden, die Unternehmen bei der Datenerfassung und -verarbeitung unterstützen sollen.

4 Zusammenfassung

„Carbon Footprint“ ist ein einzelner Indikator, der ausschließlich klimarelevante Informationen berücksichtigt. Er erhebt nicht den Anspruch, ein ganzheitlicher Indikator für Umweltauswirkungen zu sein, doch genau darin liegt auch eine Gefahr – andere Umweltaspekte wie Versauerung oder Sommer-Smog könnten vernachlässigt oder übersehen werden, so dass es zu einer Verlagerung von Umweltproblemen kommen könnte.

ISO 14040/44 ist formuliert worden, um einen flexiblen Rahmen für verschiedene Fragestellungen zu schaffen, während es beim Produkt-Carbon Footprint ausschließlich um Vergleichbarkeit geht. Ein flexibler Ansatz ist ungeeignet für die Kommunikation innerhalb der Zuliefererkette ebenso wie für Produktinformationen für Konsumenten. Die wissenschaftliche Ökobilanzgemeinschaft hat es in der Vergangenheit versäumt, methodische Unklarheiten bezüglich des Treibhauspotentials auszuräumen, und dies hat zur Notwendigkeit eines weiteren Standards geführt.

Der Britische Standardentwurf (PAS 2050) ist ein erster Versuch, die methodischen Herausforderungen anzunehmen. PAS 2050 ist jedoch nicht die einzige Initiative auf diesem Gebiet, auch andere Institutionen arbeiten derzeit daran. Beispiele hierfür sind eine technische Spezifikation zum Produkt-Carbon Footprint in Japan, EPD in Schweden und Italien, der Product Carbon Footprint Berechnungsstandard vom WIR/WBCSD in den USA. Es bleibt zu hoffen, dass all diese nationalen Bestrebungen in die Entwicklung des ISO 14067 einfliessen und zu einem international harmonisierten, aber auch anwendungsfreundlichen Standard führen.

Richtig angewandt bietet CF eine große Chance, die bisher noch sehr lückenhafte Datenlage für Ökobilanzen erheblich zu verbessern. Außerdem könnte die breite Anwendung des CF die Akzeptanz für Ökobilanzen in Unternehmen wesentlich erhöhen. Voraussetzung ist jedoch, dass klare Regeln und Handlungsanweisungen für Unternehmen und insbesondere KMUs formuliert werden.

Referenzen

BSI (2008). PAS2050: 2008: Specification for the Assessment of the Life Cycle Greenhouse Gas Emissions of Goods and Services. BSI, Carbon Trust and Defra. London, 2008.

EPA (2006) Implications of the EU Climate Protection Target for Ireland. Environmental Protection Agency, Johnstown Castle, Wexford http://www.epa.ie/downloads/pubs/research/climate/erc

EU (2008) Sustainable Consumption and Production and Sustainable Industrial Policy Action Plan, http://register.consilium.europa.eu/pdf/en/08/st16/st16914.en08.pdf

Finkbeiner, M. (2009). "Carbon footprinting—opportunities and threats." The International Journal of Life Cycle Assessment 14(2): 91-94.

UK Government White-Paper (2009) http://www.decc.gov.uk/en/content/cms/publications/lc_trans_plan/lc_trans_plan.aspx

IPCC (1990) Climate Change: The Physical Science Basis

IPCC (2007) IPCC, Climate Change 2007: The Physical Science Basis — Summary for Policy Makers (2007) http://www.ipcc.ch/SPM2feb07.pdf

Jackson, T. (2006). Sustainable Consumption: Challenges for Consumption Policy. London, EARTHSCAN

Sinden, G. (2009). "The contribution of PAS 2050 to the evolution of international greenhouse gas emission standards." The International Journal of Life Cycle Assessment 14(3): 195-203.

Wackernagel, M.; Rees (1996) Our ecological Footprint, New Society Publishers

Materialflusskostenrechnung – ein Ansatz für die Identifizierung und Bewertung von Verbesserungen in der Ökobilanzierung*

Tobias Viere[×], Andreas Möller und Martina Prox[×], Leuphana University of Lüneburg, Centre for Sustainability Management (CSM)

1 Einführung

Dieser Beitrag untersucht, inwieweit Materialflusskostenrechnung (engl. Material Flow Cost Accounting – MFCA) für die Identifizierung und Bewertung von Verbesserungspotentialen entlang des Lebenszyklus sinnvoll eingesetzt werden kann. Es werden die Grundlagen der Materialflusskostenrechnung und die sich daraus ergebenden Konsequenzen für Allokationen und den Umgang mit Kuppelprodukten bei der Ökobilanzierung erläutert. Der Beitrag begründet, dass die methodische Integration von Materialflusskostenrechnung in die Ökobilanzierung und ebenso die umweltbezogene Lebenszykluskostenrechnung einen zusätzlichen Nutzen für die Entscheidungen in Unternehmen liefert. Weiterhin wird der Nutzen der Anwendung von Materialflusskostenrechnung auf Ökobilanzergebnisse exemplarisch am Lebenszyklus der Kaffeeherstellung dargestellt.

Unternehmen messen, sammeln, aggregieren, analysieren und berichten eine Vielzahl von Daten, um einerseits relevante Informationen für die interne Entscheidungsfindung bereitzustellen und andererseits den Informationsbedarf von Behörden, den Shareholdern, den Banken oder anderen externen Stakeholdern zu befriedigen. Grundsätzlich kann die Ökobilanzierung den externen und den internen Informationsbedarfen dienlich sein.

Eine Studie über Ökobilanzierung in der Unternehmenspraxis (Frankl 1999a) hat aber gezeigt, dass die Mehrheit der Treiber für und die Anwendungen von

---

* Anm. d. Red: Schriftlicher Beitrag im Tagnungsband weicht thematisch von der Präsentation auf der Veranstaltung 'Ökobilanz-Werkstatt 2009' ab.

× zugleich Mitarbeiter der ifu Hamburg GmbH

Ökobilanzierung in Unternehmen die interne Entscheidungsunterstützung zum Ziel hat und weniger die Befriedigung externer Informationsbedarfe. Frankl und Rubik führten ihre Untersuchung in Deutschland, Italien, Schweden und der Schweiz durch und fanden heraus, dass Ökobilanzierung eines unter mehreren Werkzeugen ist, das Unternehmen einsetzen, um die Umweltleistung ihrer Produkte zu verbessern. Infolgedessen waren Engpassanalysen, Vergleiche von aktuellen und geplanten Produktalternativen und Benchmarking mit anderen Produkten unter den wichtigsten Anwendungen von Ökobilanzierung, die von den befragten Unternehmen genannt wurden. (Frankl 1999a; eine Kurzfassung der Studie findet sich in Frankl 1999b).

Manager setzen Ökobilanzierung häufig als Werkzeug für die interne Entscheidungsunterstützung ein, wenn die Informationen, die sie aus Ökobilanzergebnissen erhalten, dabei helfen, Verbesserungspotenziale zu identifizieren und zu bewerten, die auch direkt von ihnen beeinflusst werden können.

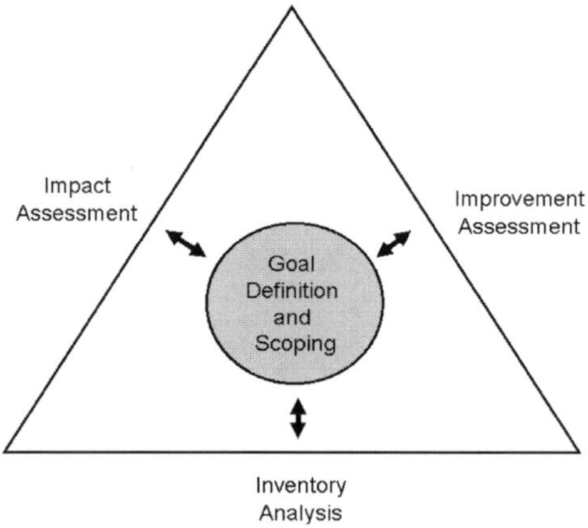

Abb. 1: SETAC-Dreieck (Klöpffer 1997, 224)

Das SETAC-Dreieck (Abbildung 1) stellt das Ergebnis von mehreren wegweisenden Ökobilanzworkshops zu Beginn der 1990er Jahre dar und stellt die Wichtigkeit der Identifizierung und Bewertung von Verbesserungen im Zusammenhang mit Ökobilanzierung heraus. Später im Rahmen des Standardisierungsprozesses, der die ISO 14040er Serie zum Ergebnis hat, ist die Identifizierung und Bewertung von Verbesserungspotentialen nicht mehr integraler Bestandteil der Ökobilanzierung, sondern wird nun als eine mögliche Anwendung der Ökobilanzierung im Zusammenhang mit dem Schritt der Interpretation der Ergebnisse gesehen (Klöpffer 1997).

Auf den ersten Blick haben Materialflusskostenrechnung und Ökobilanzierung keine Gemeinsamkeiten und wenige Anknüpfungspunkte. Während zweitere eine Produktperspektive einnimmt und auf den ganzen Lebenszyklus ausgerichtet ist, wurde die Materialflusskostenrechnung entwickelt, um die Kosten von Ineffizienzen in der Produktion sichtbar zu machen, insbesondere die Kosten von Materialverlusten. Auf den zweiten Blick wird offensichtlich, dass Materialflusskostenrechnung und Ökobilanzierung diverse gemeinsame Zielsetzungen verfolgen, sofern sie in einem Unternehmenskontext angewendet werden. Nach Frankl (1999a) beispielsweise sind Unternehmensentscheidungen für den Einsatz von Ökobilanzierung nicht nur durch deren Umweltbewusstsein motiviert, sondern auch durch Kostensenkungspotenziale und durch Kostenvermeidung in der Zukunft.

2 Materialflusskostenrechnung

Materialflusskostenrechnung oder englisch: Material Flow Cost Accounting (MFCA) ist eine vielfach angewandte Methode, die unter diversen Begrifflichkeiten wie Ressourcenkostenrechnung oder Flusskostenrechnung bekannt ist. MFCA ist nun Gegenstand eines neuen ISO-Standards der 14000er Serie, der im Jahr 2011 veröffentlich werden soll (ISO 14051, vgl. Kokubu et al. 2009).

MFCA kombiniert physikalische und kostengezogene Informationen hinsichtlich der Fähigkeit eines Unternehmens, Ineffizienzen und Verschwendung zu minimieren und so die Ressourceneffizienz zu erhöhen und gleichzeitig die Umweltleistung zu verbessern. (vgl. z.B. Jasch 2009, METI 2007, Strobel 2002, Wagner 2006). MFCA ist von generelleren Konzepten wie der Materialflussanalyse (vgl.. z.B. Brunner 2003) und der Umweltrechnungslegung (vgl. z.B.. Schaltegger 2000) abgeleitet.

Die Quantifizierung und die Visualisierung von Materialverlusten ist das übergeordnete Ziel der Materialflusskostenrechnung. Dies führt zu einer besseren Berücksichtigung von Ineffizienzen, die durch Produktionsabfälle verursacht werden, in unternehmerischen Entscheidungsprozessen. Der grundlegende Ansatz ist in Abbildung 2 veranschaulicht.

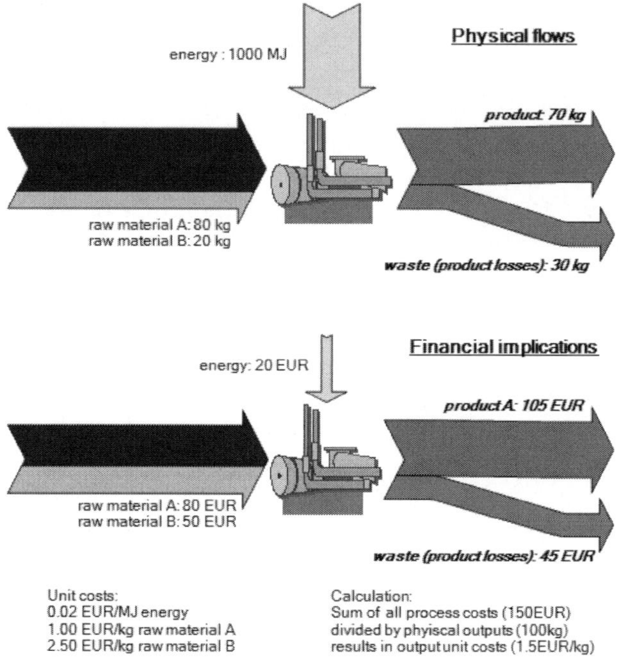

Abb. 2: MFCA Grundlagen (Viere & Möller 2009)

Der wesentliche Unterschied zur konventionellen Kostenrechnung ist, dass Material- und andere Kosten eines Prozesses nicht nur den Produkten zugerechnet werden, sondern auch den produktbezogenen Abfallströmen. Die Zurechnung (Allokation) erfolgt nach Masse. MFCA geht von einem linearen Verhältnis zwischen den Eingangs- und den Ausgangsmaterialien (Inputs und Outputs) eines Prozesses aus: Eine Reduktion von Produktionsabfällen führt daher zu einer Reduktion der Inputflüsse. Zum Beispiel würde eine Reduktion der Abfälle um 10 kg in dem oberen Sankey-Digramm von Abbildung 2 den Gesamtoutput von 100 kg um 10 % reduzieren, und so auch alle Inputs um 10 %. Infolgedessen werden auch die Kosten reduziert. Die Information, dass abfall-induzierte Kosten sich insgesamt zu 45 € (vgl. oberes Sankey-Diagramm in Abbildung 2) beziehungsweise zu 1,5 €/kg Abfall summieren, unterstützt Manager oder andere Entscheidungsträger darin, gegen Ineffizienzen im Produktionsprozess vorzugehen.

Obwohl die Hauptmotivation für die Anwendung von MFCA die Kostenreduktion ist, ergeben sich auch positive ökologische Effekte. Das linke Sankey-Diagram in Abbildung 3 zeigt eine Erweiterung des Prozesses aus Abbildung 2. Es schließt weitere Inputs wie Prozesswasser und Diesel ein, beides Materialien, die nicht als Bestandteil des Produktes vorgesehen sind, sowie einige der zugehörigen Outputs, wie Abwasser und Kohlendioxid (Aus Vereinfachungsgründen sind andere Emissionen der Dieselverbrennung hier nicht dargestellt).

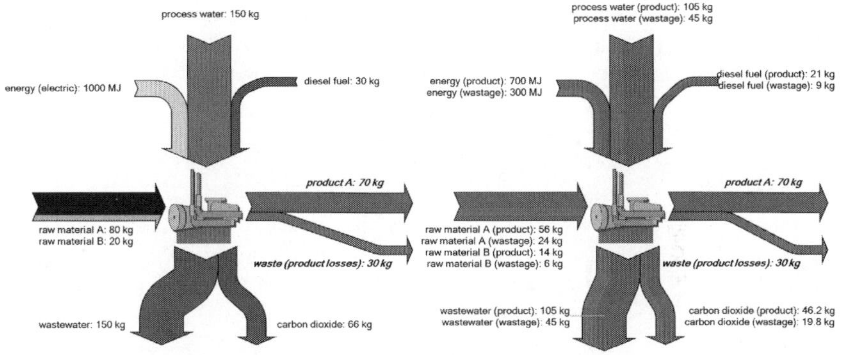

Abb. 3: Ökologische Wirkungszusammenhänge und MFCA (Viere & Möller 2009)

Nach MFCA-Logik führt weniger Produktionsabfall zu reduzierten Inputs, einschließlich weniger Diesel und weniger Prozesswasser und dies führt letztlich auch zu weniger Abwasser und geringeren Kohlenstoffdioxidemissionen. Dies ist im rechten Sankey-Diagramm von Abbildung 3 dargestellt: Alle physikalischen Flüsse, die mit ‘wastage’ (=Verschwendung) bezeichnet sind, konnten eliminiert werden, indem die Produktionsabfälle auf null reduziert werden konnten. Insofern ist es wichtig Abfallströme, die aus Materialien entstehen, die Bestandteil des Produktes werden sollten, von Abfallströmen, die nicht als physischer Produktbestandteil vorgesehen waren, zu unterscheiden. Eine Reduktion der zweiteren, z.B. Abwasser aus einem Reinigungsprozess, resultiert nicht in Materialeinsparungen oder in direkten produktbezogenen Einsparungen.

Indem man annimmt, dass Produktflüsse und produktbezogene Abfallströme eine lineare Proportionalität zu allen anderen Materialflüssen im Produktionssystem aufweisen, wird die Realität durch MFCA stark vereinfacht. Folglich sollten Entscheider die Ergebnisse zu Kosteneinsparpotentialen und ökologischen Verbesserungen, die sich aus einer Materialflusskostenrechnung ergeben eher als Annäherung ansehen, denn als präzise Berechnung. Dennoch tragen solche Ergebnisse zur Identifizierung und Implementierung von Verbesserungsprozessen bei, welche ökologische und ökonomische Aspekte integrieren und damit die Ökoeffizienz steigern. Somit antwortet MFCA auf die Integrationsherausforderung des

Nachhaltigkeitsmanagements und integriert die ökologische und die ökonomische Herausforderung unternehmerischer Nachhaltigkeit (vgl. Schaltegger et al. 2002 zu den Herausforderungen der Nachhaltigkeit in Unternehmen).

Die Leistungsfähigkeit der Materialflusskostenrechnung wird noch klarer, wenn sie nicht nur genutzt wird, um einen einzelnen Prozess zu analysieren, sondern wenn ein ganzes Produktionssystems betrachtet wird, z.B. eine Produktionsanlage, eine Wertschöpfungskette oder eine ganzer Lebenszyklus. Abbildung 4 zeigt ein vereinfachtes Lebenszyklusmodel.

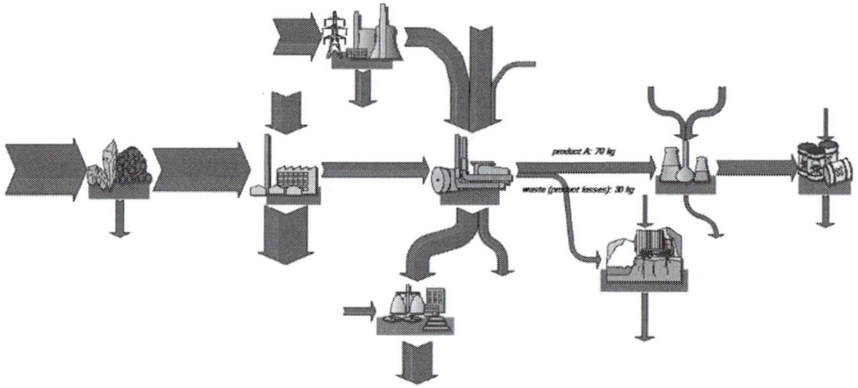

Abb. 4: Verschwendungs- und Produktbezogene Flüsse in einem Lebenszyklusmodell (Viere & Möller 2009)

In vielen Fällen bewirkt eine Effizienzsteigerung in einer späten Lebenszyklusphase große Kosteneinsparungen und ökologische Verbesserungen in den vorgelagerten Phasen. Diese Tatsache ist wohlbekannt und hat z.B. auch zur Entwicklung von Konzepten wie MIPS geführt (Material Input Per Service Unit, vgl. Ritthoff et al. 2002).

3 Folgerungen für die Ökobilanzierung und Anwendung an einem Beispiel

Das Sankey-Diagramm in Abbildung 4 schlägt bereits in graphischer Weise vor, Materialflusskostenrechnung und Ökobilanzierung (engl. Life Cycle Assessment – LCA, für eine Einführung zu LCA vgl. z.B. Baumann 2004) sowie auch umweltbezogene Lebenszykluskostenrechnung (engl. environmental life cycle costing – eLCC, vgl. z.B. Hunkeler et al. 2008) zu verknüpfen. Aus dem Blickwinkel der Ressourceneffizienz, stellt die Sachbilanz einer Ökobilanzierung normalerweise nicht den idealen Stand des Produktionssystems, das untersucht wird, dar. Stattdessen wird der Status quo einschließlich der Abfallströme, und anderer potentieller Ineffizienzen untersucht. Angenommen das graphische Lebenszyklusmodell in Abbildung 4 wäre ein Einproduktsystem, dann könnten über LCA und eLCC alle physikalischen Flüsse, die zugehörigen Umweltwirkungen und auch die Kosten ermittelt werden. Dies schließt den Produktionsabfall und dessen Entsorgung mit ein. MFCA kann zur Identifikation und Bewertung von Verbesserungen, die auf einer LCA und eLCC basieren, genutzt werden, indem der Beitrag der Verschwendung zu Kosten und Umweltwirklungen bei allen Upstream- und Downstream-Prozessen visualisiert und quantifiziert wird.

Den MFCA-Ansatz im Rahmen von LCA und eLCC zu nutzen, bedeutet im Grunde nur, die Produktionsabfälle, die eigentlich Bestandteil des Produktes werden sollen, als Kuppelprodukt zu betrachten. Das Produktionssystem, das untersucht wird, wird damit immer zu einem Mehrproduktsystem und erfordert damit die Anwendung von Allokationsregeln und zu bestimmen, in welchem Umfang das Hauptprodukt und das oder die Kuppelprodukte zum Resourcenverbrauch, sowie zu Kostenverursachung beitragen. MFCA nutzt in diesem Zusammenhang physikalische Eigenschaften (Gewichtsverhältnis, Volumenverhältnis, etc.) für die Allokation und entspricht hier den Vorgaben für Allokationen bei der Ökobilanzierung entsprechend ISO 14044. Da ist allerdings ein grundlegender Unterschied hinsichtlich der Anwendung von Allokationen bei der Ökobilanzierung. Bei konventioneller Ökobilanzierung werden Allokationen genutzt, um Flüsse und Wirkungen, die mit einem Kuppelprodukt verknüpft sind, aus dem betrachteten System heraus zurechnen, so dass dann die Aufwendungen und Umweltwirkungen für das betrachtete Hauptprodukt ersichtlich werden. Bei der MFCA-basierten Identifikation und Bewertung von Verbesserungspotenzialen führt die Allokation nicht zu einem Ausschluss, sondern vielmehr werden Kosten und Ressourcen, die als Gesamtergebnis vorliegen, auf die produktbezogenen Flüsse und die verschwendungsbezogenen Flüsse herunter gebrochen. Somit erfordert die MFCA-basierte Identifikation und Bewertung von Verbesserungspotenzialen eine klare Unterscheidung der Abfallarten in Produktionsabfall, der aus Material besteht, das eigentlich vorgesehen war, Bestandteil des Endproduktes zu werden und anderen Abfällen, die in Unterstützungsprozessen entstehen und aus Materialien bestehen, die nicht Teil des Produktes werden sollten. Daraus ergibt sich eine neue Herausforderung für die Modellierung und Quantifizierung von Lebenszyklen.

Der Vorteil der Anwendung von MFCA für LCA und eLCC besteht in der verbesserten Berücksichtigung von Ineffizienzen innerhalb der betrachteten Systeme und der konsequenten Identifikation der Reduktionpotenziale für diese Ineffizienzen.

Dies kann an den Kaffee-Ökobilanzen von Diers et al (1999) und Salomone (2003) beispielhaft dargestellt werden. Die Autoren beider Studien untersuchten und bewerteten den Lebenszyklus von Kaffee und erwähnten mehrere Verbesserungsoptionen. Neben dem Kaffeeanbau und dem Kaffeekonsum wird in beiden Studien besonders die Energie, die für das Brühen des Kaffees benötigt wird, hervorgehoben. Hingegen findet eine anderer Aspekt des Kaffeekonsums kaum Berücksichtigung: Im Durchschnitt schütten Kaffeetrinker eine Tasse Kaffee pro Kanne gekochtem Kaffee weg, was etwa einer Verschwendung von 20% entspricht (ICO 2001). Aus einer MFCA-Perspektive ist der weggegossene Kaffee von sehr großer Bedeutung. Wenn Verbraucher genau die Menge an Kaffee kochen würden, die sie trinken, würden alle Inputs (Kaffeepulver, Wasser, Energie) des Kaffeekochens sofort um 20% reduziert werden. Und noch viel wichtiger die zugehörigen vorgelagerten Prozesse im Lebenszyklus würden ebenso reduziert werden, z.B. Dünger, Landschaftsverbrauch für den Anbau, Treibstoffverbrauch beim Überseetransport. Ein MFCA-basiertes Vorgehen für die Identifikation von Verbesserungspotenzialen würde sich nicht nur auf die Ineffizienzen in der Konsumphase richten, sondern ebenso die Ineffizienzen in anderen Lebenszyklusphasen aufdecken, wie beispielsweise die häufig auftretende Überdüngung der Böden bei Kaffeeanbau, die zu unnötigen Umweltwirkungen führt und höheren Produktionskosten für die gesamte Kaffee-Wertschöpfungskette (vgl. Viere et al. 2007 zu einer Fallstudie über die Nutzung von Informationen aus der Supply Chain und dem Lebenszyklus für die interne Entscheidungsunterstützung eines Kaffeeexporteurs).

4 Abschließende Bemerkungen

LCA und eLCC können von der Integration des MFCA-Ansatzes profitieren, da dies Verbesserungspotenzialanalyse wieder stärker in den Fokus rückt und damit die Relevanz von LCA/eLCC- Ergebnissen für unternehmerische Entscheidungen erhöht. Die konsequente Berücksichtigung, Quantifizierung und Visualisierung von Verschwendung und Ineffizienzen unterstützt Manager und andere Entscheidungsträger dabei, solche Probleme anzugehen. In einer idealen Situation führt die Reduktion von Ineffizienzen in einem Produktlebenszyklus auch zu einer geringeren Umweltbelastung und bringt ökonomische Vorteile. Nichtsdestotrotz ist ein hocheffizienter Lebenszyklus keine Garantie für ein nachhaltiges Produkt. Die Gesamtbewertung der ökologischen Effektivität ist und bleibt eine wichtige Aufgabe der Ökobilanzierung.

Dieser Beitrag hat dargestellt, dass der MFCA-Ansatz eine sinnvolle Ergänzung für die Indentifikation von Verbesserungpotenzialen in der Ökobilanz ist. In dieser Hinsicht ist MFCA ein Ansatz, der sich in die Ökobilanzmethodik einordnen lässt.

Möller (2008) haben einen anderen Ansatz gewählt, indem sie MFCA als Einstieg für alle Aktivitäten einer betrieblichen Materialflussanalyse, der Ökobilanzierung und zughöriger Kostenrechnungsansätze sehen. Sie schlagen vor, MFCA für die Verbesserung in der Effizienz in der Produktion zu nutzen und dann nach und nach die Analyse auf die Supply Chain und den gesamten Lebenszyklus auszudehnen. Aus betrieblicher Perspektive kann dies als hilfreiche „Road Map“ angesehen werden, da die Komplexität und der Betrachtungsraum des unternehmerischen umweltbezogenen Verbesserungsprozesses schrittweise gesteigert und vergrößert werden.

Eventuell ist es aber gar nicht von Bedeutung, ob MFCA den Ausgangspunkt darstellt, oder als ergänzender Ansatz in die Ökobilanzierung integriert wird, sofern beide Tools und deren Kombination nützliche Informationen für Entscheider liefern, die zu einer Verbesserung der Umweltleistung und einer Senkung der Kosten eines Unternehmens oder eines Produktlebenszyklus beitragen.

Referenzen

[Baumann & Tillmann 2004] Baumann, H; Tillmann, AM (2004), The hitch hikers's guide to LCA : an orientation in life cycle assessment methodology and application, Studentlitteratur AB, Lund.

[Brunner 2003] Brunner, PH; Rechberger, H (2003), Practical Handbook of Material Flow Analysis, CRC, Boca Raton, Florida.

[Diers et al 1999] Diers, A, et al. (1999), Produkt-Ökobilanz vacuumver-packter Röstkaffee, Eco-Informa Press, Bayreuth.

[Frankl 1999a] Frankl, P; Rubik, F (1999a), LCA in Industry and Business – Adoption Patterns, Appli-cations and Implications, Springer, Heidelberg.

[Frankl 1999b] Frankl, P; Rubik, F (1999b), “Life-cycle assessment (LCA) in business – an overview of drivers, applications, issues and future perspectives”, Global Nest: the International Journal, 1 (3), pp. 185-194.

[Hunkeler et al 2008] Hunkeler, D, Lichtenvort, K; Rebitzer G (eds) (2008), Environmental Life Cycle Costing, CRC, Boca Raton, Florida.

[ICO 2001] ICO – International Coffee Organization (eds) (2001), Environmental issues relating to the coffee chain within a context of trade liberalization, through a life-cycle approach, ICO, London.

[ISO 2006a] ISO 14040:2006 – Environmental management – Life cycle assessment – Principles and framework.

[ISO 2006b] ISO 14044:2006 – Environmental management – life cycle assessment – requirements and guidelines.

[Jasch 2009] Jasch, C (2009), Environmental and Material Flow Cost Accounting: Principles and Pro-cedures, Springer, Dordrecht.

[Klöpffer 1997] Klöpffer, W (1997), “Life Cycle Assessment – From the Beginning to the Current State”, Environmental Science & Pollution Research 4 (4), pp. 223-228.

[Kokubu et al 2009] Kokubu, K, et al. (2009), "Material flow cost accounting with ISO 14051", ISO Management Systems (January-February 2009), pp. 15-18.

[METI 2007] METI – Japanese Ministry of Economy, Trade and Industry (2007), Guide for Material Flow Cost Accounting, METI, Tokyo.

[Möller 2008] Möller, A; Prox, M (2008), "From Material Flow Cost Accounting to MFA and LCA", Proceedings of the Eighth International Conference on EcoBalance 2008 – The challenge of creating social and technological innovation through system-thinking, Dec. 10-12, Tokyo.

[Ritthoff et al 2002] Ritthoff, M, Rott, H; Liedtke, C (2002), Calculating MIPS – Resource productivity of products and services, Wuppertal Institute, Wuppertal.

[Saloomone 2003] Salomone, R (2003), "Life cycle assessment applied to coffee production: investigating environmental impacts to aid decision making for improvements at company level", Food, Agriculture & Environment, vol. 1, no. 2, pp. 295-300.

[Schaltegger 2000] Schaltegger, S; Burritt, RL (2000), Contemporary Environmental Accounting – Issues, Concepts and Practice, Greenleaf, Sheffield.

[Schalegger et al 2002] Schaltegger, S, et al. (2002), Sustainability management in business enterprises: concepts and instruments for sustainable organisation development, Federal Ministry for the Environment, Nature Conservation and Nuclear Safety, Bonn.

[Strobel 2002] Strobel, M; Redmann, C (2002), "Flow cost accounting, an accounting approach based on the actual flows of materials", in Bennett, M, Bouma, JJ, Wolters, T (eds), Environmental management accounting: informational and institutional developments, Springer, Dordrecht, pp. 67-82.

[Viere et al 2007] Viere, T, Schaltegger, S; von Enden, J (2007), "Using Supply Chain Information for EMA – the Case of a Vietnamese Coffee Exporter", Issues in Social and Environmental Accounting, Vol. 1, Issue 2.

[Viere 2009] Viere, T.; Möller, A (2009), A Material Flow Cost Accounting Approach to Improvement Assessment in LCA, Tagungsband: 3rd International Seminar on Society & Material, Freiberg 2009

[Wagner 2006] Wagner, B; Enzler, S (eds.) (2006), Material flow management: improving cost efficiency and environmental performance, Physica, Heidelberg.

Systemanalytische Betrachtung der energetischen und stofflichen Nutzung forstlicher Ressourcen in Deutschland – das Beispiel der leichten Plattenwerkstoffe

Silke Feifel, Karlsruher Institut für Technologie (KIT)

1 Problemdarstellung und Zielsetzung

Der Holzeinschlag in Deutschland betrug im Jahr 2005 etwa 57 Mio. m^3, im Jahr 2008 etwa 76 Mio. m^3. Die Ressource Holz erfährt diesen Nutzungs- und somit auch Bedeutungszuwachs aufgrund

- politischer Zielsetzungen wie bspw. einer Verminderung der Abhängigkeit von fossilen Rohstoffen, insbesondere Energieträgern sowie eine Verminderung der Treibhausgasemissionen,
- einer für Verbraucher günstigen Preisentwicklung im Vergleich mit fossilen Energieträgern und
- Trends und allgemeine Entwicklungen wie z.B. homing.

Die dem Markt bereitgestellten Holzmengen werden aktuell vollständig genutzt, wobei die Nutzung auf zwei Hauptpfade reduziert werden kann: Zum einen die Nutzung in vorwiegend stofflich verwertende Industrien mit hoher Produktvielfalt und zum anderen die – aktuell zunehmende – Nutzung durch vorwiegend energetisch verwertende Industrien. Diese vielfältigen und eng verknüpften Nutzungspfade erzeugen eine hohe Konkurrenz bei der Nutzung von Holz, aber auch eine Konkurrenz bei Fördermaßnahmen und Förderzielen und eine hohe Unsicherheit über die Entwicklung der Einsatzgebiete bzw. deren ökologischen Effekte. Möglicher Weise ergeben sich gegensätzliche Effekte durch spezifische Steuerungsmaßnahmen.

Aktuell wird keine Untersuchung des Gesamtsystems der „Nutzung der Ressource Holz in Deutschland“ inkl. Nutzungskonkurrenzen hinsichtlich Umweltwirkungen durchgeführt. Ziel der Arbeit ist die Identifizierung und Quantifizierung der mittel-

und langfristigen ökologischen Wirkungen einer verstärkten Nutzungskonkurrenz von Holz in Deutschland, wobei unterschiedliche politische Rahmenbedingungen sowie technologische Innovationsdynamiken beachtet werden.

2 Betrachtetes System

In der Analyse wird die Bereitstellung sowie die konkurrierende Nutzung forstlich erzeugter Biomasse und darauf basierender Produkte betrachtet, d.h. stoffliche wie auch energetische Nutzungsformen. Die räumliche Systemgrenze ist das deutsche Bundesgebiet und die hier ansässige Industrie. Die Erfassung basiert auf Daten aus dem Jahr 2005 [Bitter 2007]. Zieljahr für Prognosen ist das Jahr 2025. Zur Analyse wird die Software umberto [ifu 2009] und die ecoinvent-Datenbank [ecoinvent 2005] verwendet.

Für die *Bereitstellung von Holz* in der Forstwirtschaft werden folgenden (Arbeits-) Prozesse erfasst: Biologische Produktion, Holzernte sowie verschiedene forstwirtschaftliche Arbeitsschritte wie z.B. die Bestandesbegründung (s. Abb. 1). Des weiteren werden hier wie in allen weiteren Produktionsstufen Logistik- [Zimmer et al. 2004] und Vorkettenprozesse abgebildet, z.B. die Energieträgerbereitstellung.

Daran anschließend werden Arbeitsprozesse der *Holzbearbeitung* untersucht und dafür Schnittholzherstellung, Furnierindustrie, Sperrholz-, Faser- und Spanplattenindustrie, Wabenplattenproduktion, Papierindustrie (Papier und Pappe) sowie thermische Nutzung, z.B. Scheitholz, abgebildet (s. Abb. 1). [Westphal 2007]

Abschließend werden Arbeitsprozesse der *Holzverarbeitung* in den Industriezweigen konstruktiver Holzbau, Fertigung von Bauelementen, Innenausbau, Fertigung von Holzwaren, Möbeln und Verpackungen analysiert (s. Abb. 1). [Brommer 2008]

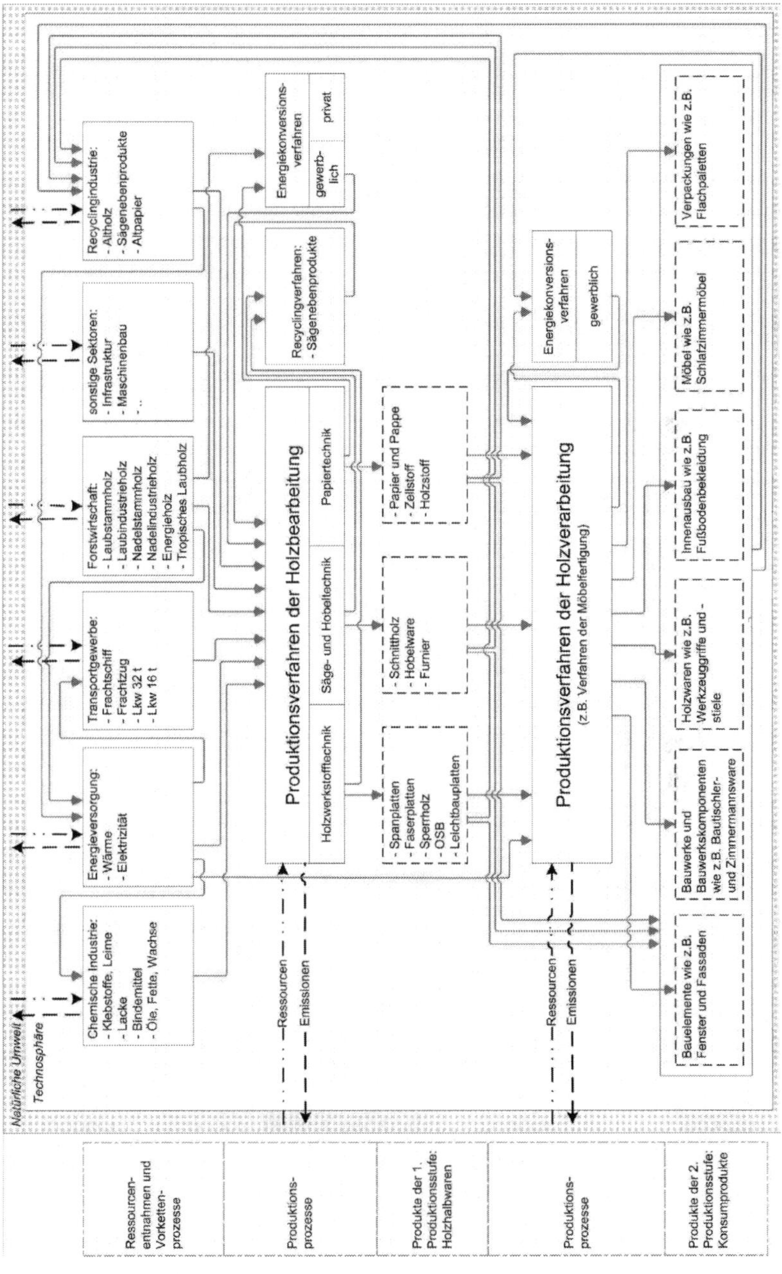

Abb.1: Darstellung des betrachteten Systems

3 Vorgehen: Untersuchung anhand von Szenarien

3.1 Allgemeines

Um Erkenntnisse über die mittel- und langfristigen ökologischen Wirkungen einer verstärkten Nutzungskonkurrenz um Holz in Deutschland zu erlangen, wird das System anhand von Szenarien systemisch untersucht. Dafür werden Entwicklungen für verschiedene Stellgrößen innerhalb des System prognostiziert, in die Modellierung des Systems eingegliedert und mit einem Basisszenario („*BAU*“ (business as usual) verglichen. Im „*BAU*“ werden aktuell bekannte, exogene Veränderungen wie z.B. Vorgaben zu Beimischungsquoten regenerativ basierter Treibstoffe umgesetzt. Des weiteren werden zum einen Szenarien auf Grundlage von Technikentwicklungen erarbeitet – bspw. das Szenario „*LBP*“ (Leichtbauplatten), in dem die Durchdringung des Möbelmarktes durch leichte Platten mit geringen Umweltwirkungen bei vergleichbarer Funktionalität [Feifel 2009] abgebildet wird. Zum Zweiten werden Szenarien aus der politischen Einflussnahme heraus entwickelt – bspw. „*Charta für Holz*“, in dem die Zielgröße der „Charta für Holz“ mit einer Steigerungen der Holznutzung pro Kopf um 20 % in zehn Jahren [Charta 2004] wird umgesetzt.

Eine Analyse wird hier nur für die treibhauswirksamen Gasemissionen (THG) durchgeführt und dargestellt.

3.2 Szenario „*LBP*”

Für das Szenario „LBP“ wird die Menge Spanplatten in der Möbelfertigung abgeschätzt, die durch leichte Platten substituiert werden kann, basierend auf folgenden Informationen:

(1) Konstruktion der Möbel, d.h. welche Komponente (Mengenanteile) kann in den verschiedenen Möbeltypen ersetzt werden,

(2) Möbelproduktionsstatistiken [Holzmann 2006], d.h. welche Möbeltypen und -mengen werden produziert,

(3) Substitution (Anpassung) relevanter Prozessschritte, d.h. wie wirkt sich die Änderung im Produktionsprozess aus [Feifel 2009].

Aus den beiden erstgenannten ergibt sich eine Plattenmenge, die in den Prozessschritten (3) wieder eingebunden werden. Die Ergebnisse dieser Berechnungen werden mit den Ergebnissen des Szenarios „*BAU*“ verglichen.

4 Szenario *„LBP"* – erste Ergebnisse

Die ersten Ergebnisse des Szenariumvergleichs vom *„BAU"* zum *„LBP"* zeigen deutliche Einsparpotenziale im Bereich der THG zugunsten des Einsatzes von Leichtbauplatten: Die Minderung der direkten CO_2-Emissionen um insgesamt 765.074 t/a, wobei etwa zwei Drittel dieser Einsparungen der Holzbearbeitung und ein Drittel der Holzverarbeitung zugeordnet werden können. Aufgrund der systemischen Vorgehensweise bei der Untersuchung kann die Struktur bzw. Zusammensetzung dieser Potenziale im Bereich der Holzbearbeitung klar verschiedenen Verursachern zugeordnet werden (s. Abb. 2).

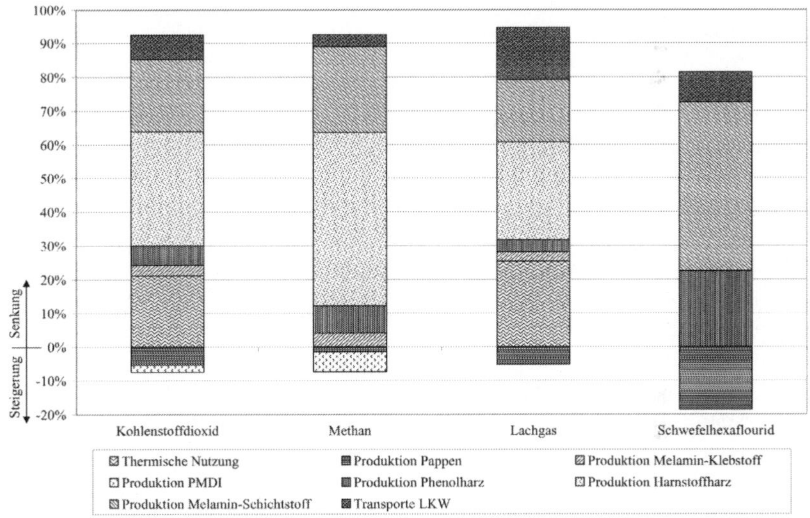

Abb. 2: Treibhauswirksame Emissionen, strukturiert nach Quellen innerhalb der Holzbearbeitung

Die Verursacher von Einsparpotenzialen in der Holzverarbeitung können nicht vergleichbar klar zugeordnet werden und sind deswegen hier nicht weiter dargestellt.

5 Fazit

Mit dem vorgestellten Ansatz können Analysen der Bereitstellung sowie der Nutzung der Ressource Holz vor dem Hintergrund der Ressourcenkonkurrenz in Deutschland

- hinsichtlich der ökologischen Performance

- spezifisch für einzelne Produkte als auch der gesamten Nutzung im Hinblick auf Umweltwirkungen
- unter Berücksichtigung alternativer Nutzungsformen und deren Umweltwirkungen

durchgeführt werden und so Erkenntnisse gewonnen werden z.B. für die Produktentwicklung der in diesen Bereichen tätigen Unternehmen.

Referenzen

[Bitter 2007] Bitter, W.G.: Forst und Holz Marktbilanz 2007. Zentrale Markt- und Preisberichtstelle GmbH, Bonn (2007).

[Brommer 2008] Brommer, E: Stoffstrommodell der holzverarbeitenden Industrie in Deutschland. Fachhochschule Trier, Umwelt-Campus Birkenfeld, Birkenfeld/ Karlsruhe (2008).

[Charta 2004] Bundesministerium für Verbraucherschutz, Ernährung und Landwirtschaft (BMVEL) – Referat Öffentlichkeitsarbeit (Hrsg.): Verstärkte Holznutzung zugunsten von Klima, Lebensqualität, Innovationen und Arbeitsplätzen (Charta für Holz) Berlin, 2004

[ecoinvent 2005] Swiss Centre for Life Cycle Inventories. ecoinvent Centre, Empa, St. Gallen, Switzerland (2005). http://www.ecoinvent.org/

[Feifel 2009] Feifel, S., Faul, A., Schebek, L.: Vergleichende ökologische Analyse unterschiedlicher Bauformen leichter Holzwerkstoffplatten. 8. Holzwerkstoff-kolloquium, Dresden (2009).

[Holzmann 2006] Ferdinand Holzmann Verlag (Hrsg.): Möbel, Zahlen, Daten. Holzmann-Verlag, Hamburg (2006).

[ifu 2009] Institut für Umweltinformatik: umberto 5.5. Hamburg (2009).

[Westphal 2007] Westphal, P.: Modell der Stoffströme der holzbearbeitenden Industrie in Deutschland. Hochschule für angewandte Wissenschaft und Kunst Hildesheim/ Holzminden/ Göttingen, Hildesheim/ Karlsruhe (2007).

[Zimmer et.al 2004] Zimmer, B., Wegener, G., Nebel, B.: Analyse der Transportketten von Holz, Holzwerkstoffen und Restholzsortimenten als Grundlage für produktbezogene Ökobilanzen. DGfH/ HAF, Spektrum Akademischer Verlag, München/ Kuchl (2004).

Integrierte Nachhaltigkeitsanalyse für Prozessketten ausgewählter Energieholzprodukte

Janine Fischbach, Institut für Forstbenutzung und Forstliche Arbeitswissenschaft der Albert-Ludwigs-Universität Freiburg

Zusammenfassung

Die Bedeutung der Biomasse als erneuerbarer Energieträger wird kontrovers diskutiert. Tragfähigkeit und Belastung der Ökosysteme sowie ethische Aspekte (Energie vs. Nahrungsmittelproduktion) bilden mit die Grundlage dieser Diskussion. Eine Alternative stellt die Produktion von Biomasse in Kurzumtriebsplantagen (KUP) auf Brachland oder landwirtschaftlichen Grenzertragsstandorten dar.

Zur Beurteilung der Lebenszyklen des produzierten Rohstoffs Lignoscellulose werden die Produktionstechniken und Umweltwirkungen verschiedener Produktketten begutachtet. Hier fließen Leistungs- und technische Kennwerte sowie Energie-, Nährstoff- und Wasserbilanzen der verschiedenen Prozessketten mit ein. Die Daten werden in einer Nachhaltigkeitsanalyse ausgewertet, um die energetische Nutzung von Holz aus KUP umfassend bewerten und optimieren zu können.

1 Einleitung

1.1 Internationale und nationale energiepolitische Rahmenbedingungen

Die Nutzung von Energie gehört zu den Grundbedürfnissen des Menschen. Eine wirtschaftliche, sichere und umweltverträgliche Energieversorgung ist Grundlage für die nachhaltige Funktionsfähigkeit einer Volkswirtschaft, für den Wohlstand der Menschen und für die Zukunftschancen nachfolgender Generationen [BMWI 2008, BMZ 2008].

Die Bevölkerungsabteilung der Vereinten Nationen geht in der letzten Revision der Bevölkerungsprojektionen von 2007 davon aus, dass bei einem mittleren Szenario die Weltbevölkerung bis zum Jahre 2050 auf 9,2 Milliarden Menschen anwachsen wird

[DEUTSCHE STIFTUNG WELTBEVÖLKERUNG 2007]. Gleichzeitig steigt der glo-bale Primärenergieverbrauch, da sich in vielen Ländern der Welt Wirtschaftswachstum und Industrialisierung beschleunigen [IRENA 2008]. Laut Prognosen der internationalen Energieagentur werden z.B. der weltweite Primärölverbrauch (ohne Biokraftstoffe) zwischen 2007 und 2030 um etwa 1% pro Jahr von 85 auf 106 Mio. Barrel pro Tag steigen und sich die Weltnachfrage nach Kohle jährlich um 2% erhöhen [IEA 2008].

Eine Folge ist die weltweite Diskussion um die zukünftige Energieversorgung. Energieeffizienz und Nutzung erneuerbarer Energien werden als Lösungsstrategien angesehen und verfolgt [BMWI 2007, BMZ 2008, BMU 2009a].

Neben der Frage der Verfügbarkeit ist die internationale Klimapolitik maßgebend. Nach Feststellungen des Weltklimarates von 2007 ist es heute im weltweiten Mittel um c.a. 0,74°C wärmer als vor 100 Jahren. Zugleich nahm in den vergangenen Jahren die Zahl der Wetterextreme wie Stürme oder Überschwemmungen deutlich zu. Bis zum Jahr 2100 prognostiziert der Weltklimarat einen globalen Temperaturanstieg von bis zu 5,8°C mit katastrophalen Auswirkungen für das Leben auf der Erde [IPCC 2007].

Auf dem Umweltgipfel in Rio de Janeiro 1992 wurde die Klimarahmenkonvention der Vereinten Nationen unterzeichnet. Erklärtes Ziel ist, "die Stabilisierung der Treibhausgaskonzentrationen auf einem Niveau zu erreichen, [...] dass sich die Ökosysteme auf natürliche Weise den Klimaänderungen anpassen können, die Nahrungsmittelerzeugung nicht bedroht wird und die wirtschaftliche Entwicklung auf nachhaltige Weise fortgeführt werden kann" [UNFCCC].

Zahlreiche Experten, Arbeitsgruppen und Institutionen beschäftigen sich intensiv mit der Frage der Umsetzung europäischer Energiepolitik in Bezug auf erneuerbare Energien und zukünftige Rohstoffverwendungen [EEA 2005, BMU 2006, MANTAU 2007 etc.].

Um das konkrete Ziel der Europäischen Kommission zu erreichen, die auf der Tagung des Europäischen Rates im März 2007 das Ziel für den Anteil erneuerbarer Energien am Energieverbrauch der EU bis 2020 in Höhe von 20 % am Gesamtenergieverbrauch festgelegt hat [KOM 2008], muss jeder Mitgliedsstaat konkrete Aktionspläne ausweisen und umsetzen. Die BRD hat dazu umfassende Aktionspläne und Förderprogramme entworfen wie etwa „Nationaler Energieeffizienzplan Aktionsplan der BRD [BMWI 2007]“, „New thinking, new energy – energy policy road map 2020“ [BMU 2009b] oder „Dem Klimawandel begegnen – die deutsche Anpassungsstrategie [BMU 2009c]“.

1.2 Die Rolle der erneuerbaren Energien

Bezogen auf den gesamten Endenergieverbrauch hatten die erneuerbaren Energien in Deutschland im Jahr 2008 einen Anteil von 7,1 %. Dieser Beitrag könnte, wie im Leitszenario von Nitsch beschrieben, bis 2050 auf 48,5% gesteigert werden [NITSCH 2007:20].

Laut dem BMWI entfallen bei der Bereitstellung von Strom 14,8% auf erneuerbare Energieträger (3,4% Wasserkraft, 6,5% Windkraft, 3,4% Biomasse, 1,5% sonstige Erneuerbare). Der Anteil erneuerbarer Energieträger in der Wärmebereitstellung liegt bei 7,7%, wobei dieser Wert zu 94% aus Biomasse erzielt wird. Kraftstoffe aus erneuerbaren Energieträgern (Biodiesel, Pflanzenöl und Bioethanol) haben einen Anteil von 6,1% am Kraftstoffabsatz [BMWI 2009].

1.3 Biomasse als Energieträger

Mit Hilfe einer Vielzahl unterschiedlicher Technologien und Verfahren kann Biomasse zur Deckung der End- bzw. Nutzenergienachfrage eingesetzt werden und ist dadurch flexibler als andere erneuerbare Energien. Die verschiedenen Optionen unterscheiden sich dabei in Abhängigkeit von der eingesetzten Biomasse (z.B. Waldrestholz, Gülle, Rapssaat) (vgl. Abb.1) und des jeweils erzielten Endenergieträgers bzw. der gewünschten Nutzenergie [FNR 2000]. Land- und forstwirtschaftliche Primärproduktion sowie ihnen nachgelagerte Industrie- und Abfallwirtschaften können Rohstofflieferanten für Biomasse sein [BMU 2009a]. Sie ist nicht nur lang-, sondern auch kurz- und mittelfristig mobilisierbar und stellt zugleich eine weitere Einkommensquelle für Land- und Forstwirtschaft dar [STAIß 2007].

Aus Biomasse erzeugte Energieträger stehen in festem, flüssigen oder gasförmigen Zustand zur Verfügung. Ihnen kommt neben den positiven ökologischen Aspekten der Energieumwandlung besondere Bedeutung durch die zahlreichen Verwendungsmöglichkeiten zu [BINGEZU et al. 2007]. Daneben sind auch positive volkswirtschaftliche (Arbeitsplatzschaffung) und agrarpolitische Aspekte wie die Entwicklung des ländlichen Raums zu nennen.

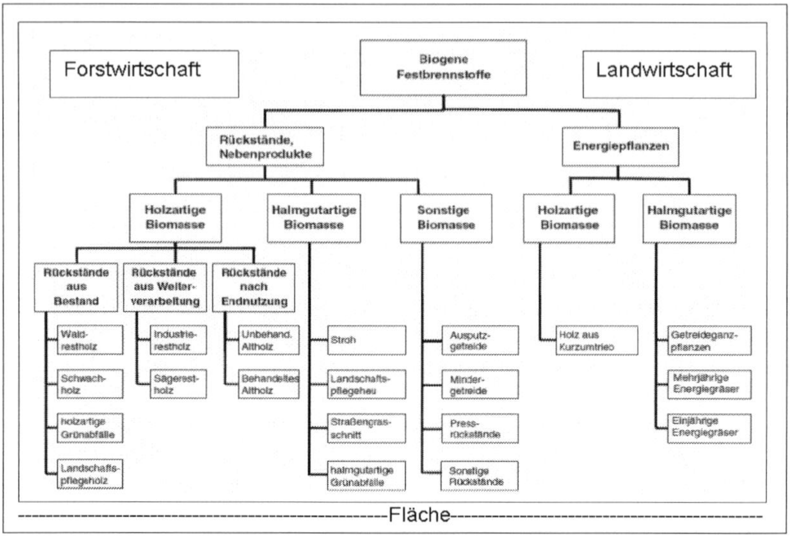

Abb. 1: Formen biogener Festbrennstoffe. Unterteilung in Rückstände bzw. Nebenprodukte und in speziell angebaute Energiepflanzen. Die Grafik zeigt die vielseitige Einsetz-barkeit verschiedener Rohstoffe zur Biomassegewinnung [FNR 2000:14, verändert]

Die stoffliche Struktur von Ligno-Zellulose lässt grundsätzlich die direkte Erzeugung von Wärmeenergie durch Verbrennen als einen der energieeffizientesten Verwertungspfade erscheinen. Für zahlreiche Verwendungen ist es jedoch sinnvoll und/ oder notwendig, aus festen Bioenergieträgern durch thermo-chemische, physikalisch-chemische und bio-chemische Umwandlungsprozesse flüssige oder gasförmige Sekundärenergieträger herzustellen; so genannte Energieträger der ersten (Pellets, Biogas) und zweiten Generation (BTL).

1.4 Pappeln aus Kurzumtriebsplantagen als Rohstofflieferanten

Energiepflanzen haben ein enormes Potenzial zur effektiven Produktion von Biomasse im gemäßigten Klima mittlerer Breitengrade [HOFFMANN-SCHIELLE et al. 1999, HOFFMANN und WEIH 2005]. Bei den Gehölzen gehört die Pappel mit zu den am schnellsten wachsenden Baumarten (Abb.2). Zuwächse können in intensiver Kultur, unter günstigen Bedingungen und je nach Sorte und Standort 10-20 t Trockenmasse pro Hektar und Jahr betragen [ZSUFFA et al. 1993, UNSELD 1999].

Die Pappeln werden im KUP meist im 3- oder 4-Jahresrhythmus geerntet, wobei insgesamt 4-5 Erntezyklen in einer Stockaustriebsplantage möglich sind.

Abb 2: Anlegung und Bepflanzung einer Kurzumtriebsplantage (links); erster Anwuchs nach der Bepflanzung (mitte) und 16 Wochen nach der Bepflanzung der Plantage (rechts)

Die Vorteile der KUP gegenüber dem klassischen Feldfruchtanbau sind vielfältig. Über den Weg der vegetativen Vermehrung können einzelne Individuen, einschließlich Hybridklone, über lange Zeit reproduziert werden. Es besteht kein oder ein nur sehr geringer Einsatzbedarf von Pflanzenschutzmitteln und der Arbeitsaufwand ist (abgesehen von den ersten beiden Jahren) gering. Besonders auf Marginalstandorten werden einerseits Nutzungskonkurrenzen vermieden (vgl. Kap. 2.1), andererseits kann von einer geringen Belastung der Atmosphäre durch klimarelevante Spurengase, insbesondere durch Lachgas, ausgegangen werden, da die N-Düngemitteleinsätze im Vergleich zum Feldanbau von Mais [CRUTZEN et al. 2008] oder Raps gering sind [SPLECHTNA und GLATZEL 2005].

2 Methode

2.1 Ganzheitliche Folgenabschätzung durch Nachhaltigkeitsanalyse

Seit die vielfältigen Produkte erneuerbarer Energien vermehrt produziert und gefördert werden steht das so genannte „Teller oder Tank“ Dilemma in der öffentlichen Diskussion. Beispielsweise berichtet die Fachagentur Nachwachsende Rohstoffe (FNR), dass 2008 bereits auf 17% der Ackerflächen Rohstoffpflanzen überwiegend für die energetische Nutzung angebaut wurden [FNR 2009]. Presse und Interessenvertretungen greifen diese Informationen auf, um die moralische Vertretbarkeit des Rohstoffpflanzenanbaus auf den für Nahrungsmittelproduktion geeigneten Flächen in Frage zu stellen [u.a. BÖLW 2008, KNAUP 2008].

Soll eine Entscheidung darüber getroffen werden, welche Rohstoffe in einem System Verwendung finden und welche Verwertungsmöglichkeiten für bestimmte Produkte und Ziele optimal sind, ist eine Erfassung und Gegenüberstellung aller systemrelevanter ökonomischen, ökologischen und sozialen Auswirkungen zwingend erforderlich. Die so genannte Nachhaltigkeitsanalyse („Sustainability Impact Assessment") bezieht sich auf die drei Säulen der Nachhaltigkeit und erlaubt, Auswirkungen auf Handlungen ganzheitlich abzuschätzen und Handlungsalternativen aufzuweisen und zu evaluieren [KOM 2005b]. Um dieser Anforderung gerecht zu werden, bedient sich die Nachhaltig-keitsanalyse verschiedener Methoden (z.B. Ökobilanz, Kosten-Nutzen-Analyse etc.). Zusätzlich soll die Frage der Flächenkonkurrenz zur Nahrungsmittelproduktion untersucht werden.

2.2 Analyse der Umweltwirkungen

Wie dargestellt gebührt neben anderen zum Kurzumtrieb geeigneten Energiepflanzen der Pappel aufgrund ihres schnellen Wachstums und der vielfältigen auch ökologischen Vorteile gegenüber dem klassischen Feldfruchtanbau besonderes Interesse (vgl. Kap.1.4).

Um den Aufwand, Input und Output der Bewirtschaftung ausgewählter und alternativer Flächen zu ermitteln wird eine Ökobilanz („Lifecycle-Analysis") durchgeführt.

Diese wird nach DIN EN ISO 14040 als „Methode zur Abschätzung der mit einem Produkt verbundenen Umweltaspekte und produktionsspezifischen potentiellen Umweltauswirkungen" definiert und hat sich zu einer anerkannten Methode der Stoffstromanalyse entwickelt.

In einer Sachbilanz werden die relevanten Input- und Outputflüsse des Produktsystems zusammengestellt (wie etwa der Input an Rohstoffen und der Output an Betriebsmitteln wie Energie, Abfall oder Emissionen) und die damit verbundenen potentiellen Umweltwirkungen beurteilt („Wirkungsabschätzung") [HAF und DGfH 1997:13; RÖDL 2008:26f.; IER 2006:10]. Im Anschluss werden die Ergebnisse hinsichtlich der Zielstellung der Ökobilanzstudie ausgewertet wie beispielsweise eine CO_2-bezogene Beurteilung der Verwertungsalternativen bzw. Produkte.

3 Erwarete Ergebnisse

Nach Identifizierung und Gegenüberstellung systemtypischer Prozessketten werden mittels der Lifecycle-Analysis unterschiedliche Wirkungsmechanismen (THG, VOC,

Nitrat, Pestizide, Flächenbedarf und -konkurrenz, Wirtschaftlichkeit) aggregiert und ökologische Gesamtbilanzen erstellt.

Um eine integrative Bewertung für die Biomasseerzeugung von Pappeln in KUP an sich und im Vergleich zu anderen Nutzungsoptionen durchzuführen, werden die erhobenen Daten mit den sozial und ökonomisch relevanten Aspekten gemeinsam analysiert. Die Untersuchungen stellen die Basis für die Beurteilung der Nachhaltigkeit vorgeschlagener Nutzungskonzepte der KUP mit Pappeln hinsichtlich ihres Beitrags für den Klimaschutz in Deutschland dar.

Referenzen

BMU (2006): Energieversorgung für Deutschland. Stand und Entwicklung der Energieversorgung. Statusbericht zur Energieversorgung für den Energiegipfel. Bundesministerium für Wirtschaft und Technologie (BMWI) und Bundesministerium für Umwelt, Naturschutz und Reaktorsicherheit (BMU). Berlin.

BMU (2009a): Nationaler Biomasseaktionsplan für Deutschland. Beitrag der Biomasse für eine nachhaltige Energieversorgung. Herausgegeben von Bundesministerium für Umwelt, Naturschutz und Reaktorsicherheit (BMU). Berlin.

BMU (2009b): New Thinking- New Energy. Energy policy road map 2020. Herausgegeben von Bundesministerium für Umwelt, Naturschutz und Reaktorsicherheit (BMU). Berlin.

BMU (2009c): Dem Klimawandel begegnen. Die deutsche Anpassungsstrategie. 10000. Aufl. Herausgegeben von Bundesministerium für Umwelt, Naturschutz und Reaktorsicherheit (BMU). Bonn.

BMU (2009d): Entwicklung der erneuerbaren Energien in Deutschland im Jahr 2008. Herausgegeben von Bundesministerium für Umwelt, Naturschutz und Reaktorsicherheit (BMU). Bonn. Online verfügbar unter www.erneuerbare-energien.de/inhalt/43815/5466.

BMWI (2007): Nationaler Energieeffizienz- Aktionsplan (EEAP) der Bundesrepublik Deutschland. gemäß der EU-Richtlinie über "Endenrgieeffizienz und Energiedienstleistungen" (2006/32/EG). Herausgegeben von Bundesministerium für Wirtschaft und Technologie (BMWI). Berlin.

BMWI (2008): Energie in Deutschland. Trends und Hintergründe zur Energieversorgung in Deutschland. Herausgegeben von Bundesministerium für Wirtschaft und Technologie (BMWI). Berlin.

BMWI (2009): Erneuerbare Energien Deutschland. Energiedaten Tabelle 20. Online verfügbar unter http://www.bmwi.de/BMWi/Navigation/Energie/energiestatistiken,did=180888.html. Zuletzt aktualisiert: 12.05.2009.

BMZ (2008): Entwicklung braucht nachhaltige Energie. Herausgegeben von Bundesministerium für wirtschaftliche Zusammenarbeit und Entwicklung (BMZ). Bonn. (186).

BÖLW (2008): Stellungnahme des BÖLW zur Welternährung und den gestiegenen Lebensmittelpreisen anlässlich der Anhörung des Bundestag-Ausschusses für Ernährung, Landwirtschaft und Verbraucherschutz am 23.6.2008. Herausgegeben von Bund Ökologischer

Lebensmittelwirtschaft (BÖLW). Online verfügbar unter http://www.bundestag.de/bundestag/ausschuesse/a10/anhoerungen/a10_83/16_10_922.pdf.

BRINGEZU et al. (2007): Towards a sustainable biomass strategy. What we know and what we should know. Diskussionspapier. Herausgegeben vom Wuppertal Institut. Wuppertal.

CRUTZEN et al. (2008): N2O release from agro-biofuel production negates global warming reduction by replacing fossil fuels. Atmos Chem Phys 8, 389-395.

DEUTSCHE STIFTUNG WELTBEVÖLKERUNG (2007): Weltbevölkerungsprojektionen für 2050. Online verfügbar unter http://www.weltbevoelkerung.de/pdf/WPP2007_Grafiken.pdf

DIN EN ISO14040 (1997): Umweltmanagement - Ökobilanz - Prinzipien und allgemeine Anforderungen.

EEA Briefing (2005): How much biomass can Europe use without harming the environment? Von European Environment Agency, Denmark. Online verfügbar unter www.eea.eu.int.

FNR (2000): Leitfaden Bioenergie. Planung, Betrieb und Wirtschaftlichkeit von Bioenergieanlagen. Aktualisierte Auflage. Herausgegeben von Fachagentur nachwachsende Rohstoffe. e.V. Gülzow. Online verfügbar unter www.nachwachsende-rohstoffe.de.

FNR (2009): Entwicklung des Anbaus von Rohstoffpflanzen 1997-2008. http://www.biowerkstoffe.info/daten-und-fakten.html.

HAF und DGfH (1997): Erstellung von Ökobilanzen für die Forst- und Holzwirtschaft. Informationsdienst Holz. Herausgegeben von Absatzförderungsfonds der deutschen Forst- und Holzwirtschaft (HAF) und DGfH Innovations- und Service GmbH. Bonn.

HOFFMANN, D., WEIH, M. (2005): Limitations and improvement of the Potenzial utilization of woody biomass for energy derived from short rotation woody crops in Sweden and Germany. *Biomass and Bioenergy* 18, 267-269.

HOFFMAN-SCHIELLE et al. (1999): Short-rotation plantations of balsam poplars, aspen, willows on former arable land in the Federal Republic of Germany. I. Site-growth relationships. *For Ecol Man* 121, 41-55.

IEA (2008): World Energy Outlook. Zusammenfassung. Herausgegeben von International Energy Agency (IEA). OECD/ IEA.

IER (2006): Bilanz und Perspektiven der Holzenergienutzung in Baden-Württemberg. Forschungsbericht Nr.98 des Institutes für Energiewirtschaft und Rationelle Energieanwendung (IER) der Universität Stuttgart. Autoren: Eltrop, L.; Moerschner, J.; Härdtlein, M.; König, A. Stuttgart. ISSN 0938-1228.

IPCC (2007): Energy supply. In: Climate Change 2007: Mitigation. Contribution of Working Group III to the Fourth Assessment Report of the Intergovernmental Panel on Climate Change. Chapter 4, p.251-322. Unter Mitarbeit von Schock, R.; Adegbululgbe, A.; Fenhann, J.; Konstantinaviciute, L.; Moomaw, W.; Nimir, H.B.; Schlamadinger, B.; Sims, R.E.H.. Herausgegeben von Cambridge University Press. United Kingdom and New York, NY, USA. Online verfügbar unter http://www.ipcc.ch/publications_and_data/publications_ipcc_fourth_assessment_report_wg3_report_mitigation_of_climate_change.htm.

IRENA (2008): Gründung einer internationalen Agentur für Erneuerbare Energien (IRENA). Erneuerbare Energien weltweit fördern. Herausgegeben von Bundesministerium für Umwelt Naturschutz und Reaktorsicherheit (BMU). Berlin.

KNAUP (2008): Pressemittelung in: Der Spiegel: Afrika. Sturm auf die Scholle. Westliche Firmen wollen riesige Farmen für Energiepflanzen betreiben um Öl zu gewinnen. Die einheimischen Bauern und Regierungen werden mit zweifelhaften Versprechen geködert. Ausgabe 36/2008, S.146ff.

KOM (2005a): Aktionsplan für Biomasse. Von Europäische Kommission (628). Rat der Europäischen Union (09. 12. 2005). Online verfügbar unter http://eur-lex.europa.eu/LexUriServ/LexUriServ.do?uri=COM:2005:0628:FIN:DE:PDF.

KOM (2005b): Impact Assessment Guidelines. European Commission, SEC(2005) 791, vom 15.06 2005.

KOM (2008): 20 und 20 bis 2020 - Chancen Europas im Klimawandel. KOM (2008) 30, Von Europäische Kommission, Mitteilung der Kommission an das europäische Parlament, den Rat, den europäischen Wirtschafts- und Sozialausschuss und den Ausschuss der Regionen.

MANTAU, U. (22.-23. März 2007): Energetische und stoffliche Holzverbrauchentwicklung in Deutschland. Veranstaltung vom 22.-23. März 2007, aus der Reihe "Rohholzmanagement in Deutschland". Hannover. Veranstalter: Kompetenznetz für Nachhaltige Holznutzung (NHN).

NITZSCH (2007): Leitstudie 2007 Ausbaustrategie Erneuerbare Energien. Aktualisierung und Neubewertung bis zu den Jahren 2020 und 2030 mit Ausblick bis 2050. Untersuchung im Auftrag des Bundesministerium für Umwelt, Naturschutz und Reaktorsicherheit (BMU). In Zusammenarbeit mit der Abteilung „Systemanalyse und Technikbewertung“ des DLR – Instituts für Technische Thermodynamik Herausgegeben vom Bundesministerium für Umwelt, Naturschutz und Reaktorsicherheit (BMU) Referat KI III 1 (Allgemeine und grundsätzliche Angelegenheiten der Erneuerbaren Energien). Stuttgart. Februar 2007.

RÖDL, A. (2008): Ökobilanzierung der Holzproduktion im Kurzumtrieb. Arbeitsbericht Nr. 03/2008 des Instituts für Ökonomie der Forst- und Holzwirtschaft. Hamburg, August 2008.

SPLECHTNA, B., GLATZEL, G. (2005): Optionen der Bereitstellung von Biomasse aus Wäldern und Energieholzplantagen für die energetische Nutzung. Berlin-Brandenburgische Akademie der Wissenschaften „Zukunftsorientierte Nutzung ländlicher Räume“ Materialien Nr.1. Berlin.

STAIß, F. (2007): Jahrbuch Erneuerbare Energien 2007. Stiftung Energieforschung Baden-Württemberg (Hg.). Radebeul: Bieberstein Verlag & Agentur.

UNFCCC: Forests. Climate Change, Biodiversity and Land Degradation. Unter Mitarbeit von Joint Liaison Group of the Rio Conventions. Herausgegeben von United Nations Framework on Climate Change. Online verfügbar unter http://unfccc.int/resource/docs/publications/forest_eng.pdf

UNSELD, R. (1999): Kurzumtriebsbewirtschaftung auf landwirtschaftlichen Grenzertragsböden. Shaker Verlag, Aachen ISBN 3-8265-4829-9.

ZSUFFA et al. (1993): Strategies for clonal forestry with poplars, aspen, and willows. In: Clonal Forestry II, Conservation and Application. [Ahija MR & Libby WJ (eds.)], Springer-Verlag, Berlin. pp 91ff.

Bewirtschaftung von Kurzumtriebsplantagen - eine ökologische und ökonomische Optimierung

Anne Rödl, Johann Heinrich von Thünen-Institut, Institut für Ökonomie der Forst- und Holzwirtschaft

1 Hintergrund und Ziel der Arbeit

Die Erzeugung von Holz in Plantagen zur stofflichen und insbesondere zur energetischen Verwendung wird in den nächsten Jahren weiter zunehmen (Carle/ Holmgren 2008). Der intensive Anbau von Schnellwuchsplantagen auf landwirtschaftlichen Flächen wirft auch Fragen nach dessen Auswirkungen auf die Umwelt auf. Neben der Berücksichtigung ökologischer Standards sind für die Erzeuger ebenso die betriebswirtschaftlichen Ergebnisse des Anbaus von Biomasse von Bedeutung. Nur wenn langfristig der Anbau holziger Biomasse vorzüglicher ist als der konventionelle Feldfruchtbau oder der Anbau anderer Biomassekulturen, wird er sich durchsetzen.

Das Vorgehen beim Anbau schnellwachsender Baumarten auf landwirtschaftlichen Flächen befindet sich noch immer in der Erprobungsphase. Variationsmöglichkeiten ergeben sich zum Beispiel bei verschiedenen Verfahrensschritten. Im Folgenden wird eine Arbeit vorgestellt, in der sowohl die Umweltwirkungen als auch die ökonomischen Kennwerte für verschiedene Anbauverfahren der Agrarholzproduktion untersucht werden. Im Vordergrund dabei steht die ökologische Bewertung. Darüber hinaus soll ermittelt werden, welche betriebswirtschaftlichen Ergebnisse bei der Bereitstellung von Hackschnitzeln erzielt werden können.

Eine umfassende Projektbewertung soll anschließend die ökologische mit der betriebswirtschaftlichen Bewertung kombinieren. Es wird sich zeigen, ob es im Spannungsfeld öffentlicher und privatwirtschaftlicher Interessen unter Umständen eine optimale Bewirtschaftungsform zum Vorteil beider Seiten gibt.

2 Methodik

2.1 Ökologische Bewertung

Mit Hilfe der Ökobilanzmethodik nach ISO 14040 und 14044 wurden die charakteristischen Umweltwirkungen der Verfahren ermittelt. Zur Abschätzung der Umweltwirkungen wurde die Methode nach [Guinée 2001] CML 2001 verwendet. Als wichtige Sachbilanzkategorie wird der Verbrauch nicht-erneuerbarer Energie ermittelt und für die Wirkungsabschätzung wurden die folgenden Kategorien ausgewählt:

- Treibhauspotential (GWP 100)
- Eutrophierungspotential (EP)
- Versauerungspotential (AP)

2.2 Ökonomische Bewertung

In der hier vorgestellten Arbeit treffen zwei ökonomische Sphären aufeinander. Die betriebswirtschaftliche und die volkswirtschaftliche Projektbewertung. Erstgenannte bewegt sich in der Sphäre der marktfähigen Güter, wobei zukünftige Aufwandpositionen und Erträge im Rahmen einer Investitionsrechnung gegenübergestellt werden. In der volkswirtschaftlichen Sphäre geht es um die Bewertung von Umweltgütern, also nicht-marktfähiger Güter, wie saubere Luft und sauberes Wasser. In der Untersuchung sollen beide Aspekte zusammengeführt werden.

Die betriebswirtschaftliche Bewertung erfolgt zunächst mit Hilfe der Annuitätenkalkulation, einem Instrument der Investitionsrechnung. Zur Abschätzung der Maschinen-, Personal-, Treibstoff- und sonstiger Kosten sowie der zu erwartenden Erträge wurden durchschnittliche Werte aus der Literatur verwendet. Die volkswirtschaftliche Bewertung kann dann mit Hilfe eines Bewertungssystems in Anlehnung an die Methodik der Kosten-Nutzen-Analyse durchgeführt werden.

2.3 Systemgrenzen und funktionelle Einheit

Die ökologische Untersuchung bezieht sich auf die Produktion und Bereitstellung der holzigen Biomasse in ihren unterschiedlichen Formen. Es werden somit alle Verfahrensschritte vom Feldanbau bis zum Verwendungsort („cradle to gate“) einbezogen. D.h. alle weiteren Prozesse wie Verbrennung, Kraftstofferzeugung oder andere Verwendungsmöglichkeiten bleiben unberücksichtigt. Für die ökonomische Analyse sind die Aufwendungen und Erträge des Erzeugers – also des Landwirts – von Bedeutung. Da der Erzeuger auch für die Lieferung der Hackschnitzel verantwortlich ist, werden auch hier alle Prozessschritte vom Feldanbau bis zur Anlieferung der Hackschnitzel ins Kraftwerk berücksichtigt.

Für die ökonomische Bewertung wird als Bezugseinheit die Fläche von 1 Hektar gewählt. Die dafür ermittelte Annuität kann dadurch später mit den Deckungsbeiträgen konkurrierender landwirtschaftlicher Kulturen verglichen werden.

Bei der Analyse der Umweltwirkungen ist die funktionale Einheit „Hektar" wenig aussagekräftig. Hier ist vielmehr der Bezug auf die jeweils auf der Fläche erzeugte Produkteinheit von Bedeutung. Da vor allem von einer energetischen Verwendung der Hackschnitzel ausgegangen wird, ist die im Holz enthaltene Energie zum Zeitpunkt der Verwendung als funktionale Einheit geeignet. Die ökologischen Kennwerte werden zunächst für die gesamte Lebensdauer der Plantage je Hektar ermittelt und danach mit der erzeugten Menge auf die Einheit 1 GJ im Holz gespeicherte Energie umgerechnet. Dadurch wird auch die Feuchte des Materials zum Zeitpunkt der Verwendung in der Bilanz berücksichtigt.

2.4 Bewirtschaftungsvarianten

Es wurden acht Verfahren ausgewählt, die auch in der Praxis Anwendung finden. Als Basisvariante wird eine gängige [Boelke 2006; Vetter 2002; Röhricht 2004] Bewirtschaftungsform zugrunde gelegt. Tab. 1 gibt einen Überblick über die wichtigsten Teilprozesse und dessen Ausführung bei der Basisvariante.

Tab. 1: Eingangsparameter für die Grundvariante der Agrarholzproduktion

Arbeitsschritt	Ausführung
Bodenbearbeitung:	vollflächig Pflug + Scheibenegge ; mit Herbizid
Pflanzung:	unbewurzelte Steckhölzer, maschinell; 10.500 St/ha
Pflege:	Unkrautbekämpfung im 1. Jahr mit Hackmaschine
Ernte:	selbstfahrender Feldhäcksler+ Schlepper m. Anhänger
Transport:	sofort ins Kraftwerk per LKW 40t
Lager:	ohne Lagerung/Trocknung
Rekultivierung:	Mulcher + Rodungsfräse
Umtriebszeit:	4 Jahre
Standauer:	20 Jahre
Ertrag:	8 t atro/ha*a
Produkt:	Hackschnitzel

Das gesamte Verfahren ist mechanisiert und die Hackschnitzel werden sofort nach der Ernte, ohne Trocknung in ein 50 km entferntes Biomasseheizkraftwerk gebracht. Der Ertrag liegt mit 8 t atro pro Hektar und Jahr im unteren Durchschnitt und ist eine vorsichtige Annahme.

Die sieben weiteren Varianten ergeben sich jeweils durch Abwandlung einzelner Teilprozesse. Dabei wird meist nur ein Teilschritt variiert, der sich jedoch in einigen Fällen auf mehrere Bewirtschaftungsschritte auswirkt. In drei Fällen wird das Pflanzmaterial variiert (II-IV), dabei in einem auch die Pflanzmethode (IV). In den Varianten V, VII und VIII wird jeweils ein anderes Ernteverfahren angewendet. Bei Variante V geht damit eine Verlängerung der Umtriebszeit einher, um eine höhere Wertschöpfung durch die Erzeugung von Industrieholz zu erreichen. Im Fall der Variante VI wird die Lagerung und Trocknung der Hackschnitzel am Feldrand berücksichtigt. Tab. 2 gibt einen groben Überblick, wie die Grundvariante abgewandelt wurde und welche Formen des Agrarholzanbaus untersucht wurden.

Tab. 2: Untersuchte Varianten des Agrarholzanbaus

I	Grundvariante; unbewurzelte Steckhölzer, maschinell gepflanzt; vollflächige Bodenbearbeitung
II	bewurzelte Steckhölzer (8.300 Stk/ha), maschinell gepflanzt; streifenweise Fräsen
III	Setzstangen (3.300 Stk/ha) maschinell gepflanzt; streifenweise Tiefenlockerung
IV	Setzstangen (3.300 Stk/ha), aber manuell gepflanzt; streifenweise Tiefenlockerung
V	Setzstangen, maschinell gepflanzt; lange Umtriebszeit; Ernte mit Harvester; gleichzeitige Erzeugung von Industrieholz
VI	Grundvariante, aber mit Lagerung der Hackschnitzel am Feldrand
VII	Grundvariante, aber Ernte mit Fäller-Bündler, Bündel werden erst im Kraftwerk gehackt
VIII	Grundvariante, aber Ernte motormanuell mit Kettensägen im 2-Mann Verfahren

3 Ergebnisse

3.1 Ökologische Bewertung

Beispielhaft sollen hier einige Ergebnisse anhand von vier ausgewählten Varianten gezeigt werden. Im Folgenden wird anhand des Verbrauchs fossiler Energie, der einen wesentlichen Einfluss auf Umweltwirkungen hat, dargestellt, wie sich die Varianten in ökologischer Hinsicht unterscheiden. Der Verbrauch bezieht sich jeweils auf die Erzeugung eines im Holz gespeicherten Gigajoules.

Die Varianten I, II und VI differieren in ihrem fossilen Energiebedarf. Variante II verbraucht weniger fossile Energie als die Basisvariante. Bei dieser Variante wurden lediglich bewurzelte Stecklinge anstatt unbewurzelte Steckhölzer verwendet, wodurch sich der Umfang der Bodenbearbeitung reduziert. Es wird etwas weniger Energie für die Bodenbearbeitung benötigt. Zusätzlich erhöht sich der Ertrag, da die Pflanzen einen Wuchsvorsprung gegenüber unbewurzelten Steckhölzern besitzen. Es wird also mehr im Holz gespeicherte Energie produziert.

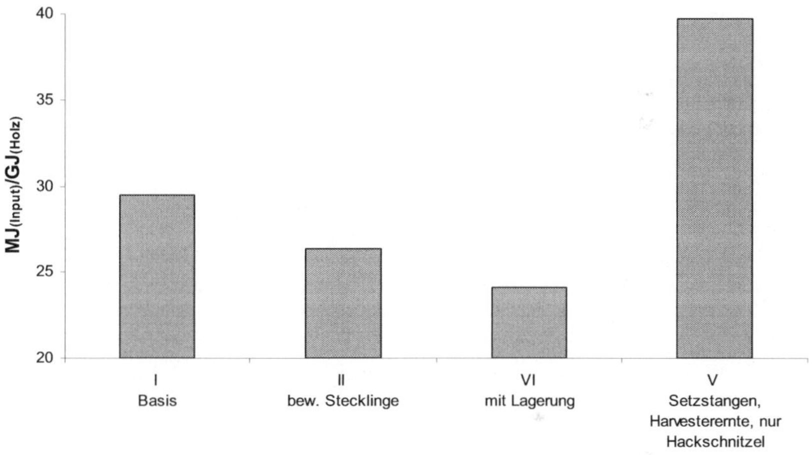

Abb. 1: Fossiler Energiebedarf der vier ausgewählten Varianten

Bei Variante VI werden die Hackschnitzel vor der Auslieferung im Dombelüftungsverfahren gelagert und trocknen dabei ab. Für die Trocknung selbst wird keine zusätzliche Energie benötigt, nur das Aufschichten der Miete erfordert den Einsatz eines Teleskopladers. Durch die Trocknung sink jedoch gleichzeitig das Transportgewicht, wodurch wieder Energie eingespart wird. Am Ende schneidet die Version mit Lagerung vor allem durch den höheren Heizwerts (H_u) der trocknen Hackschnitzel besser ab als die Basisvariante.

Variante V erfordert den Einsatz mehrerer Maschinen für Ernte und Aufbereitung des Industrieholzes und der Hackschnitzel (Harvester, Forwarder, Hacker etc.). Außerdem werden weniger Hackschnitzel auf der Fläche produziert. Dadurch wird mehr Energie für dieses Verfahren benötigt.

3.2 Ökonomische Bewertung – Ausblick

Die Arbeiten zur ökonomischen Bewertung sind noch nicht abgeschlossen. Es wurden zunächst die Annuitäten der einzelnen Bewirtschaftungsvarianten ermittelt. Die unterstellten Kosten, Erträge und naturalen Produktionsfaktoren sind in der Realität sehr heterogen und können stark schwanken. Um dennoch bei einer Modellberechnung die Wirklichkeit so ähnlich wie möglich abzubilden, soll im nächsten Schritt eine Monte-Carlo-Simulation durchgeführt werden. Dazu werden die einzelnen Parameter in einem bestimmten Rahmen sehr oft zufällig variiert. Mit den zufällig ermittelten Parametern wird dann jeweils die Annuität neu berechnet. Am Ende zeigt sich durch die häufige Variation der Parameter, wie wahrscheinlich das ermittelte Ergebnis tatsächlich ist. Die Monte-Carlo-Simulation ist demnach eine schrittweise Evaluierung eines deterministischen Modells.

Im Folgenden (Abb. 2) werden die Ergebnisse der Annuitätenkalkulation für die vier zuvor ausgewählten Varianten gezeigt. Für die einzelnen Varianten zeigen sich recht unterschiedliche Ergebnisse.

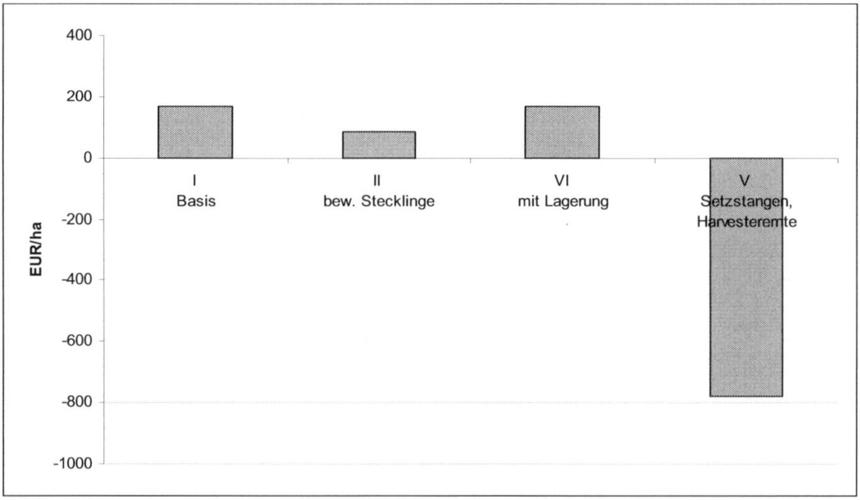

Abb. 2: Annuitäten der vier ausgewählten Bewirtschaftungsvarianten

Die Variante II schneidet schlechter als die Basisvariante ab, da die Investitionskosten am Anfang durch das bewurzelte Pflanzgut höher sind. Die Variante VI mit Trocknung der Hackschnitzel hat eine minimal höhere Annuität als die Basisvariante, da davon ausgegangen wurde, dass ein höherer Preis für getrocknete Hackschnitzel gezahlt wird. Sehr schlecht schneidet hingegen die Variante V mit der kombinierten Industrieholzproduktion ab. Das ist zum einen mit den hohen Investitionskosten für das Pflanzmaterial zu erklären, aber auch durch die höheren Kosten bei der Ernte. Zum anderen wird eine geringere Menge verkaufsfähiger Hackschnitzel produziert. Die Mehraufwendungen werden auch nicht durch die zusätzlichen Erlöse des Industrieholzverkaufs aufgewogen. Dieses Ergebnis gilt für die hier getroffenen Annahmen. Durch die Verwendung kombinierter Maschinen, die den Stamm in einem Arbeitsgang in Sortimente schneiden und die Kronen hacken, ergäbe sich eventuell ein günstigeres Ergebnis.

Kombiniert man die ökonomischen und ökologischen Ergebnisse zeigt sich jedoch für keine der Varianten eine eindeutige Vorzüglichkeit. Deshalb wird es in einem zweiten Schritt notwendig, ein weiteres Bewertungsverfahren auf die Ergebnisse anzuwenden. Da dieses Bewertungsverfahren stark subjektiv sein kann, muss es sorgfältig und nachvollziehbar ausgewählt werden. In Frage kämen hierfür u.U. auch die Gewichtungsverfahren, die bei der Bewertung von Wirkungsbilanzergebnissen einer Ökobilanz angewendet werden.

Referenzen

[Carle 2008] Carle, J.; Holmgren, P. (2008): Wood from planted forests. A global outlook 2005-2030. Forest Products Journal Vol. 58, No.12, pp. 6-18.

[Guinée 2001] Guinée, J. B. (Ed.): Handbook on Life Cycle Assessment: Operational Guide to the ISO Standards. Series Eco-Efficiency in Industry and Science, Vol. 7. Dodrecht: Kluwer Acadamic. 692 pages.

[Boelke 2006] Boelke, B. (2006): Schnellwachsende Baumarten auf landwirtschaftlichen Flächen. Leitfaden zur Erzeugung von Energieholz. Schwerin: Ministerium für Ernährung, Landwirtschaft, Forsten und Fischerei Mecklenburg-Vorpommern. 44 Seiten.

[Röhricht 2004] Röhricht, C.; Ruscher, K. (2004): Anbauempfehlungen für schnellwachsende Baumarten. Leipzig: Sächsische Landesanstalt für Landwirtschaft. 40 Seiten.

[Vetter 2002] Vetter, A.; Werner, A.; Reinhold, G. (2002): Leitlinie zur effizienten und umweltverträglichen Erzeugung von Energieholz. Jena: Thüringer Landesanstalt für Landwirtschaft. 14 Seiten

Ökobilanz Basisdaten für Bauprodukte aus Holz

Stefan Diederichs, Johann Heinrich von Thünen-Institut, Institut für Holztechnologie und Holzbiologie (HTB)

1 Hintergrund

Da Thema „Nachhaltiges Bauen“ gewinnt im Rahmen der gesellschaftlichen Diskussion um den Klimawandel auf nationaler und internationaler Ebene an Bedeutung. Dem Bau und Wohnsektor fällt hierbei als einem der bedeutenden Konsumenten von Energie und Ressourcen eine besondere Rolle zu.

In Deutschland wurde Mitte 2008 das Deutsche Gütesiegel Nachhaltige Bauen vorgestellt und Anfang 2009 eingeführt. Das dem Gütesiegel zugrunde liegende Bewertungssystem wurde in Zusammenarbeit mit der Gesellschaft für Nachhaltiges Bauen e.V. (DGNB) entwickelt, und soll einen belastbaren Maßstab bei der ökologischen, ökonomischen und städtebaulichen Qualität von Gebäuden darstellen.

Auch auf europäischer Ebene wird die Entwicklung spezifischer Regelungen für den Bausektor angestrebt. Obwohl im Zuge der Lissabon-Strategie Regulierungsaktivitäten durch die europäische Kommission vermindert werden sollen, behält sich die Kommission vor, die freiwilligen Normen durch Verordnungen und Gesetze zu ersetzen.

Grundlage für die ökologische Bewertung der Baustoffe auf nationaler und europäischer Ebene sind so genannte „Environmental Product Declarations“ (EPD), welche neben Angaben zu Grundstoffen, Verarbeitungs- und Entsorgungsmöglichkeiten detaillierte Ergebnisse einer Ökobilanz der Baustoffe nach ISO 14044 beinhalten. Als Rahmenkonvention für die Erstellung einer EPD werden sogenannte „Product Category Rules“ formuliert, in denen produktgruppenspezifische Hinweise zur Erstellung der jeweiligen Ökobilanz genannt werden.

Durch den in Deutschland positionierten EPD - Programmhalter IBU (Institut Bauen und Umwelt e. V) wurden bereits zahlreiche Produkte zertifiziert und entsprechende EPD, bzw. PCR veröffentlicht, insbesondere im Bereich der konventionellen Baustoffe wie Putz, Mörtel, mineralische Dämmstoffe, Mauerwerk, Ziegel und Baumetalle. Im Gegensatz hierzu sind für den Bereich der Baustoffe aus Vollholz und Holzwerkstoffen nur eine kleine Anzahl an EPD erschienen.

Analog hierzu sind auch auf der Ebene einer reinen Ökobilanz nach ISO 14044 kaum Daten für die entsprechenden Produkte vorhanden. Mit Ausnahme der verfügbaren Daten für Spanplatte (Hasch 2002, Rüter 2007) und Bodenbelag (Nebel 2003) gibt es neben den überarbeitungsbedürftigen Datensätzen zu Schnittholz (Frühwald 2002, Rüter 2007), Konstruktionsvollholz, Oriented Strandboard und Mitteldichten Faserplatten keine relevanten öffentlich zugänglichen Ökobilanzstudien. Hinsichtlich einer Nutzung von Holz als Baustoff bedeutet dies, dass für die Bereiche der konstruktiven Vollholzprodukte und Dämmstoffe aus Holz keine oder nur unvollständige Daten hinsichtlich der Herstellungs- und Entsorgungsaufwendungen existieren. Hierunter fallen Produkte wie etwa Brettschichtholz, Balkenschichtholz, Brettsperrholz, Brettlagenholz, Brettstapelelemente, Hohlkastenelemente und rahmenartige sowie massive Wandaufbauten aus Holz. Daneben fehlen Datensätze für Sperrholz, Furnierschichtholz, Leichtbauplatten sowie mineralisch gebundene Holzwerkstoffe.

Gesamtziel eines von der Fachagentur Nachhaltiges Bauen geförderten Projektes am von Thünen Institut (FKZ 22028808) ist die Erarbeitung bzw. Erweiterung einer für Deutschland repräsentativen Datenbank für Bauprodukte aus Holz, zur Bereitstellung von Durchschnittsdatensätzen für die Produktvielfallt der Holzprodukte.

2 Projektablauf

2.1 Erhebung der Sachbilanzen

Zur Berechnung qualitativ hochwertiger Datensätze, werden für die Ermittlung der Sachbilanzen Primärdaten einzelner Unternehmen ermittelt, wobei im Hinblick auf die hohe Anzahl holzverarbeitender Betriebe in Deutschland und der gewünschten Repräsentativität der Ergebnisse, die Herausforderung in der zuverlässigen Datenermittlung durch Fragebögen besteht. Neben der Eigenleistung der beteiligten Firmen sind für die Übermittlung qualitativ hochwertiger Daten maßgeblich zwei technisch geprägte Faktoren verantwortlich.

Zum einen müssen entscheidende Datenaggregationsschritte möglichst spät, zumindest jedoch im Beobachtungsfeld des durchführenden Analysten geschehen. So sind Werksdaten in der im Werk vorliegenden Form zu übermitteln um spätere Aggregationsschritte transparent darstellen zu können. Besonders Kennwerte der - einer natürlichen Schwankung ihrer Eigenschaften unterworfenen - natürlichen Rohstoffe bedürfen zur Aufnahme in Ökobilanzberechnungen einer Reihe von Annahmen und Mittelungen, die an möglichst einer Stelle im Berechnungstool nachträglich korrigierbar eingebracht werden sollten.

Zum zweiten darf der Umfang der erhaltenen Daten eine gewisse Komplexität nicht überschreiten, um eine Bearbeitung mit den im Projekt zur Verfügung stehenden Mitteln gewährleisten zu können. Würden etwa vorliegende Emissionsmessungen von Feuerungen und Abwasser sowie Sicherheitsdatenblätter der verwendeten Klebstoffe, Flammschutzmittel und Betriebsstoffen direkt als Dokument übermittelt werden, lägen je durchschnittlichem Vollholzprodukt und Hersteller etwa 30 Seiten Dokument vor, wobei der eigentliche Fragebogen zur Aufnahme von Quantitäten noch nicht berücksichtigt ist. Bei einer Erhebung mit entsprechend hoher Repräsentativität wären nur für den überschaubaren Bereich der Produktion von Konstruktionsvollholz weit mehr als 1000 Seiten Daten auszuwerten und zu validieren.

Im Hinblick auf diese Problematik werden die nötigen Sachbilanzen über einen mehrstufigen Datenaustausch ermittelt. Grundlage hierfür sind digitale Fragebögen, welche während der Beantwortung iterativ die relevanten Fragen ermitteln und so den Produktionsprozesse und die Infrastruktur des einzelnen Werkes erkennen, ohne den Bearbeiter mit Fragen zu konfrontieren die auf den eigenen Produktionsprozess nicht zutreffen. Die Fragebögen erlauben eine Dateneingabe in allen relevanten Einheiten und die direkte Eingabe von Daten aus Emissionsmessungen, Abfallbilanzen, Sicherheitsdatenblättern und anderen relevanten Dokumenten. Umrechnungen und Dokumentenweitergabe wird somit bei dennoch überschaubarer Fragebogenkomplexität vermieden. Die Rücksendung zum Bearbeiter erfolgt im XML (Extensible Markup Language) Format.

2.2 Datenorganisation

Zur Weiterverarbeitung der ermittelten Rohdaten wurde eine Datenbankschnittstelle erstellt, die neben der automatischen Verarbeitung der XML Daten eine konsistente Speicherung der Originaldatensätze ermöglicht. Während bei der direkten Übertragung von Rohdaten in etablierte Ökobilanzsoftware eine Anpassung der Rohdaten an vorhandene Softwarevorgaben nötig und entsprechende Berechnungen außerhalb der Software durchgeführt werden, wurde bei der am von Thünen Institut verwendeten Datenbank auf eine integrierte Dokumentation aller Annahmen und Allokationen sowie der Möglichkeit von Plausibilitätsprüfungen auf Basis vorhandener Daten, Wert gelegt. Eine Übermittlung der Daten an entsprechende Ökobilanzberechnungstools erfolgt erst in letzter Instanz.

Eine weitere Funktion der Datenbank ist die Hochrechnung von Sachbilanzen für geografisch oder organisatorisch zusammengehöriger Produktionsstandorte bzw.deren Produkte, auf Basis der bereits vorhanden Datenlage innerhalb der Datenbank, unter Berücksichtigung aller verfügbaren Werten.

2.3 Plausibilität und Qualität

Da der nötige Aufwand der Firmen für die Bereitstellung der Daten im erfüllbaren Rahmen bleiben muss, werden in Abhängigkeit der Unternehmensgröße und Marktbedeutung (KMUs verfügen teilweise nicht über die personellen und finanziellen Ressourcen zur Ermittlung von Emissionsdaten bzw. sind auf Grund ihrer Größe vom Gesetzgeber her nicht verpflichtet entsprechende Daten zu Messen) verschiedene Anforderungen an die Firmen hinsichtlich der Antwortdetaillierung gestellt. Dies setzt voraus, dass für ebensolche Firmen Plausibilitätsprüfungen der Daten auf Basis bereits vorhandener Daten erfolgt, so dass möglichst alle gröberen Fehler zum Zeitpunkt der Datenübertragung zur Datenbank identifiziert und korrigiert werden können. Im Einzelnen wird dies durch eine Darstellung der Streuung der bereits vorhandenen Daten zu einzelnen Prozessschritten oder Input- und Outputströmen realisiert.

Für die Darstellung gemittelter Datensätze bedeutet dies, dass eine genaue Beschreibung der Qualität der zu Grunde liegenden Daten erfolgen kann, die iterativ im Laufe des Projektes durch Rückfluss von Daten steigt und entsprechend transparent im Rahmen einer Bereitstellung in Datenbanken im Bereich Nachhaltiges Bauen dargestellt werden kann.

3 Bisherige Erkenntnisse

Zum bisherigen Stand des Projektes haben sich die gewählte Methodik und technische Umsetzung der Datenerhebung bzw. Berechnung der Ökobilanzen als sinnvoll erwiesen.

Ein Großteil des Aufwandes bei der Erstellung von Ökobilanzen wird durch den personellen Aufwand bei der Modellierung der Daten sowie bei Erstellung der Dokumentation verursacht. Die Auslegung der Datenbank verkürzt den Modellierungsaufwand maßgeblich, da arbeitsintensive Teilbereiche wie der Abgleich erhobener Daten mit der vorliegenden Prozesskonstellation der einzelnen Werke automatisch erfolgen und anhand weniger Kennwerte auf Richtigkeit geprüft werden kann. Somit können große Teilbereiche die keine spezielle Kenntnis der Ökobilanzmethodik voraussetzen und keine Weitergabe vertraulicher Informationen bedürfen eindeutig von methodisch anspruchsvollen Bereichen getrennt werden, was die Flexibilität bei der personellen Besetzung einzelner Arbeitsbereiche erhöht auch im Hinblick auf die Anforderungen der Unternehmen zur Datenvertraulichkeit.

Daneben kann eine detaillierte und transparente Dokumentation der vorhandenen Datensätze zu jedem Zeitpunkt der Bearbeitung erstellt werden und Aufschluss über den bisherigen Stand der Repräsentativität und Qualität der Daten liefern.

Als schwierig hat sich bisher die Konfiguration der Fragebögen auf die Gegebenheiten der einzelnen Firmen erwiesen. Hierbei scheint den Variationsmöglichkeiten im Produktportfolie und der dazu gehörigen Ausprägung der Prozesskonfiguration in den einzelnen Werken keine Grenze gesetzt.

Des Weiteren stößt die Plausibilitätsprüfung gerade im Bereich der Holztrocknung, einem der energieintensivsten Prozesse im Bereich der Vollholzproduktion, an die Grenzen des Möglichen. Nach derzeitiger Datenlage zeigt sich, dass vorhandene Modellierungen im besten Fall nur eine sehr grobe Darstellung der Realität leisten können. Entsprechend hoch muss die Detaillierung dieses Einzelprozesses im Gesamtprojekt erfolgen.

Referenzen

[Frühwald 2000] Frühwald, A. et al..: Ökologische Bilanzierung von Bauschnittholz und veredelten Vollholzprodukten. Ordinariat für Holztechnologie der Universität Hamburg, Hamburg (2000).

[Hasch 2002] Hasch, J.: Ökologische Betrachtung von Holzspan- und Holzfaserplatten. Dissertation, Universität Hamburg, Hamburg. (2002)

[Nebel 2003] Nebel, B.: Ökobilanzierung von Holzfußböden, eine repräsentative Studie nach ISO 14040-43 für die deutsche Holzfußbodenindustrie. Utz, Wiss. Verlag. München 2003 ISBN 3-8316-0136-4

[Rüter 2007] Rüter, S.; Kreißig, J.: Grunddatensätze für Holz und Holzwerkstoffe im Netzwerk Lebenszyklusdaten , Projektbericht im Rahmen des Forschungsvorhabens FKZ 01 RN 0401 im Auftrag des Bundesministeriums für Bildung und Forschung

Stoffstrommanagement zur ökologischen und ökonomischen Bewertung von Produktionsprozessketten

Benjamin Boehnke, Volkswagen AG, Wolfsburg

1 Einführung

Unter einem Stoffstrom werden „Stoffe und Energien, die innerhalb des betrachteten Systems fließen“ verstanden [Wohlgemuth 2005, S. 370]. Somit geht der Begriff weit über den reinen Materialfluss hinaus, sondern involviert auch nötige Betriebsmittel. Bei den betrachteten Systemen handelt es sich zumeist um betriebliche Prozesse bzw. Prozessketten. Dazu gehören Produktions- und Transportprozesse.

Der Begriff des Stoffstrommanagements wurde zuerst von der Enquete-Kommission des deutschen Bundestages zum Thema „Schutz des Menschen und der Umwelt“ 1992 definiert. Im Kern ist Stoffstrommanagement eine Beeinflussung von Stoffströmen in wirtschaftlichen Systemen.

Aus Unternehmenssicht kann das Stoffstrommanagement u.a. zur Steuerung und Lenkung der Stoffströme genutzt werden. Diese sind nicht nur mit Umwelteinwirkungen verbunden, sondern auch mit Kosten. Eine Analyse und Optimierung dieser Stoffströme ist eine Zielstellung eines jeden Unternehmens. Stoffstrommanagement ist ein Weg, dies zu gewährleisten [Heck 2002, S. 13].

2 Zielstellung und Nutzen

Stoffstrommanagement ist die Verknüpfung von ökonomischen und ökologischen Daten zur Steuerung und Lenkung der Produktionsprozessketten. Denn es besteht auch starker Zusammenhang zwischen Umwelteinwirkungen und Kosten, z.B. bei Materialverbräuchen oder den generellen Umweltschutzkosten. Folglich ergibt sich durch die Erhöhung des Wirkungsgrades und eine Optimierung der Stoffströme ein Potential zur Kostenreduzierung [Staudt et al. 2002, S. 204].

Im Rahmen des Stoffstrommanagements werden Stoffstromanalysen durchgeführt. Dadurch werden die verschiedenen Produktionsprozesse näher analysiert, so dass u.a. eine Aussage zur Ressourceneffizienz der Prozesse möglich ist. Sie erhöhen in diesem Kontext die Transparenz bezüglich der Produktionsprozesse im Unternehmen.

Das Erkennen und Visualisieren der Energie- und Stoffströme sowie der damit verbundenen Kostenströme ist ein zentraler Bestandteil der Analysen. Dadurch lassen sich Prozessbewertungen durchführen und in Folge dessen auch mögliche ökologische und ökonomische Optimierungspotenziale aufdecken [Demir et al. 2008, S. 224 ff.].

3 Grundlagen bei der Volkswagen AG

Es gab bereits in der Vergangenheit Stoffstromanalysen bei der Volkswagen AG. So wurde u.a. die Lackiererei mit ihren Stoffflüssen näher betrachtet. In diesem Zusammenhang wurde ein Stoffstrommodell erstellt. Es war die Grundlage für eine übergreifende ökologische und ökonomische Bewertung von verschiedenen Prozessvarianten [Rosenau-Tornow 2005].

Als weiteres Beispiel lässt sich in diesem Zusammenhang das Abwasserkataster nennen. Hierbei wurden die Abwasserströme in Form eines Stoffstrommodells abgebildet. Dadurch lassen sich die Wasser- und Abwasserströme verbrauchergerecht zuordnen und die Abwasseranlagen optimal ausnutzen [Brose et al. 2008].

Neben der internen Motivationen stoffstromorientierte Betrachtungen in einem Unternehmen durchzuführen, können diese auch kundengesteuert erfolgen[1]. Bei der Volkswagen AG wurden bereits verschiedene Ökobilanzen zu den verschiedensten Themen intern durchgeführt. Öffentlichkeitswirksam tauchen diese Ergebnisse im Rahmen der Umweltprädikate wieder auf. Hier wurden Ausführungen über den neuen Polo, den neuen Golf VI, den Passat und den Golf V sowie das DSG-Doppelkupplungsgetriebe veröffentlicht[2].

Ökobilanzen haben Überschneidungspunkte mit dem Stoffstrommanagement. Aus Unternehmenssicht ist der primäre Aspekt der Ökobilanzierung das Aufzeigen der lebenswegspezifischen Eigenschaften der Produkte. Beim betrieblichen Stoffstrommanagement stehen aber hauptsächlich die Produktionsprozesse innerhalb der Betriebsgrenzen im Vordergrund. Folglich ist die Systemgrenze nur der Betrieb und nicht der gesamte Lebensweg der Produkte. Jedoch sind für eine Ökobilanzierung als Datengrundlage auch Analysedaten der Prozesse aus der Produktion der Produkte

[1] Der Kunde steht hier stellvertretend für alle Stakeholder, die Ansprüche an ein Unternehmen haben und in Folge dessen auf dieses einwirken.
[2] vgl. www.umweltpraedikate.de (letzter Abruf 20.08.2009)

notwendig. Auf der anderen Seite muss im betrieblichen Stoffstrommanagement die Systemgrenze erweitert werden, um die ökologischen Auswirkungen der Stoffströme bestimmen zu können. In der Folge nähert man sich einer Ökobilanzierung an [Ackermann & Buchgeister 2004, S. 227]. Somit ergeben sich zwischen diesen beiden Themengebieten gegenseitige Synergieeffekte.

4 Vorgehen

4.1 Demonstrationsprojekte

Es zeigt sich, dass es zwar bisher Ansätze für Stoffstrommanagement gab, jedoch waren diese nur punktuell und hatten noch nicht die Zielstellung einer kompletten Integration in den Konzern. Im Wesentlichen wurden bisher vorrangig kleine begrenzte Bereiche untersucht. In Folge dessen ist die Verbreitung des Themas im Konzern noch nicht flächendeckend. Zudem sollen die Anforderungen an ein zukünftiges Konzept für Stoffstrommanagement bei der Volkswagen AG eindeutig erfasst sein.

Aus diesen Gründen werden zurzeit verschiedene Demonstrationsprojekte durchgeführt. Hierbei handelt es sich um Stoffstromanalysen in den unterschiedlichsten produzierenden Bereichen des Konzerns. Die Zielstellung ist zumeist der Vergleich von Produktionsverfahren, d.h. von bisherigen Verfahren zu neueren Alternativen.

Stoffstrommanagement ist eben nicht nur die Durchführung von Stoffstromanalysen. Es ist vielmehr ein ganzheitlicher Ansatz für Unternehmen. Ziel ist es, alle Stoffströme des Unternehmens möglichst effizient zu steuern. Hierfür ist die Durchführung von Stoffstromanalysen eine wichtige Grundlage, jedoch nicht in einmaliger Form, sondern als ein stetiger Prozess zur kontinuierlichen Verbesserung im Unternehmen [Wohlgemuth 2005, S. 136 ff.].

4.2 Entscheidungsunterstützungssystem

Die Zielstellung des Vorgehens ist der Aufbau einer stoffstromorientierten Grundrechnung zur Entscheidungsunterstützung in der Planung. So sollen geplante als auch bestehende Fertigungstechnologien respektive Fertigungs- und Nebenanlagen ökologisch und ökonomisch bewertet werden können, um eine Entscheidungsunterstützung zu gewährleisten. Wenn Ergebnisse auch monetär bewertet werden können, finden sie eine größere Akzeptanz im Unternehmen.

Es bereitet großen Aufwand, die Daten zu erheben und bereitzustellen. So war es bisher noch nicht möglich, ein komplettes Werk oder Unternehmen entsprechender

Größe, wie z.B. die Volkswagen AG, allumfassend zu modellieren und zu betrachten. Dies zeigt sich in dem dafür nötigen Aufwand [Demir et al. 2008, Brose et al. 2008].

5 Datenprobleme

Neben dem reinen Aufwand der Datenerhebung wurden auch noch andere Probleme bzgl. der Datengrundlage festgestellt. Diese gilt es zu lösen. Denn die Datengrundlage ist ein Kernbaustein einer jeden Analyse, als auch eines späteren Stoffstrommanagements. Im Folgenden werden die Probleme angesprochen und ggf. mögliche Lösungsoptionen aufgezeigt.

Bisher muss zumeist auf die Angaben der Hersteller von Anlagen vertraut werden. Dies betrifft die stofflichen Informationen, insbesondere bei Neuanlagen. So muss z.B. von den angegebenen energetischen und stofflichen Verbräuchen ausgegangen werden. Ob diese jedoch im späteren realen Einsatz ähnlich sind, ist fraglich.

Dies kann sich nun ändern. Durch die Analyse der Prozesse wird eine konzeptionelle Grundlage geschaffen, die eigenen Daten den vorgegebenen Werten übergreifend gegenüber zu stellen. So können u.a. auch die Angaben der Hersteller geprüft werden durch Ermittlung exakter Werte der Anlagen während der laufenden Produktion bei Volkswagen. Dies wird langfristig dazu führen, dass sich auch die Angaben der Anlagenhersteller deutlich in ihrer Detailtreue erhöhen, da sie mit einer nachträglichen Überprüfung ihrer Angaben rechnen müssen. So werden schon heute bei Großanlagen Messgeräte integriert. Auch sollen der Umfang der Messungen im Unternehmen ausgebaut werden. Zukünftig kann bei der Planung von neuen Anlagen auf einen fundierten Datenpool zurückgegriffen werden. Dies führt dazu, dass bereits im Voraus alle möglichen Langzeitkosten bzgl. der Energie- und Stoffströme bestimmt werden können.

Zusätzlich ließen sich auch generelle Probleme in der Datengrundlage entdecken. Denn es können nicht immer alle Daten der Vorketten erhoben werden. Hier wird auf externe Datensätze zurückgegriffen. Beispiele hierfür sind z.B. die ecoinvent-Datenbank[3] als auch die vorhandenen Prozessbibliotheken in den Standardsoftwareprogrammen zur Stoffstromanalyse und Ökobilanzierung. Hierzu gehören z.B. Umberto[4] als auch GaBi[5]. Es besteht aber oft das Problem, insbesondere bei externen Datensätzen, dass diese durch eine gewisse Verallgemeinerung nicht auf die reale Problemstellung zugeschnitten sind. So kann es passieren, dass Prozesse ungünstiger

3 vgl. http://www.ecoinvent.org/ (letzter Abruf 03.09.2009)
4 vgl. www.umberto.de (letzter Abruf 03.09.2009)
5 vgl. www.gabi-software.com (letzter Abruf 03.09.2009)

dargestellt werden, als sie in Wirklichkeit sind, z.B. durch Nichtberücksichtigung der Input-Zusammensetzung. Folglich müsste sich der Detaillierungsgrad in den allgemeinen Datensätzen zu den Vorketten erhöhen.

Neben den externen Methoden besteht ebenso die Möglichkeit die Daten bzgl. der Vorketten über die Anfrage der einzelnen Lieferanten zu beschaffen. Hierfür gibt es bereits standardisierte Erhebungsbögen z.B. durch den VDA (Verband der Automobilindustrie)[6]. Die Bearbeitungsdauer und die Detaillierungstiefe der ausgefüllten Datenblätter der Lieferanten unterliegen jedoch einer großen Streuung.

Die softwareseitige Anbindung der bisherigen Datenquellen, sowie auch die zukünftige Datenerfassung müssen ebenfalls noch konzipiert werden. Hierfür gibt es bisher schon eine einheitliche Datenerfassung aller umweltrelevanten Daten bei neuen Anlagen. Diese könnte in das neue betriebliche Umweltinformationssystem (BUIS) eingebunden werden, das zurzeit in Entwicklung ist. Auf dessen Grundlage kann sich die Datenbeschaffung methodisch aufbauen lassen[7]. Zusätzlich müssen auch die nötigen Schnittstellen zur Anbindung der Daten geschaffen werden.

Organisatorisch müssen die internen Prozesse angepasst und die Mitarbeiter entsprechend geschult werden, um eine fundierte Datenbasis zu neuen Anlagen zu liefern. Als Quelle hierfür könnten im ersten Ansatz die Angaben der Hersteller der Maschinen/Anlagen genutzt werden.

6 Fazit

Als abschließendes Fazit lässt sich sagen, dass das generelle Vorgehen zur Einführung eines Stoffstrommanagement klar ist. Jedoch gibt es noch viele offene Fragen, die es gilt zu lösen. Der Fokus liegt zurzeit auf den Demonstrationsprojekten. Diese sollen als Leuchtturmprojekte das Potenzial von Stoffstrommanagement durch das Unternehmen tragen. Zusätzlich werden hierbei auf das Unternehmen angepasste Methoden zur Umsetzung entwickelt.

Auf dieser Grundlage scheint ein weiterer Ausbau der Thematik im Unternehmen sinnvoll. So ist die Hoffnung, dass sich langfristig ein allumfassender Datenpool ergeben wird. Durch den steigenden Umfang der detaillierten Datenbestände sowie die in

[6] vgl. http://www.vda.de/de/verband/fachabteilungen/umwelt/infos/ua_oekobilanz.html (letzter Abruf 03.09.2009)

[7] Im Stoffstrommanagement müssen viele, teilweise komplexe, Informationen aus unterschiedlichen Unternehmensbereichen und -quellen kontinuierlich erfasst werden. Der damit verbundene Aufwand kann durch den Einsatz von Informationssystemen verringert werden [Lang-Koetz & Rey 2006, S. 122].

die Prozesse integrierte Datenbeschaffung könnte sich langfristig der Messaufwand deutlich reduzieren.

Insgesamt ist festzustellen, dass Stoffstrommanagement mit seiner Möglichkeit zur Entscheidungsunterstützung, z.B. bzgl. Investition in neue Anlagen, als auch zur Prozessoptimierung einen erheblichen Beitrag leisten kann. Die Anwendung dieser Methodik kann sich zu einem wichtigen Wettbewerbsvorteil entwickeln.

Wenn die Volkswagen AG als großes Unternehmen es schafft, Stoffstrommanagement mit einer großen Durchdringung im eigenen Unternehmen umzusetzen, kann dies auch als Vorbild für viele andere dienen. Und dies ist im Endeffekt nicht nur gut für die Wirtschaft, sondern auch gut für die Umwelt.

Referenzen

Ackermann, R., Buchgeister, J.: Systemtechnische Methodik zur Planung und Optimierung umweltrelevanter Prozesse – Fallbeispiel Feuerverzinken. In: Nachrichten – Forschungszentrum Karlsruhe, Jahrg. 36, 4/2004. S. 225–229

Brose, M., Pahlmann, K., Wohlgemuth, V.: Identifikation von Nutzenpotenzialen beim Einsatz eines stoffstromorientierten BUIS in der Abwasserwirtschaft eines Automobilherstellers. In: Wohlgemuth, V. (Hrsg.): Konzepte, Anwendungen, Realisierungen und Entwicklungstendenzen betrieblicher Umweltinformationssysteme (BUIS). Shaker Verlag, Aachen (2008). S. 167-180

Demir, S., Lotter, M., Wohlgemuth, V. [2008): Durchführung einer Stoffstromanalyse als Ausgangspunkt für eine Potenzialanalyse mit den Schwerpunkten Material- und Energieeffizienz bei der PanTrac GmbH. In: Wohlgemuth, V. (Hrsg.): Konzepte, Anwendungen, Realisierungen und Entwicklungstendenzen betrieblicher Umweltinformationssysteme (BUIS). Shaker Verlag, Aachen (2008). S. 213-228

Heck, P.: Grundlagen des Stoffstrommanagements. In: Heck, P.; Bemmann, U. (Hrsg.): Praxishandbuch Stoffstrommanagement: Strategien – Umsetzung – Anwendung in Unternehmen, Kommunen, Behörden. Deutscher Wischaftsdienst, Köln (2002). S. 12-24

Lang-Koetz, C, Rey, U.: Betriebliche Informationssysteme zur Unterstützung des Stoffstrommanagements. In: Lang-Koetz, C, Rey, U., Tuma, A. [Hrsg.): Betriebliche Umweltinformationssysteme – Systeme- und informationsübergreifender Daten- und Informationsaustausch. Shaker Verlag, Aachen (2006). S. 119-140

Rosenau-Tornow, D.: Ganzheitlich prozessorientierte Entscheidungsunterstützung am Beispiel der Automobillackierung - Ein Beitrag zum industriellen Stoffstrommanagement. Dissertation, Technische Universität Carolo-Wilhelmina zu Braunschweig, Braunschweig (2005).

Staudt, E., Schroll, M., Schwering, M. G.: Betriebliches Stoffstrommanagement - Ein Wegweiser zur schrittweisen Umsetzung. In: Heck, P.; Bemmann, U. (Hrsg.): Praxishandbuch Stoffstrommanagement: Strategien – Umsetzung – Anwendung in Unternehmen, Kommunen, Behörden. Deutscher Wischaftsdienst, Köln (2002). S. 199-216

Wohlgemuth, V.: Komponentenbasierte Unterstützung von Methoden der Modellbildung und Simulation im Einsatzkontext des betrieblichen Umweltschutzes. Shaker Verlag, Aachen (2005).

Carbon Footprint von Produkten (CFP) – Bilanzierung in kleinen und mittleren Unternehmen

Boris Dresen, Fraunhofer-Institut für Umwelt-, Sicherheits- und Energietechnik UMSICHT, Oberhausen
Melanie Herzog, Geographisches Institut der RWTH Aachen

1 Hintergrund und Ziel der Normierungsbestrebungen

Der Carbon Footprint eines Produkts, im Sinne der DIN EN ISO 14040 und 14044, umfasst die Treibhausgase, die im gesamten Lebensweg eines Produkts (Vorketten, Produktion, Nutzung, Entsorgung, Transport) anfallen [nach PCF 2008].

Da eine einheitliche Methodik sowie einheitliche Datenbanken, auf denen die Berechnung des CFP basieren, derzeit noch nicht existieren, soll mit der Erarbeitung der ISO 14067 »Carbon Footprint of Products« eine Bestimmungsmethode zur Quantifizierung der CO_{2e}-Emissionen im Produktlebenszyklus erarbeitet werden. Diese soll ebenfalls Hinweise zur Kommunikation der Ergebnisse enthalten und gliedert sich daher in:

- ISO 14067-1: quantification, die auf der ISO 14044 – LCA aufbaut,
- ISO 14067-2: communication, die auf der ISO 14025 – EPD aufbaut.

Im Rahmen dieses Projektes unter der Leitung des technischen Komitees ISO TC 207 »Environmental Management« und hier des Subkomitees SC 7 »Green house gas management and related activities« werden Regeln zur THG-Entlastung erarbeitet, wobei die Quantifizierung der Emissionen im Vordergrund steht. Hier ist auch die internationale Working Group ISO/TC 207/SC 7/WG 2 »GHG Management in the value or supply chain« eingebunden. Die Veröffentlichung der ISO 14067 wird voraussichtlich 2011 erfolgen.

Bei der Arbeit der Working Group handelt es sich um ein Projekt im Rahmen des Sonderprojektes »Innovation mit Normen und Standards (INS)« des Referats Entwicklungsbegleitende Normung (EBN) des DIN [DIN-INS 2009].

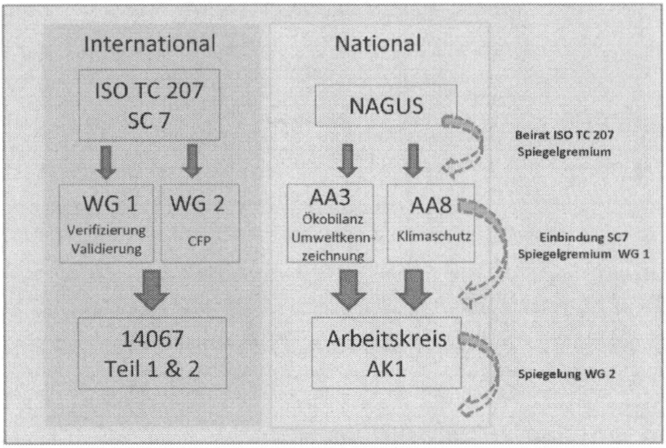

AA = Arbeitsausschuss
AK = Arbeitskreis
NAGUS = Normenausschuss Grundlagen des Umweltschutzes
SC = Sub-Committee
TC = Technical Committee
WG = Working Group

Abb. 1: Zusammenhang internationale und nationale Normungsarbeit

In Vorbereitung auf die Erarbeitung der internationalen Norm ISO 14067 »Carbon Footprints of Products« sollen durch die Auditierung zweier Produkte und der für sie ermittelten Carbon Footprints (CFP) die Bedürfnisse der deutschen Wirtschaft, hier vor allem kleine und mittlere Unternehmen (KMU), erfasst werden. Für die Verifizierung von CFPs im Rahmen eines Zertifizierungsverfahrens wird ein Leitfaden erstellt, der einen praktischen und effizienten Beitrag zur Verifizierung und Normung leistet. Um dies zu erreichen, ist folgender Projektablauf vereinbart worden:

- Individuelle Erstellung des Carbon Footprints durch Fraunhofer UMSICHT
- Verifizierung durch die DQS GmbH
- Ausarbeitung eines anwendergerechten, praxisorientierten Leitfadens

Derzeit ist es nur bedingt möglich, die Ergebnisse von zwei erstellten CFPs oder Ökobilanzen zum selben Produkt miteinander zu vergleichen. Zu unterschiedlich sind Bewertungsmethoden, genutzte Datensätze und Ergebnisse der bislang publizierten Studien. Gleiches gilt für die zahlreichen bisher entstandenen Product-Labels (Carbon Trusts, Carbonlabels.org, klimaneutral, etc.), denen jeweils eigene Standards für die Berechnung von CFPs zugrunde liegen. Eine nachvollziehbare Dokumentation der Datenquellen, Unsicherheiten, Erhebungen, Berechnungen und der Zuordnung der Umwelteinflüsse ist Voraussetzung, um eine Verbesserung zu erzielen. Erst wenn eine international einheitliche und anerkannte Erfassung vorliegt, kann ein sinnvolles und im Hinblick auf KMUs auch finanziell und organisatorisch realisierbares Verifizierungsverfahren angewandt werden.

2 Durchführung CFP in Unternehmen

Die Hauptaufgabe besteht darin, einen Leitfaden und Mindeststandards zu entwickeln, wie die Umsetzung der zukünftig zu erwartenden einheitlichen CFPs in KMUs vollzogen werden kann. Die Herausforderung liegt dabei darin, die Komplexität, die der Erstellung von CFPs zugrunde liegt, mit der Handhabbarkeit einer Verifizierung in Einklang zu bringen. Besonderes Augenmerk liegt auf der anwendergerechten Aufbereitung von Norminhalten. Dies kann nur gelingen, wenn ein Leitfaden erarbeitet wird, der auch Betreibern von KMUs praktische Orientierung zur Erfüllung der Normforderungen gibt. Als weiteres Ergebnis wird eine Checkliste für die Auditoren/Prüfer erstellt, die CFPs verifizieren.

Ein Beispiel für die Angleichung stellt die Handhabung des critical review dar. DIN EN ISO 14040 und 14044 verlangen bei einer normgerechten vergleichenden Ökobilanz vier Phasen: Goal and scope definition, inventory (Sachbilanz), impact assessment (Wirkungsabschätzung) und interpretation. In der interpretation ist ein critical review vorgesehen, der durch renommierte Externe erfolgt. Dies zieht einen Kostenaufwand nach sich, der für viele KMUs nicht realisierbar ist. Die Verifizierung der CFPs soll daher durch die unabhängigen Konformitätsstellen, die die Auditierung vornehmen, erfolgen. Auch hier muss geprüft werden, welche Qualifikationen auf Seiten der Auditoren vorliegen muss und inwiefern Synergien zu bestehenden Auditierungen (ISO 9000, 14000) genutzt werden können.

2.1 Kriterien und Anforderungen an die Erstellung eines CFP in einem KMU

Basierend auf den in den Unternehmen gemachten Erfahrungen werden als Input für die Normungsarbeit Kriterien für die Erstellung eines CFP in einem KMU formuliert. Dabei wird auf die in Tabelle 1 und 2 aufgeführten Verbesserungsansätze Bezug genommen.

Tab. 1: Zusammenfassung der wichtigsten Problematiken (Informationsebene) bei der Erstellung von CFPs

Fehlende Sekundärliteratur	Fehlende Voraussetzungen und Strukturen
- Freisetzung THG aus Böden (C- und N-Kreislauf)	- Schaffung einer einheitlichen Datenbank
- Regionaldaten für verschiedene Klimate	- Geschäftsmodell für Zugang
- Einfluss Bewirtschaftungsform und THG-Bilanz (v. a. außereuropäisch)	- Weiterentwicklung Datenbank für fehlende Werte
- Primär- und Sekundärmaterial	- Sicherung der Datenqualität und Aktualität

Tab. 2: Zusammenfassung der wichtigsten Problematiken (Durchführungsebene) bei der Erstellung von CFPs

Fehlende Methodik	Fehlende Erfahrung
- Umgang mit Default-Werten	- Information für Ersteller von CFPs
- Allokation bei Produktions- und Entsorgungssystemen (Koppelprodukte)	- Leitlinien (Vordrucke und Datenbanken) für Ersteller
- Standardisierung Nutzungsphase (Nutzungsintensität und Verhalten)	- Leitlinien für Auditoren
- Ausweisung CFP phasenspezifisch oder in einem Wert	
- Sicherung der Geheimhaltung	
- länderspezifischer/europäischer Strommix	

Es werden Rahmenbedingungen formuliert, die es einem KMU erleichtern würden, einen CFP zu erstellen. Gleichermaßen werden Anforderungen an das KMU bzw. den Ablauf eines CFP formuliert. Abschließend wird kurz aufgeführt, welche Anforderungen ein Auditor erfüllen sollte, wenn ein KMU ihn über ein Voraudit mit der Erstellung eines CFP beauftragt.

2.2 Rahmenbedingungen

Die wohl wichtigste Rahmenbedingung für die Einführung einer Richtlinie zur Erstellung eines CFPs in einem KMU ist die Schaffung einer Datenbankbasis für Emissionswerte relevanter Produktionsprozesse, die den Unternehmen allgemein zugänglich ist. Gerade für die Vorkette und die Konsum- und Entsorgungsphase ist ein CFP ohne eine solche Datenbasis unter wirtschaftlichen Gesichtspunkten kaum leistbar. Weiterer Bedarf besteht hinsichtlich relevanter Regionaldaten für verschiedene Klimate und den Einfluss von Bewirtschaftungsformen auch für das europäische und außereuropäische Ausland. Es muss geklärt werden, nach welchem Geschäftsmodell die Daten gehalten werden. Ein weiterer wichtiger Aspekt ist die regelmäßige verlässliche Aktualisierung eines solchen Informationstools und die Sicherstellung der Datenqualität.

Die Darstellung der Berechnungsergebnisse soll standardisiert werden, um die Nachvollziehbarkeit der Bilanzierung zu gewährleisten und eine zielführende Verifizierung zu ermöglichen. Hinsichtlich der Konzeption eines Leitfadens zur Erstellung und Verifizierung eines Carbon Footprints für ein Produkt eines KMUs ist der ersten Erfahrung nach die Umsetzung der notwendigen Erfassungsschritte in einen Vordruck oder einem Formular zielführend. Falsche oder abweichende Bezugsgrößen werden vermieden. Eine strukturierte Abfrage der einzelnen Produktionsschritte wird gewährleistet.

Es soll eine Regelung zur Standardisierung des Umgangs mit Vorketten, Koppelprodukten und der Konsum- und Entsorgungsphase festgelegt werden, da sonst der Aufwand der Bilanzierung in keinem sinnvollen Verhältnis zu ihrem Nutzen stünde. Eine Erfassung der „außerhalb" der eigenen Produktion liegenden Abschnitte des Produkt-Lebenszyklus ist nicht wirtschaftlich und bedarf eines zu umfangreichen Fachwissens. Daher wird bezüglich des Detaillierungsgrades zwischen innerbetrieblichen Prozessen (= Produktion) und vor- bzw. nachgelagerten Prozessen (=Vorkette, Nutzung, Verwertung, Transporte) unterschieden. Für Letztere reicht es aus, jeweils einen »Default-Wert« aus einer Datenbank einzutragen für die ein CO_{2e}-Wert ermittelt wird. Für die innerbetrieblichen Prozesse muss für jeden mit Emissionen behafteten Produktionsschritt ein eigner Wert ermittelt werden.

Die Unterscheidung im Detaillierungsgrad geht auf den Umstand zurück, dass das betroffene Unternehmen freien Zugang zu den eigenen Produktionsdaten aufweist und die innerbetriebliche Produktion daher sehr genau dargestellt werden kann. Dies trifft auf die vor- bzw. nachgelagerten Prozesse nicht zu. Insbesondere über Vorketten der Produktion und z. T. auch über Nutzungs- und Entsorgungsphase liegen den meisten Unternehmen oft keine Daten vor und können auch nicht beschafft werden, da Betriebsinterna von anderen Unternehmen betroffen sind.

2.3 Anforderungen an Unternehmen

Für Unternehmen, die eine Zertifizierung von CFPs für ihre Produkte anstreben, gelten ähnliche Voraussetzungen wie bei der Einführung eines Umweltmanagementsystems. Innerhalb des Unternehmens muss es einen zentralen Verantwortlichen für die Erstellung des CFP geben. Dieser sollte über Kenntnisse hinsichtlich der Prozesse im Unternehmen als auch der relevanten Vorketten und Nutzungsphasen verfügen. Zudem muss er die Kompetenz besitzen, produktionsbezogene Daten im Unternehmen zu erfassen und muss sie für die Erstellung des CFP nutzen zu dürfen. Der Umgang mit geheimhaltungsbedürftigen Informationen zum Produktionsprozess muss zuvor eindeutig geregelt sein.

Gemäß den ersten Erfahrungen wird der vom Unternehmen zu erbringende zeitliche Aufwand als leistbar eingeschätzt. Bei beiden Unternehmen wird für die Primärdaten mit einem Gesamterfassungszeitraum von 3-4 Wochen gerechnet. Die Sekundärdatenerfassung wird – eine gute Datenverfügbarkeit vorausgesetzt – mit fünf Mitarbeitertagen angesetzt.

Die betrachteten Unternehmen belegen, dass ein bereits bestehendes Qualitäts- oder Umweltmanagementsystem für die notwendige Nachvollziehbarkeit und Transparenz des Produktionsprozesses sorgt. Die Implementierung eines solchen ist keine Voraussetzung, jedoch gute Grundlage, wenn ein Unternehmen sich für die Erstellung eines CFPs entscheidet. Typische Punkte wie die Anforderungen an eine nachvollziehbare Dokumentation und die Sinnhaftigkeit der Prozesselemente spielen hier eine Rolle. Anforderung an das Unternehmen ist weiterhin eine lückenlose Dokumentation der Produktionsschritte und die Zuordnung der relevanten Emissionen. Die Daten müssen so aufbereitet werden, dass ein Prüfer in der Lage ist, die Bilanzierung nachzuvollziehen. Die unter den Rahmenbedingungen genannten Formulare bzw. Vordrucke sollen hierzu beitragen.

3 Fazit

Für Unternehmen bietet die Erstellung eines CFPs Vorteile in den Bereichen Marketing, Kundeninformation, Prozessoptimierung und Kosteneinsparungen. KMUs können diese derzeit kaum nutzen, da die Kosten der Erstellung ihre Möglichkeiten übersteigen. Wird dieses Hemmnis nicht überwunden, drohen einigen kleineren Unternehmen Wettbewerbsnachteile gegenüber größeren Unternehmen, mit denen sie konkurrieren. Die Entwicklung einheitlicher Normen und die Erstellung von Checklisten im Verbund mit der Einführung von Auditierungen – vergleichbar mit der Einführung von Umweltmanagementsystemen nach ISO 14000 oder Qualitätsmanagementsystemen nach ISO 9000 – ist daher notwendig.

Referenzen

[DIN-INS 2009] Deutsches Institut für Normung e.V., Innovationen mit Normen und Standards, Zugriffsdatum 28.08.09, http://www.ins.din.de

[PCF 2009] Product Carbon Footprint Projekt in Deutschland; http://www.cdproject .net/

Behandlung von NMVOC-Abgasen in der Halbleiterbauelement- und Solarzellenfertigung – gesamtökologisch sinnvoll?

Heidi Hottenroth, Hochschule Pforzheim, Institut für Angewandte Forschung
Martin Schottler, M+W Zander FE GmbH

1 Einleitung

Bei der Halbleiterbauelement- und Solarzellenfertigung entsteht Abluft, die gering konzentrierte leicht flüchtige Kohlenwasserstoffe (NMVOC) enthält. Diese werden mit Hilfe thermischer Verfahren behandelt, um den gesetzlich vorgeschriebenen Grenzwert zu erreichen. Der Bau der Behandlungsanlagen erfordert große Mengen Stahl, und beim Betrieb werden fossile Energieträger und elektrische Energie eingesetzt. Vor dem Hintergrund der Richtlinie zur integrierten Vermeidung und Verminderung von Umweltverschmutzung (IVU-Richtlinie), die einen hohen Schutz der Umwelt insgesamt zum Ziel hat, stellte sich die Frage, ob der Aufwand der Behandlung der gering konzentrierten NMVOC-Abluft gesamtökologisch gerechtfertigt ist. Die IVU-Richtlinie äußert „die Notwendigkeit, die Gesamtwirkung der Emissionen und die Gefahren für die Umwelt so weit wie möglich zu vermeiden oder zu verringern" [Europäische Kommission 2008]. Dazu sollen die besten verfügbaren Technologien eingesetzt und bei der Auswahl die Umweltauswirkungen medienübergreifend ermittelt und verglichen werden. Es soll sichergestellt werden, dass bei der Lösung eines Umweltproblems kein neues, ernsthafteres Umweltproblem geschaffen wird. [Europäische Kommission 2006]

Bei der Kohlenwasserstoffbehandlung besteht ein Zielkonflikt zwischen der Minimierung der Emissionen und damit dem Schutz der menschlichen Gesundheit durch verminderte Sommersmogbildung einerseits und der Minimierung der Auswirkungen durch die Nutzung fossiler Energien andererseits [Gerber 2006]. Um die gesamten Umweltauswirkungen für das Beispiel der Halbleiterbauelement- und

Solarzellenfertigung zu quantifizieren, wurde eine Lebenszyklusbetrachtung für die Behandlung typischer Abgaskonzentrationen im Vergleich zur Nicht-Behandlung durchgeführt. Im Folgenden wird nur auf die Abgasbehandlung bei der Halbleiterfertigung eingegangen, da die Ergebnisse der Solarzellenfertigung ähnliche Schlussfolgerungen zulassen [Schottler 2010].

2 Verwendung und Minderung von Lösemitteln bei der Halbleiterfertigung

Bei der Halbleiterfertigung werden Silizium-Wafer (Durchmesser 200 – 300 mm) zur Herstellung von integrierten Schaltungen mit Hilfe fotochemischer Prozesse bearbeitet. Dabei kommen bei verschiedensten Prozessschritten organische Lösungsmittel zum Einsatz, so dass kohlenwasserstoffhaltige Abluft entsteht. Reinigungs- und Entlackungsvorgänge sind weitere Quellen.

Stand der Technik bei der Minderung von Kohlenwasserstoffemissionen in der Halbleiterfertigung ist die thermische Nachverbrennung, wobei die Abwärme rekuperativ zur Vorheizung der Abluft genutzt wird. Um die gering beaufschlagte Abluft in einen kleineren Volumenstrom mit höherer Konzentration zu überführen, wird ein Adsorptionsschritt vorgeschaltet.

3 Daten und Annahmen für die Lebenszyklusbetrachtung

Die Lebenszyklusbetrachtung wurde für die rekuperative thermische Nachverbrennung im Vergleich zur Nichtbehandlung der Abgase durchgeführt. Für die Behandlung der Abgase werden die Herstellung der Behandlungsanlage, der Betrieb und die Entsorgung der Anlage berücksichtigt. Bei Nichtbehandlung wird die direkte Abgabe der ungeminderten Abgase an die Umwelt betrachtet. Die Lebenszyklusbetrachtung umfasst ein Jahr mit einer Betriebsdauer von 8.000 h und einem Volumenstrom von 10.000 m^3/h, was einer bearbeiteten Waferfläche von knapp 12.000 m^2/a entspricht. Es wurden definierte Lösungsmittelgemische untersucht, wobei es sich hierbei einerseits um eine Mischung aus Propylglykolmethyletheracetat (PGMEA), Ethyllaktat, Isopropanol, n-Butylazetat, Ethanol sowie Xylol und andererseits Benzol als einziges Lösemittel handelte. Benzol wurde hier nicht aufgrund seiner Relevanz in der Halbleiterfertigung ausgewählt, sondern um die Auswirkungen eines giftigen Lösemittels zu untersuchen. Als weitere Variation wurden Eingangskonzentrationen von 200 und 800 mg/m^3 gewählt. Diese Konzentration ist zu gering, als dass eine autotherme Verbrennung möglich wäre, weshalb kontinuierlich Erdgas zugefeuert werden muss. Dessen Verbrauch ist abhängig von der Konzentration: bei höherer Konzentration ist weniger Erdgas notwendig als bei niedriger Konzentration. Neben Erdgas wird elektrischer Strom für den Betrieb von Gebläsen und Servomotoren benötigt. Die direkten Emissionen beim Betrieb der Anlage resultieren einerseits aus der Verbrennung des Erdgases und der Lösemittel sowie aus den nicht umgesetzten Restemissionen der Lösemittel. Die Emissionen der Erdgasverbrennung wurden mit Hilfe von generischen Daten aus der ecoinvent-Datenbank [ecoinvent centre 2007] ermittelt. Die CO_2-Emissionen aus der Verbrennung der Lösemittel wurden stöchiometrisch berechnet, während für die Restemissionen durchgängig von 20 mg/m³ ausgegangen wurde. Für die Restemissionen an PGMEA und Ethyllaktat musste verallgemeinernd der Summenparameter NMVOC eingesetzt werden, da diese Einzelstoffe nicht von der gewählten Wirkungsabschätzungsmethode (s. Kap. 4) berücksichtigt werden.

Um den gesamten Lebenszyklus zu berücksichtigen, müssen auch die Herstellung und Entsorgung der Abluftbehandlungsanlage einbezogen werden, zumal es sich hier um große Anlagen mit hohem Materialaufwand handelt. Allerdings waren hierfür außer einer Schätzung des Gesamtgewichts von 16 t keine Primärdaten verfügbar. Somit wurde für die Analyse nur der Stahl als Hauptbestandteil der Anlage berücksichtigt. Für die Lebensdauer der Anlage wurden fünf Jahre angenommen, was der ökonomischen Abschreibungsdauer entspricht. Da der Stahl am Ende der Lebensdauer recycelt werden kann, wurde hier vereinfachend von einem closed-loop-Recycling ausgegangen, so dass Primärmaterial im selben System substituiert werden kann. Dem System wurde für diese Analyse nur die Hälfte des Primärmaterials an Stahl gutgeschrieben, um den Aufwand für Herstellung und Recycling widerzuspiegeln.

Tabelle 1 zeigt die Daten für die Berechnung der Szenarien im Überblick. Die Szenarien basieren auf Emissionsmessungen, Herstellerangaben und Daten zum Fabrikdesign der Firma M+W Zander. Für die thermische und elektrische Energie sowie für die Stahlerzeugung wurden Datensätze aus der ecoinvent-Datenbank verwendet [ecoinvent centre 2007].

Tab. 1: Überblick über die Szenarien

	Eingangsemission NMVOC		Thermische Energie		Elektrische Energie		Stahl	Ausgangsemission NMVOC	
Szenarioname	mg/m³	kg/a	kW	MJ/a	kW	kWh/a	kg/a	mg/m³	kg/a
Behandlung_200	200	16.000	104	2.995.000	15	120.000	1.600	20	1.600
Nicht-Behandlung_200	200	16.000	0	0	0	0	0	200	16.000
Behandlung_800	800	64.000	54	1.555.000	15	120.000	1.600	20	1.600
Nicht-Behandlung_800	800	64.000	0	0	0	0	0	800	64.000

4 Ergebnisse der Lebenszyklusbetrachtung

Für die Wirkungsabschätzung wurde die Methode Impact 2002+ [Jolliet 2003] gewählt, die 14 Wirkungskategorien beinhaltet, von den wiederum zwölf zu vier Schadenskategorien zusammengefasst werden. Dazu gehören menschliche Gesundheit, Ökosystemqualität, Klimawandel und Ressourcen. Durch eine Integration von Charakterisierungsfaktoren aus Eco-Indicator 99 und CML werden etwa 1500 Einzelstoffe abgedeckt.

Das Ergebnis der Wirkungsabschätzung zeigt, dass es bei der thermischen Behandlung einer Konzentration von 200 mg/m³ des ungiftigen Lösemittelgemisches in allen vier Schadenskategorien zu größeren Umweltauswirkungen im Vergleich zur Nicht-Behandlung kommt. Bei einer Konzentration von 800 mg/m³ kehrt sich bei der „menschlichen Gesundheit" als einziger Schadenskategorie das Ergebnis zulasten der Nicht-Behandlung um. Die Umweltauswirkungen bei der Behandlung werden im Wesentlichen von der Erdgasnutzung verursacht (vgl. Abb. 1 und 2).

Ab einer Eingangskonzentration von etwa 600 mg/m³ (48 t/a) wäre die Schadenskategorie „menschliche Gesundheit" für die Nicht-Behandlung höher als für die Behandlung (vgl. Abb. 3), wobei jedoch alle anderen Schadenskategorien niedriger bleiben. Bei der Substitution des Lösemittelgemisches durch ein giftiges Lösungsmittel wie Benzol zeigen sich deutlich höhere Auswirkungen auf die menschliche Gesundheit. Die Grenzkonzentration ab der die Nicht-Behandlung eindeutig besser abschneidet als die Behandlung sinkt hier auf etwa 50 mg/m³ (vgl. Abb. 4).

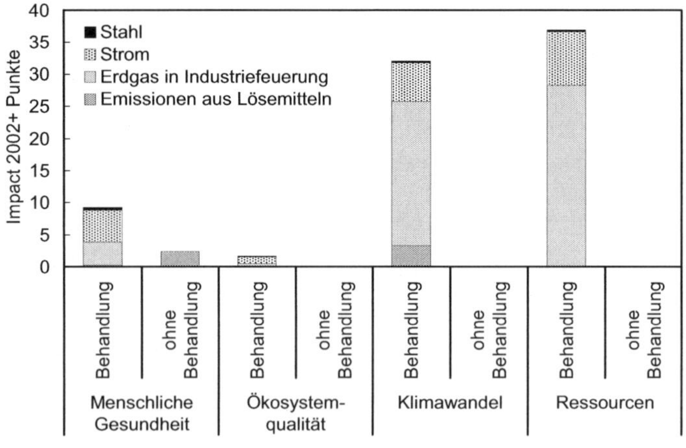

Abb. 1: Behandlung gegenüber Nicht-Behandlung von 200 mg/m³ Lösemittel während eines Jahres

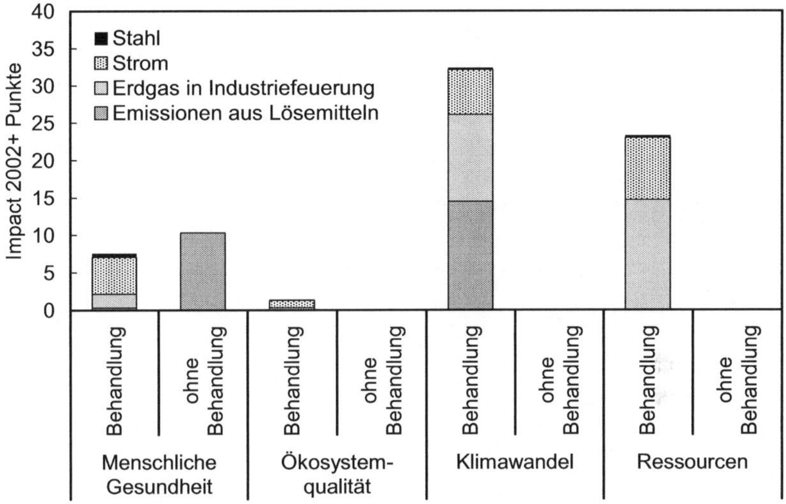

Abb. 2: Behandlung gegenüber Nicht-Behandlung von 800 mg/m³ Lösemittel während eines Jahres

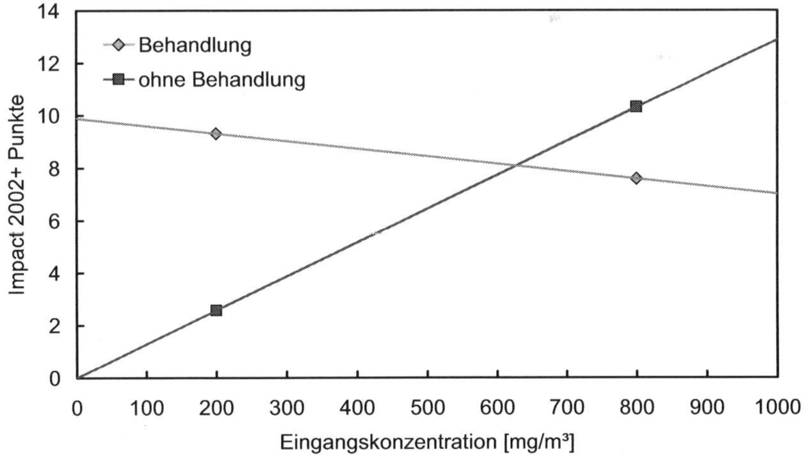

Abb. 3: Schadenskategorie „menschliche Gesundheit“ in Abhängigkeit von der Eingangskonzentration

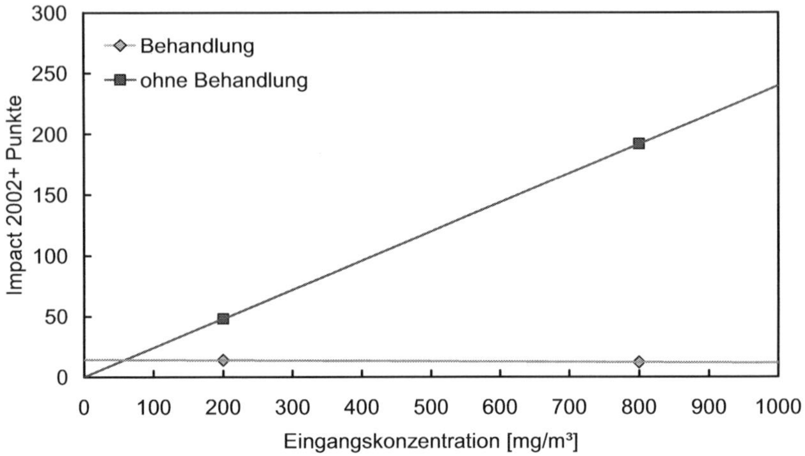

Abb. 4: Schadenskategorie „menschliche Gesundheit" in Abhängigkeit von der Eingangskonzentration bei giftigem Lösemittel

5 Diskussion

Die Ergebnisse für die Behandlung von ungiftigen Kohlenwasserstoffverbindungen aus der Halbleiterfertigung zeigen, dass bei geringen Abluftkonzentrationen durch die thermische Behandlung die Umwelt insgesamt stärker belastet als entlastet wird. Bei höheren Konzentrationen erfolgt zwar eine Entlastung für die menschliche Gesundheit, durch den Einsatz fossiler Energien kommt es jedoch zur Verlagerung von Umweltauswirkungen. Dann muss zwischen den Schäden für die menschliche Gesundheit wie Atemwegsprobleme durch Sommersmog und den Folgen des Klimawandels sowie dem Ressourcenverbrauch abgewogen werden. In einem zeitbezogenen Kontext gesehen bedeutet das, dass zwischen kurzfristig auftretenden Folgen auf die menschliche Gesundheit und zukünftigen Problemen wie Klimawandel und Ressourcenverbrauch gewichtet werden muss. Unstrittig bleibt, dass VOC-Emissionen gemindert werden müssen. Bei thermischer Behandlung ist ein autothermer Betrieb anzustreben. Ist dieser nicht möglich, kann mit mehr Energieeffizienz die Problemverlagerung abgemildert, aber nicht beseitigt werden. Bei der Anlagenplanung und -genehmigung muss differenziert betrachtet werden, für welche Art von VOC, bei welcher Konzentration und mit welcher Technik die Behandlung gesamtökologisch sinnvoll ist. Die Minderung auf Grenzwertniveau auch mit besten verfügbaren Techniken ist für die Umwelt als Ganzes nicht per se die beste Lösung. Es stellt sich die Frage, wie ein solches Ergebnis gegenüber Genehmigungsbehörden und politischen Entscheidungsträgern kommuniziert werden kann.

Referenzen

[ecoinvent centre 2007] ecoinvent centre: ecoinvent data v2.0. ecoinvent reports No. 1-25. Dübendorf (2007), Swiss Centre for Life Cycle Inventories

[Europäische Kommission 2006] Europäische Kommission: Integrated Pollution Prevention and Control Reference Document on Economics and Cross-Media Effects. Brüssel (2006)

[Europäische Kommission 2008] Europäische Kommission: Directive 2008/1/EC of the European Parliament and of the Council of 15 January 2008 concerning integrated pollution prevention and control (Codified version). Brüssel (2008)

[Gerber 2006] Gerber, R.; Liechti, J.: VOC-Nachverbrennung und Energienutzung, in: Umwelt Perspektiven, 3/06, Illnau (2006)

[Jolliet 2003] Jolliet, O. et al.: IMPACT 2002+: A new life cycle impact assessment methodology. Int. Journal of Life Cycle Assessment, 8 (6), S. 324-330

[Schottler 2010] Schottler, M. et al.: NMVOC abatement in semiconductor and photovoltaic cell fabrication with respect to resource efficiency. Chemical Engineering & Technology, eingereicht

Die Nutzenkorbmethode als Ansatz zum Vergleich der Strom-, Wärme- und Kraftstoffproduktion aus Energiepflanzen

Maria Bystricky, Gabriele Weber-Blaschke, TU München

1 Problemstellung und Zielsetzung

Im Zuge einer verstärkten Biomassenutzung war in den letzten Jahren ein starker Anstieg des Energiepflanzenanbaus zu verzeichnen. Wurden im Jahre 2003 noch 3 % der bayerischen Ackerfläche mit Energiepflanzen bestellt, so wuchs diese Fläche bis 2007 auf 12 % (StMELF 2004 und 2008). Das Flächenpotenzial für den Energiepflanzenanbau ist allerdings begrenzt. Die verfügbaren Ackerflächen sollten daher nachhaltig genutzt werden.

Ziel dieses Projektes ist es unter anderem, verschiedene Energiepflanzenarten ökobilanziell miteinander zu vergleichen. Mit Strom, Wärme und Kraftstoffen sollen alle drei Energiearten einbezogen werden. Für diesen Vergleich kann neben einer Berechnung der Emissions-Einsparpotenziale gegenüber fossilen Energieträgern (wie in vielen Studien gemacht, z.B. Zah *et al.* 2007, Heinzer *et al.* 2000) auch die Nutzenkorbmethode angewendet werden. Diese wurde in den 90er Jahren für einen Vergleich verschiedener Verwertungswege von Kunststoffverpackungen entwickelt (Fleischer 1994). Mit dieser Methode können die absoluten Emissionen verschiedener Bioenergiepfade realitätsnah dargestellt und miteinander verglichen werden, ohne dass eine alternative Flächennutzung zum Energiepflanzenanbau einbezogen werden muss.

Nachfolgend wird die Nutzenkorbmethode erläutert und anhand einiger Ergebnisse verdeutlicht. Strom und Wärme aus Biogas mit unterschiedlichem Wärmenutzungsgrad (Basis Silomais und Gülle) werden mit der Nutzung von Biodiesel aus Winterraps und Bioethanol aus Zuckerrüben verglichen.

2 Methodik

2.1 Darstellungsmöglichkeiten für den Vergleich von Bioenergiepfaden

Für die ökobilanzielle Bewertung der Bioenergie gibt es verschiedene Möglichkeiten:

- Darstellung der Einsparung von Emissionen der Bioenergieproduktion im Vergleich zu einem fossilen Referenzsystem
- Darstellung der absoluten Emissionen der Bioenergieproduktion

Bei der Darstellung von Emissions-Einsparpotenzialen muss für die Berechnung der Umweltwirkungen des fossilen Referenzsystems zusätzlich eine alternative Nutzung der landwirtschaftlichen Fläche angenommen werden, z.B. für die Nahrungsmittelproduktion. Durch verschiedene Annahmen können die Einsparpotenziale sehr stark schwanken, sodass die Ergebnisse hier nur eine Schätzung darstellen.

Wird jedoch angenommen, dass die betrachtete Fläche auf jeden Fall für die Bioenergieerzeugung verwendet wird – was bei steigenden Hektarerträgen und damit frei werdenden Flächen durchaus realistisch ist –, so können die verschiedenen Bioenergieerzeugungspfade jeweils gegenseitig als Referenzsystem herangezogen werden. Für eine realitätsnahe Gesamtdarstellung der Umweltwirkungen aller möglichen Bioenergie-Nutzungspfade einer bestimmten Fläche ist die Nutzenkorbmethode gut geeignet (Kapitel 2.2).

2.2 Vergleich mittels Nutzenkorbmethode

Ausgangspunkt für die Bewertung mittels der Nutzenkorbmethode ist eine bestimmte Flächengröße, auf der eine Energieart – beispielsweise Wärme – produziert wird (siehe Abbildung 1, „Nutzenkorb 2"). Zu den Umweltwirkungen dieser Energieart werden diejenigen der beiden übrigen Energiearten – in diesem Fall Strom und Kraftstoff, produziert aus anderen, größtenteils nicht erneuerbaren Energieträgern – addiert. Genauso wird mit der Produktion der beiden anderen Energiearten aus Energiepflanzen auf einer bestimmten Fläche verfahren. Schließlich erhält man für jeden Nutzungspfad von Energiepflanzen einen so genannten „Nutzenkorb". Alle diese Nutzenkörbe enthalten jeweils die gleiche Menge an Strom, Wärme und Kraftstoff (gleicher Nutzen), wobei dieser Inhalt zu unterschiedlichen Anteilen von Bioenergie und von anderen Energieträgern gestellt wird (Abbildung 1). Die Umweltwirkungen dieser Nutzenkörbe lassen sich dann miteinander vergleichen.

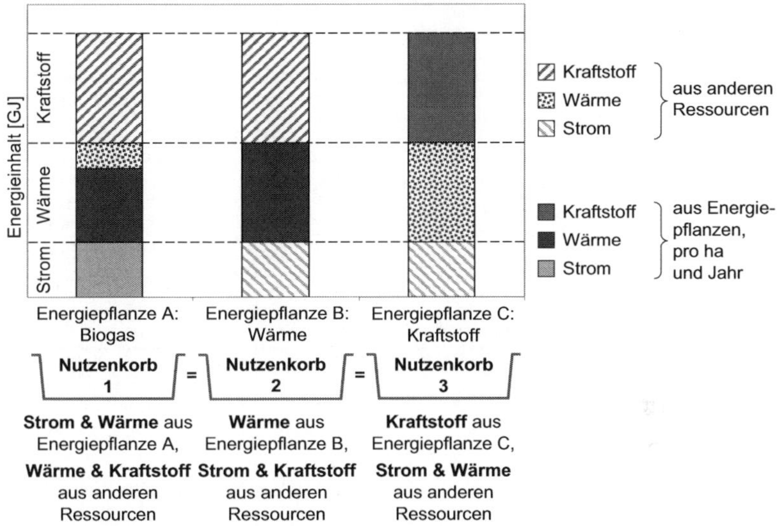

Abb. 1: Schematische Darstellung einer möglichen Nutzenkorb-Zusammensetzung (der Anteil der Bioenergie ergibt sich aus den Energieerträgen pro Hektar und Jahr, der maximale Strom-, Wärme- und Kraftstoffgehalt der Nutzenkörbe aus den jeweiligen maximalen Energieerträgen pro ha und Jahr)

2.3 Systemgrenzen und funktionelle Einheit

Die Systemgrenzen der Bioenergie-Lebenszyklen umfassen sämtliche Schritte der landwirtschaftlichen Produktion und der Umwandlung der Biomasse in Energie. Die Produktion von Maschinen und Hilfsstoffen wie Pflanzenschutzmitteln und Düngern wurden in die Systemgrenzen mit einbezogen. Nebenprodukte der Biokraftstoffproduktion wurden durch Allokation nach dem Heizwert berücksichtigt. Die funktionelle Einheit bildet der gesamte „Inhalt" der Nutzenkorbmethode an Strom, Wärme und Kraftstoff (s. Tabelle 1).

Mit Biogas aus Silomais für die Nutzung als Kraftstoff bzw. für die Methaneinspeisung ins Erdgasnetz mit zentraler Strom- und Wärmeproduktion, Ethanol aus Zuckerrübe und Biodiesel aus Winterraps wurden Bioenergielinien ausgewählt, die entweder gebräuchlich sind oder einen hohen Energieertrag aufweisen. Bei der Biogasproduktion wird in einem gesonderten BHKW Wärme für den Eigenbedarf mit Strom als Nebenprodukt produziert, weswegen auch bei der Nutzung von Biomethan als Kraftstoff Strom und Wärme anfallen.

Tab. 1: Energieinhalte der Nutzenkörbe für vier Bioenergievarianten als Datengrundlage für die Ökobilanzierung nach der Nutzenkorbmethode (BHKW: Blockheizkraftwerk; pkm: Personen-Kilometer)

Kultur	Flächen-ertrag (dt FM/ha)	Energieart	Zusammensetzung der Nutzenkörbe				
			Energie aus Energiepflanzen, produziert auf 1 ha		Energie aus anderen Energiequellen		Gesamt-Energie-inhalt
Winterraps	49,9	Strom (MJ)	--	--	Dt. Strommix	84.047	84.047
		Wärme (MJ)	--	--	Leichtes Heizöl	87.396	87.396
		Kraftstoff (pkm)	Biodiesel	42.953	Diesel	58.532	101.485
Zucker-rüben	747,2	Strom (MJ)	--	--	Dt. Strommix	84.047	84.047
		Wärme (MJ)	--	--	Leichtes Heizöl	87.396	87.396
		Kraftstoff (pkm)	Bioethanol	101.485	--	--	101.485
Silomais	541,6	Strom (MJ)	Biogas in BHKW	13.724	Dt. Strommix	70.324	84.047
		Wärme (MJ)	Biogas in BHKW	13.724	Leichtes Heizöl	73.672	87.396
		Kraftstoff (pkm)	Biomethan	83.320	Diesel	18.165	101.485
Silomais	541,6	Strom (MJ)	Biogas in BHKW	84.047	--	--	84.047
		Wärme (MJ)	Biogas in BHKW	87.396	--	--	87.396
		Kraftstoff (pkm)	--	--	Diesel	101.485	101.485

2.4 Datengrundlage und Software

Die Lebenswege der Bioenergielinien wurden mit der Ökobilanzierungssoftware „GaBi4 professional“ (PE International 2007) modelliert. Als Berechnungsgrundlage für die landwirtschaftliche Produktion und die energetische Verwertung des Erntegutes sowie für die fossilen Energieerzeugungspfade wurde die Ökobilanz-Datenbank „ecoinvent v2.0“ (2007) herangezogen (ECOINVENT 2007; Datenbankdokumentation mit Berechnungsschritten: Jungbluth *et al.* 2007, Nemecek & Kägi 2007). Die Modellierung der landwirtschaftlichen Produktion und der Biogas-Verwertung wurde an bayerische Verhältnisse angepasst.

3 Ergebnisse

Um die Ergebnisse nach der Nutzenkorbmethode darzustellen, werden exemplarisch das Treibhaus- und das Eutrophierungspotenzial der oben genannten Bioenergielinien gezeigt. In Abbildung 2 sind die Ergebnisse für das Treibhauspotenzial zu sehen.

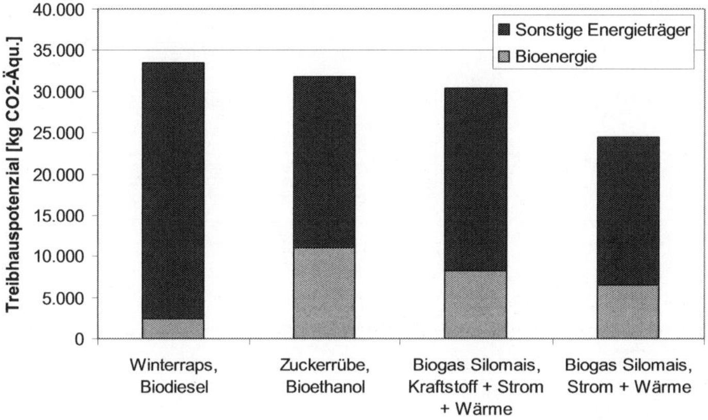

Abb. 2: Treibhauspotenzial nach der Nutzenkorbmethode für vier Bioenergielinien zur Erzeugung der entsprechenden Menge an Bioenergie auf 1 ha; Gesamtmenge der verschiedenen Energieträger im Nutzenkorb s. Tabelle 1

Wegen des niedrigen Energie-Flächenertrags werden dem Biodiesel die größten Mengen an anderen Energieträgern zugeschlagen, was im höchsten Treibhauspotenzial resultiert. Bioethanol folgt an zweiter Stelle. Biogas zur Strom- und Wärmenutzung zeigt die niedrigsten Treibhausgasemissionen, da hier nur noch fossiler Kraftstoff zur Bioenergie addiert werden muss (s. Tabelle 1).

In Abbildung 3 ist für dieselben Bioenergielinien das Eutrophierungspotenzial nach der Nutzenkorbmethode dargestellt. Die Bewertungsreihenfolge ist hier gegenüber dem Treibhauspotenzial verändert. Biodiesel und Bioethanol schneiden deutlich besser ab, was auf den Einsatz von Gärresten beim Anbau von Silomais und auf die damit verbundenen Ammoniakverluste zurückzuführen ist. Die Unterschiede bei der Produktion und Nutzung der Biokraftstoffe werden durch die verschiedene „Auffüllung" der Nutzenkörbe ausgeglichen.

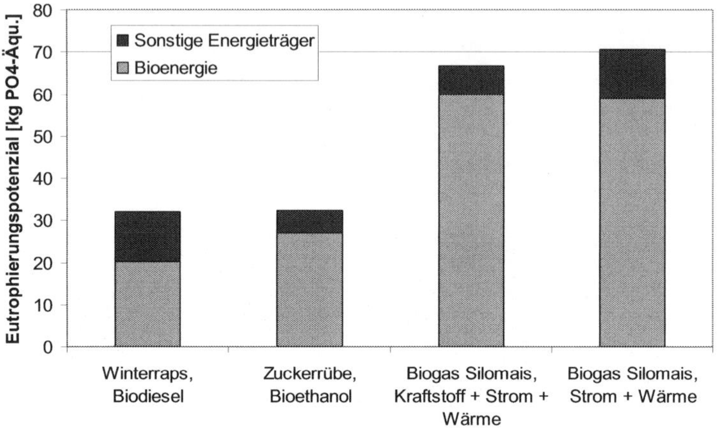

Abb. 3: Eutrophierungspotenzial nach der Nutzenkorbmethode für vier Bioenergielinien zur Erzeugung der entsprechenden Menge an Bioenergie auf 1 ha; Gesamtmenge der verschiedenen Energieträger im Nutzenkorb s. Tabelle 1

4 Schlussfolgerungen und Ausblick

Die Nutzenkorbmethode eignet sich gut für eine vergleichende Darstellung der Umweltwirkungen verschiedener Bioenergielinien. Gegenüber der Berechnung von Emissions-Einsparpotenzialen werden so die tatsächlich durch die Bioenergie verursachten Emissionen realitätsnäher abgebildet. Dies gilt insbesondere für Wirkungskategorien wie Eutrophierungs- und Versauerungspotenzial, bei denen die Bioenergie keine Einsparung, sondern eine zusätzliche Belastung gegenüber fossilen Referenzsystemen einbringt, und bei denen absolute Emissionen verschiedener Bioenergielinien für den Umweltschutz interessanter sind als ein Vergleich mit ihren fossilen Referenzsystemen.

Als nächste Schritte im Projekt werden weitere Bioenergielinien modelliert und in den Vergleich einbezogen. Ein besonderer Fokus wird dabei auf dem Vergleich von Kurzumtriebskulturen mit einjährigen landwirtschaftlichen Energiepflanzen liegen. Ebenso werden noch mehr Wirkungskategorien dargestellt.

Referenzen

[ECOINVENT 2007] Swiss Centre for Life Cycle Inventories: ecoinvent v2.0 (2007). Datenbank (CD-ROM). Swiss Centre for Life Cycle Inventories, Zürich, CH. Internet: www.ecoinvent.org

[Fleischer 1994] Fleischer, G.: Methodik des Vergleichs von Verwertungs-/Entsorgungswegen im Rahmen der Ökobilanz. Abfallwirtschaftsjournal 6 (10): 697-701

[Heinzer et al. 2000] Heinzer, L. et al.: Ökologische und ökonomische Bewertung von Bioenergieträgern. Schriftenreihe der Eidgenössischen Forschungsanstalt für Agrarwirtschaft und Landtechnik 52.

[Jungbluth et al. 2007] Jungbluth, N. et al.: Life Cycle Inventories of Bioenergy. ecoinvent report No. 17, Swiss Centre for Life Cycle Inventories, Dübendorf, CH.

[Nemecek & Kägi 2007] Nemecek, T., Kägi, T.: Life Cycle Inventories of Swiss and European Agricultural Production Systems. Final report ecoinvent v2.0 No. 15a. Forschungsanstalt Agroscope Reckenholz-Tänikon ART, Swiss Centre for Life Cycle Inventories, Zürich/Dübendorf, CH.

[PE International 2007] PE International: GaBi 4 professional academy (Computer-Software). PE International, Stuttgart. Internet: www.gabi-software.com

[StMELF 2004] Bayerisches Staatsministerium für Ernährung, Landwirtschaft und Forsten (StMELF): Bayerischer Agrarbericht 2004. StMELF, München.

[StMELF 2008] Bayerisches Staatsministerium für Ernährung, Landwirtschaft und Forsten (StMELF): Bayerischer Agrarbericht 2008. StMELF, München..

[Zah et al. 2007] Zah, R. et al.: Ökobilanz von Energieprodukten – Ökologische Bewertung von Biotreibstoffen. Studie des EMPA im Auftrag der Bundesämter für Umwelt, Landwirtschaft und Energie der Schweiz. Eidgenössische Materialprüfungs- und Forschungsanstalt (EMPA), Zürich/St. Gallen/Dübendorf, CH.

Entsorgung von Gebäuden und Gebäude-komponenten – Methodische Fragestellungen

Hildegund Mötzl, Österreichisches Institut für Baubiologie und -ökologie (IBO) / Universität für Bodenkultur, Institut für Konstruktiver Ingenieurbau (IKI), Wien

1 Abstract (in English)

The presentation will focus on the methodological questions concerning allocation, system expansion and limits of life cycle assessment.

Waste management has a high social, economic and ecological dimension. Waste from the building sector forms a huge portion of the overall waste accumulation in Europe. To the author's point of view the question how buildings can be designed in order to optimise their deconstruction and disposal has not been given enough attention during the last years.

In the study 'ABC-Disposal', which is sponsored by the Austrian Federal Ministry of Transport, Innovation and Technology (BMVIT) within the programme 'Building of tomorrow', disposal scenarios and allocation rules are defined for all relevant construction materials and the impact assessment regarding customary LCA indicators will be carried out.

The results are adopted to the best practice residential and office buildings which have been realised within the 'buildings of tomorrow'-programme. With the study it shall be shown if this 'buildings of tomorrow' are also environmentallly friendly regarding to their suitability for proper disposal.

2 Problemstellung

Baurestmassen und Baustellenabfälle stellen nicht nur in Österreich, sondern europaweit den größten Abfallanteil dar. Gleichzeitig ist das Bauwesen jener Wirtschaftsbereich, der die größten Lager bildet und der mit rund 40 % mit dem größten Materialinput verbunden ist. Ein Großteil der Abfälle aus dem Bauwesen sind mineralischen Ursprungs und können gut verwertet oder unproblematisch deponiert werden. Dennoch gibt es auch im Bauwesen Abfälle, die nicht unproblematisch sind, einige Beispiele:

- Die Zunahme an verklebten Verbindungen erschwert die Trennung von Baustoffen und vermindert damit die Recycling-Chancen. Bei Verklebung von organischen und mineralischen Baustoffen kann auch die Beseitigung ein Problem werden (weder für die Abfallverbrennungsanlage noch für die Deponie geeignet).
- Verbundmaterialien mit Metallen wie Aluminium-Dampfsperren sind auf der Deponie und in der Abfallverbrennungsanlage problematisch und sollten vor der Beseitigung in ihre Bestandteile zerlegt werden.
- Viele Kunststoffe, auch in Form von Beschichtungen, enthalten Schwermetalle oder Halogene, die erhöhte Maßnahmen in Abfallverbrennungsanlagen wie Salzabscheider etc. erfordern.
- Dämmstoffe aus nachwachsenden oder synthetischen Rohstoffen können Flammschutzmittel oder andere Zusatzstoffe enthalten, die in die Asche eingebunden oder in Form von Gasen abgegeben werden. Dämmstoffe aus Mineralwolle können in Müllverbrennungsanlagen Fasern freisetzen, die zum Kurzschluss der Filter führen.
- Der Gipsverbrauch im Bauwesen steigt zurzeit stark an. Gips ist chemisch Calciumsulfat, das in verschiedenen Hydratstufen in Bindung mit oder auch ohne Kristallwasser vorliegen kann. Da Sulfate im Zuschlag die Betonqualität negativ beeinflussen, kann eine Erhöhung des Gipsanteils mit einer Einschränkung der Recyclingmöglichkeiten von Baurestmassen verbunden sein. Auf Deponien erfordern Gipsprodukte aufgrund der Sulfatauswaschungen besondere Maßnahmen.

Dennoch sind die Entsorgungseigenschaften von Gebäuden in Gebäudebewertungen meist von untergeordneter Bedeutung. Die Ursachen sind meiner Meinung nach in mindestens drei Spezifika des Bauens begründet:

- Die Prozessketten im Bauen sind komplexer als in „einfachen" Produktsystemen. Das Erzeugnis des industriellen Fertigungsprozesses ist das Bauprodukt, aber erst das Gebäude stellt die Funktionseinheit für die ökologische Betrachtung dar.
- Die Individualität von Gebäude hat zur Folge, dass kein detailliertes allgemein anwendbares Recyclingkonzept für Gebäude erstellt werden kann.

- Gebäude sind sehr langlebige Güter. Eine Bewertung der Entsorgungseigenschaften in der Planung erfordert daher entweder eine Übertragung der Gegenwart in oder Szenarien für eine ferne Zukunft (50 – 100 Jahre).

Im Haus-der-Zukunft-Projekt „ABC-Disposal" sollen sowohl qualitative als auf quantitative Lösungen für die Bewertung der Entsorgung von Gebäuden unter Berücksichtigung dieser spezifischen Herausforderungen des Bauwesens gefunden werden. Diese sollen als Indikatoren im Gebäudezertifikat „Total Quality Building" Eingang finden.

Im Rahmen der Studie erfolgte eine umfangreiche Literaturrecherche zum Stand der Normung und der Wissenschaft bezüglich Allokationen. Als wichtige Quellen haben sich erwiesen:

- [ISO 14040] und [ISO 14044] (als Ausgangsbasis der Betrachtungen)
- [Netzwerk Lebenszyklusdaten]
- [Werner 2002] und [Werner et al 2007]
- International Journal of Life Cycle Assessment

Aus der Literatur wurden vom Projektteam weiterverfolgbare Allokationsmethoden identifiziert und auf das vorhandene Datenmaterial angewandt. Die Ergebnisse wurden in einem Stakeholder-Workshop präsentiert und diskutiert. Im Workshop wurden Methoden selektiert, die derzeit einer genaueren Betrachtung an Hand der Haus-der-Zukunft-Demonstrationsobjekte unterworfen werden.

Im Vortrag werden spezielle methodische Fragestellungen bezüglich der Allokation, die bei der Ökobilanzierung der Baustoffentsorgung notwendig ist, vorgestellt und die im Stakeholder-Workshop erarbeiteten Lösungsansätze zur Diskussion gestellt.

Referenzen

[ISO 14040] ÖNORM EN ISO 14040 Environmental management – Life cycle impact assessment – Principles and framework (ISO 14040: 2006. Oktober 2006

[ISO 14044] DIN EN ISO 14044 Umweltmanagement – Ökobilanz – Anforderungen und Anleitungen (ISO 14044:2006), Oktober 2006

[Netzwerk Lebenszyklusdaten 1] Universität Stuttgart: Analyse bestehender methodischer Ansätze zur Berücksichtigung des Recyclings von Metallen im Rahmen der Ökobilanz. Netzwerk Lebenszyklusdaten - Arbeitskreis Metallische Rohstoffe. Projektbericht im Rahmen des Forschungsvorhabens FKZ 01 RN 0401 im Auftrag des Bundesministeriums für Bildung und Forschung. Forschungszentrum Karlsruhe Institut für Technikfolgenabschätzung und Systemanalyse – Zentralabteilung Technikbedingte Stoffströme (Hrsg). Leinfelden-Echterdingen-Karlsruhe – Oktober 2007

[Netzwerk Lebenszyklusdaten 2] Universität Bremen: Kupferzyklen Deutschland. Netzwerk Lebenszyklusdaten - Arbeitskreis Metallische Rohstoffe. Projektbericht im Rahmen des Forschungsvorhabens FKZ 01 RN 0401 im Auftrag des Bundesministeriums für Bildung und Forschung. Forschungszentrum Karlsruhe Institut für Technikfolgenabschätzung und Systemanalyse – Zentralabteilung Technikbedingte Stoffströme (Hrsg). Bremen Karlsruhe - Oktober 2007

[Netzwerk-Lebenszyklusdaten 3] PE International: AP 6 Allokation des AK Methodik. Projektbericht im Rahmen des Forschungsvorhabens FKZ 01 RN 0401 im Auftrag des Bundesministeriums für Bildung und Forschung. Forschungszentrum Karlsruhe Institut für Technikfolgenabschätzung und Systemanalyse – Zentralabteilung Technikbedingte Stoffströme (Hrsg). Leinfelden-Echterdingen Karlsruhe – Juni 2007

[Werner 2002] Werner F.: Interdependencies between LC-modelling and the use of LCA in product design-related decision situations with spezial emphasis on the influence of cognitive models and values on the modelling of reuse & recycling and other end-of-life options. Dissertation. ETH Zürich 2002

[Werner 2007] Werner F. et al.: Post-Consumer Waste Wood in Attributive Product LCA. Wood and Other Renewable Resources. Int J LCA 12 (3) 160 –172 (2007)

Softwareunterstützung zur Erteilung von Verwertungs-Gutschriften in „attributiven" Ökobilanzen

Wolfgang Walk, Karlsruher Institut für Technologie (KIT)

1 Einleitung

Untersuchungen von Produktlebenszyklen münden häufig in Prozessen, in denen Materialien und/oder Energie aus Abfällen zurückgewonnen wird. Ob und in welcher Höhe vermiedene Umweltlasten dem untersuchten Produktsystem gutgeschrieben werden sollen, wird seit über zehn Jahren unter Experten diskutiert, und die Diskussion ist nicht abgeschlossen.

Aufgrund dieser Expertendiskussion ist zunächst zu erörtern, unter welchen Bedingungen Recyclinggutschriften sinnvoll sind. Weiterhin stellt sich die Frage der Umsetzung. Eine Lösung zur softwareunterstützten Erteilung von Gutschriften mittels der Ökobilanz-Software Umberto vorgestellt.

2 Möglichkeiten zum Umgang mit Verwertung

Während der Produktionsphase und nach der Nutzungsphase eines Produkts entstehen Abfälle, die einer Entsorgung (Verwertung und/oder Beseitigung) zugeführt werden. Verwertung umfasst die Rückgewinnung von Bauelementen, Materialien und/oder Energie aus Abfällen. Einerseits ist Entsorgung mit Aufwendungen verbunden, die dem untersuchten Produkt oder Produktionsprozessen zuzuschreiben sind. Dabei entstehen aber auch mitunter Materialien, Energie oder Komponenten, die einer weiteren Verwendung zugeführt werden und somit Bestandteil eines weiteren Produktsystems mit zusätzlichem Nutzen werden (vgl. Abb. 1). Verwertungsprozesse bringen es häufig mit sich, dass dem System neben dem eigentlich als Untersuchungsgegenstand definierten Produkt weitere gekoppelte Verwertungsprodukte entspringt [vgl. Ekvall 2001]. Mit anderen Worten: die vom System bereitgestellte Gesamtheit an Nutzen (Nutzenkorb) erweitert sich unbeabsichtigt.

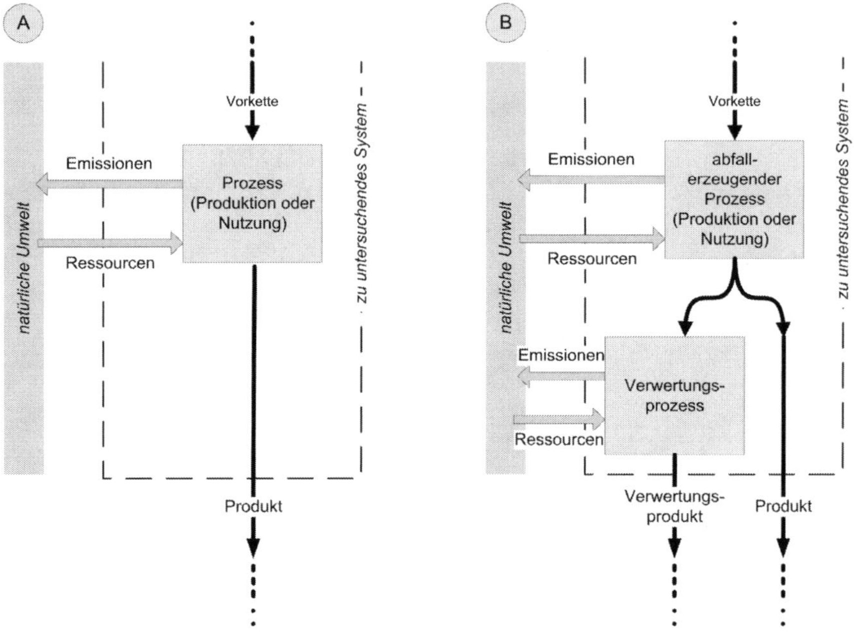

Ausgangssystem ohne Verwertungsprozess: Der Produktfluss erfüllt die funktionelle Einheit, die in der Zielsetzung der Untersuchung definiert ist. Eine Bewertung geschieht anhand der Flüsse, die die Systemgrenze überschreiten: Emissionen und Ressourcen je Produkt.

Ein System mit Verwertungsprozess generiert Zusatznutzen durch Verwertungsprodukte. Um das eigentlich zu untersuchende Produktsystem freizuschneiden muss das System um die Umweltwirkung korrigiert werden, die dem Zusatznutzen für ein folgendes Produktsystem zuzuschreiben ist.

Abb. 1: Schematische Überlegungen zum Zusatznutzen durch Verwertungsprozesse (B) im Vergleich zum einfachen Ausgangssytem (A) ohne Verwertung

Die Zuweisung von Umweltwirkungen auf mehrere Produktflüsse in Prozessen, die mehr als einen Nutzen generieren, wird als Allokation bezeichnet. Es gibt verschiedene Lösungsansätze, jedoch keine allgemeingültig beste Lösung dieser Zuweisung [Klöpffer 2009, S. 101ff.]. Gerade bei Verwertungsprozessen ist die Frage der Allokation nach wie vor Gegenstand von Expertendiskussionen [Weidema 2007] [Reap 2008] [Yellishetty 2009].

Sofern mit vertretbarem Aufwand möglich, ist Allokation nach physischen oder ökonomischen Schlüsseln im Allgemeinen zu vermeiden, indem die Systemgrenzen angepasst werden [ISO 14044:2006, Abschnitte 4.3.4.2 / 4.2.4.3] [Klöpffer 2009, S. 101].

Eine der Möglichkeiten um den Zusatznutzen durch das Verwertungsprodukt mit in die Bewertung einzubeziehen und Allokation zu vermeiden, besteht darin, den Systemrahmen um ein Komplementärsystem zu erweitern. Dabei wird dem System Umweltwirkung in dem Maß gutgeschrieben, wie dies dem Verwertungsprodukt gemessen in komplementärer alternative Produktion (i.d.R. Primärproduktion) entspricht. Dadurch wird der Nutzenkorb des Systems wieder auf das Produkt reduziert, das den eigentlichen Untersuchungsgegenstand darstellt. [Fleischer 2002, S. 42ff.]

3 Beschränkung auf „attributive“ Ökobilanzen

Im englischen Sprachraum existieren die Bezeichnungen „attributional LCA“ und „consequential LCA“. Es gibt keine allgemeingültigen Definitionen dieser Begriffe und auch keine etablierte deutschsprachige Entsprechung. An dieser Stelle werden die Bezeichnungen „attributive Ökobilanz“ und „handlungskonsequenzorientierte Ökobilanz“ (hk-Ökobilanz) als deutsche Entsprechungen eingeführt und gemäß Tab. 1 abgegrenzt (vgl. [Ekvall 2002] [Frischknecht 2006] [Bauer 2007] [Sandén 2007]).

Wie der Titel verspricht, beschränkt sich dieser Beitrag auf attributive Ökobilanzierung. Das Verständnis von Recycling-Gutschriften als vermiedene Produktion ist eine Eigenheit von hk-Ökobilanzen [Frischknecht 2006, S. 6].

Gutschriften im Kontext attributiver Ökobilanzen basieren auf einem abweichenden Gedanken: Es geht um die Herstellung des Nutzenkorbs gemäß der in der Zielsetzung der Studie definierten funktionellen Einheit. Dazu ist eine Bereinigung des Systems um einen „ökologischen Gegenwert“ des Verwertungsprodukts erforderlich, das einen Zusatznutzen darstellt. Dieser ökologische Gegenwert kann anhand komplementärer Bereitstellung gleichwertiger Primärprodukte bemessen werden und darf nicht mit dem Gedankenkonzept vermiedener Produktion verwechselt werden.

Tab. 1: Abgrenzungsversuch attributiver und handlungskonsequenzorientierte (hk) Ökobilanzen

	attributive Ökobilanzen	hk-Ökobilanzen
untersuchtes Produkt	repäsentative Abbildung für die Gesamtheit gleichartiger Produkte (z.B. anhand Durchschnittsbildung)	untersuchter Produktfluss wird als marginale Änderung des bestehenden Systems angesehen
Markt	Markt wird vereinfachend als sehr träges Gleichgewicht angenommen und als statische Modellumgebung i.d.R. nicht in die Modellierung einbezogen.	Einbeziehung von Marktdynamiken z.B. Verschiebung von Gleichgewichtszuständen, Nachfrageelastizitäten, Substitutionen
Aussage	Zustandsbeschreibung der Umweltwirkungen, die einem durchschnittlichen Produkt zugeschrieben ("attributiert") werden	Konsequenz aus Handlungen, die ein Produktsystem betreffen (z.B. Änderungen des Produktdesigns oder des Produktionsvolumens)

4 Umsetzung mit ecoinvent/Umberto

Es stellt sich die Frage, wie solche Gutschriften mittels einer Ökobilanz-Software in Stoffstromnetzen effizient umgesetzt werden können. Die erarbeitete Lösung bezieht sich auf die Software Umberto 5 in Kombination mit dem Datenbestand ecoinvent [ifu Hamburg 2007] [ecoinvent centre 2007].

4.1 Ansprüche

Mit den "result" Modulen der ecoinvent-Datenbank liegen aggregierte Stoffstrommodelle zahlreicher Produktionsprozesse vor. Es ist naheliegend, diese Informationen auch für die Komplementärmodule zu nutzen.

Die Gutschrift soll möglichst weitgehend separat ausgewiesen werden und erst bei der letzten Aggregation zu Wirkungsabschätzungsergebnissen mit Umweltlasten verrechnet werden. Dies erleichtert die Interpretation der Ergebnisse.

4.2 Lösungsansatz und softwaretechnische Umsetzung

Zusätzlich zu den herkömmlichen Material- und Energieflüssen werden komplementäre "Gutschriftenflüsse" eingeführt. Einerseits ist dies durch den oben genannten Anspruch auf weitgehend getrennte Ausweisung von Gutschriften begründet. Andererseits ergibt sich eine Notwendigkeit für separate Gutschriftenflüsse daraus, dass die Software Umberto derzeit nicht mit negativen Flüssen rechnet. Gutschriftenflüsse entstehen, wenn herkömmliche Module durch Vertauschung von Input- und Outputflüssen in Gutschriftenmodule umgewandelt werden. Tab. 2 gibt einen Überblick über die notwendigen Vertauschungen.

Tab. 2: Übersicht der Vertauschungen zur Erteilung von Gutschriften

	konventionelles Modul	umfunktioniertes Modul für Gutschrift
Emissionen	Elementarflüsse outputseitig aus Modul	Elementarflüsse inputseitig in Modul
Ressourceneinsatz	Elementarflüsse inputseitig in Modul	Elementarflüsse outputseitig aus Modul
Produktfluss	outputseitiger ökonomischer Fluss	Produkt-komplementärer Fluss inputseitig in Gutschriftenmodul
Bewertung der Elementarfüsse	Charakterisierungsfaktor i.d.R. mit positiven Vorzeichen	Vorzeichenwechsel der entsprechenden Charakerisierungsfaktoren

Die softwaretechnische Umsetzung umfasst folgende Punkte:

- Ein Python-Skript, dass durch Vertauschung von Input- und Outputflüssen aus konventionellen Modulen Gutschriftenmodule generiert
- Ergänzung der konventionellen Charakterisierung von Elementarflüssen durch korrespondierende Charakterisierungen der Gutschriften-Elementarflüsse anhand von sechs SQL Statements
- Verrechnung der Gutschriften mit herkömmlichen Wirkungsabschätzungsergebnissen durch einmalige manuelle Anpassung im Bewertungssystem.

Der erste Punkt muss zur Erstellung jeden neuen Gutschriftenmoduls wiederholt angewendet werden. Die Durchführung ist per Mausklick in Sekunden vollzogen und ermöglicht eine einfache und schnelle Generierung von Gutschriftenmodulen aus herkömmlichen Modulen.

Die beiden letztgenannten Punkte müssen etwas aufwändiger bei jedem neuen Bewertungssystem durchgeführt werden. Gemessen daran, dass derzeit noch häufig die Bewertungssysteme Eco-indicator 99 und CML 2001 eingesetzt werden, ist die Aktualisierung von Bewertungssystemen eine eher selten vorkommende Aufgabe.

5 Diskussion und Zusammenfassung

Die vorgestellte Softwarelösung erleichtert die Erteilung von Verwertungs-Gutschriften hinsichtlich der folgenden Punkte:

- Konsistenz: Gutschriftenmodule beruhen auf den entsprechenden Modulen der Produktionsprozesse und sind konsistent hinsichtlich Bezugszeitraum, Technologie und Detaillierungsgrad der Modellierung.
- Transparenz: Gutschriften werden separat in Stoffstrommodellen und Sachbilanzen ausgewiesen und erst im allerletzten Schritt der Aggregation der Wirkungsabschätzungsergebnisse verrechnet.
- Aktualisierbarkeit: Die Softwareunterstützung ermöglicht einfache und schnelle Aktualisierung von Gutschriften in dem Maße, wie der Datenbestand im Allgemeinen überarbeitet wird.

Die arbeitstechnische Erleichterung darf nicht zu einem leichtfertigen Erteilen von Gutschriften missbraucht werden. Insbesondere die folgenden wichtigen Randbedingungen sind zu beachten:

- Gutschriften sind nicht die universelle Lösung aller Allokationsfragen wenn es um Verwertungsprozesse geht. Insbesondere beim closed-loop Recycling (d.h. bei stofflicher Verwertung innerhalb desselben Produktsystems) und wenn der genaue Verwertungspfad in einzelne Folgeprodukte dezidiert bekannt ist, kann eine Differenzierung nach einzelnen technischen Prozessschritten und Kausalitäten die angemessenere Lösung sein. Auf Allokation muss zurückgegriffen werden, falls Datenlücken bezüglich des Komplementärprodukts bestehen oder falls kein Primärprodukt identifiziert werden kann, das dem Verwertungsprodukt entspricht.
- Äquivalenz verschiedener Produkte und technologische Repräsentativität sind allgemeine Themen der Ökobilanzierung, nicht nur wenn es um Verwertungsprozesse geht. Die Wahl von Primärprodukten, die dem Verwertungsprodukte entsprechen, und die dahinterliegenden Modelle primärer Produktion können nicht beliebig gewählt werden, sondern müssen dem Eignungsanspruch hinsichtlich Zielsetzung der Studie und Entscheidungssicherheit entsprechen – wie

auch allgemein in Ökobilanz-Studien. Gleichwohl ist die Wahl geeigneter Gutschriften eine mögliche Quelle von Unsicherheiten.

- Es ist legitim, irrelevante Teile von Produktsystemen im Zuge einer Vereinfachung von der Modellierung auszunehmen, sofern die Richtungssicherheit der Gesamtaussage nicht beeinträchtigt wird. Bei solchen reduzierten Modellen kann es vorkommen, dass sich durch Gutschriften sowohl in Sach- als auch in Wirkungsbilanzen negative Werte ergeben. Allen Nutzern der betreffenden Ökobilanzstudien muss klar vermittelt werden, dass die falsche Interpretation "je mehr Abfall zur Verwertung, desto umweltfreundlicher" unzulässig ist, weil mit dem ökobilanziellen Prinzip der fixen funktionellen Einheit gebrochen wird und die Voraussetzungen der Modellvereinfachungen missachtet werden.

Referenzen

[Bauer 2007] Bauer, C; Poganietz, W.-R.: Prospektive Lebenszyklusanalyse oder die Zukunft in der Ökobilanz. Technikfolgenabschätzung – Theorie und Praxis (TATUP) Jg. 16, Nr. 3 (2007)

[ecoinvent centre 2007] elektronische Daten: The Life Cycle Inventory Data – ecoinvent data v2.0. Dübendorf, CH (2007)

[Ekvall 2001] Ekvall, T., Finnveden, G., 2001. Allocation in ISO 14041 – a critical review. Journal of Cleaner Production 9 (2001) 197–208

[Ekvall 2002] Ekvall, T., 2002. Cleaner production tools: LCA and beyond. Journal of Cleaner Production 10 (2002) 403–406

[Fleischer 2002] Fleischer, G.; Hake, J.-F.: Aufwands- und ergebnisrelevante Probleme der Sachbilanzierung. Schriftenreihe des Forschungszentrums Jülich, Reihe Umwelt, Band Nr. 30 (2002). ISBN 3-89336-293-2

[Frischknecht 2006] Frischknecht, R.: Modelling of product systems in life cycle inventory anlysis: Synopsis of Attributional and Consequential LCI Models – Properties and Differences. Projektbericht Deutsches Netzwerk Lebenszyklusdaten, Arbeitskreis Methodik, Karlsruhe (2006)

[ifu Hamburg 2007] Software Umberto, Version 5.5. ifu Institut für Umweltinformatik Hamburg GmbH (2007)

[ISO 14044:2006] Norm: Environmental management – Life cycle assessment – Requirements and guidelines. International Standard ISO 14044:2006

[Klöpffer 2009] Klöpffer, W.; Grahl, B.: Ökobilanz (LCA). Wiley VCH Verlag, Weinheim (2009). ISBN 978-3-527-32043-1

[Reap 2008] Reap, J. et al.: A survey of unresolved problems in life cycle assessment – Part 1: goal and scope and inventory analysis. Int J Life Cycle Assess (2008) 13:290–300

[Sandén 2007] Sandén, B. A.; Karlström, M.: Positive and negative feedback in consequential life-cycle assessment. Journal of Cleaner Production 15 (2007) pp.1469-1481

[Weidema 2007] Weidema, B.P. et al. (Ed.): Allocation in Recycling – Documentation of an Online LCA Forum discussion. 2.0 LCA consultants, Aalborg East, Denmark. Oct. 2007

[Yellishetty 2009] Yellishetty, M. et al.:Life cycle assessment in the minerals and metals sector: a critical review of selected issues and challenges. Int J Life Cycle Assess (2009) 14:257–267

Bewertung des Wasserverbrauchs in der Ökoeffizienz-Analyse der BASF

Georg Schöner, BASF SE und Karlsruher Institut für Technologie (KIT)

1 Einleitung

Wasser ist für uns Menschen unabdingbar. Es stellt die Quelle unseres Trinkwassers und die Basis für Nahrungsangebot und Hygiene dar. Es ist Quell einer umfangreichen Biodiversität und ist letztendlich unersetzlich für alles Leben auf dieser Welt.

Der Wasserkreislauf der Erde stellt zwar ein geschlossenes System dar, aus dem kein Wasser verschwinden kann, jedoch kann Wasser regional knapper werden. Es kann also aufgrund von Verdrängung und starker Verschmutzung unzugänglich für bestimmte Nutzer werden (Boulay 2009, Köhler 2008).

Vor dem Hintergrund der steigenden Wasserknappheit sollten LCA Studien, die den Anspruch haben, den kompletten Einfluss eines Produktes oder Produktionsschrittes auf die Umwelt entlang des gesamten Lebensweges zu bewerten, auch den Verbrauch an Wasser mitbewerten. Jedoch bewerten fast alle LCA Methoden zu diesem Zeitpunkt nur Emissionen ins Wasser, aber keinen Wasserverbrauch.

Dieser Beitrag erklärt das Konzept des Wasserfußabdrucks, erläutert den neuen Ansatz zur Bewertung des Wasserverbrauchs in der Ökoeffizienz-Analyse und vergleicht deren Ergebnisse.

2 Das Konzept des Wasserfußabdrucks

Neben dem CO_2-Fußabdruck (carbon footprint), wurde in den letzten Jahren auch dem Konzept des Wasser-Fußabdrucks (water footprint) in den Medien mehr und mehr Aufmerksamkeit gewidmet. Beim CO_2-Fußabdruck handelt es sich um eine Ökobilanzierung von CO_2-Äquivalenten, deren Auswirkung der globale Treibhauseffekt darstellt. Im Unterschied dazu hat der H_2O-Fußabdruck im Wesentlichen lokale Auswirkungen und diese werden noch nicht bewertet, denn es werden nur die Verbrauchsmengen erfasst.

Die Idee des Wasser-Fußabdrucks basiert auf dem Konzept des „virtuellen Wassers" (Allan 1998), unter dem man die Wassermengen versteht, die während der gesamten Produktionskette („cradle to gate") einer bestimmten Ware, eines Produktionsschritts oder eines Dienstes verbraucht, verdunstet oder verschmutzt wird. Im Konzept des gesamten Wasser-Fußabdrucks werden drei Arten von Wasserverbrauch unterschieden. Man unterscheidet das sogenannte Grün-, Blau- und Grauwasser.

- Grünwasser: Ausschließlich Regenwasser, das von einer Feldfrucht oder einem Betrieb am Punkt des Niederschlags direkt genutzt wird.
- Blauwasser: Wasser, das einem Wassereinzugsgebiet entzogen wird und nicht in selbiges zurückgeführt wird, da es beispielsweise durch Evapotranspiration verloren geht.
- Grauwasser: Wasser, das benötigt wird, um Emissionen aufzunehmen und in so verdünnter Form an die Umwelt abzugeben, dass es dem aquatischen Ökosystem nicht schadet. (Bauer & Zapp 2004)

Im Rahmen der Erstellung von Wasser-Fußabdrücken kommt es bisweilen nur zu einem Aufsummieren von virtuellem Grün-, Blau- und Grauwasser. Die regionale Herkunft der Wassermassen wird zwar verzeichnet, allerdings wird die Wasserverfügbarkeit in den jeweiligen Regionen nicht berücksichtigt.

So entspricht 1 kg Rindfleisch 16.000 Litern virtuellem Wasser (Water Footprint Network 2009). Dieser hohe Wasserinhalt ist hauptsächlich auf den virtuellen Wasserinhalt des Tierfutters zurückzuführen. Da beispielsweise bei Weidewirtschaft in Irland aber fast nur Grünwasser verbraucht wird, stellt sich die Frage, ob dies überhaupt negative Auswirkungen auf die dortige Wasserverfügbarkeit hat? Sollte deswegen nicht der Import von Rindfleisch aus Spanien mit deutlich geringeren Niederschlägen negativer bewertet werden als ein Import aus Irland?

Mit der Berechnung des Wasser-Fußabdrucks werden plakative Ergebnisse generiert, die auf die Problematik aufmerksam machen, allerdings keine Aussage über mögliche Auswirkungen auf die Umwelt zulassen. Es stellt sich somit die Frage, welche regionalen Auswirkungen der Wasserverbrauch auf die Umwelt hat und welche Indikatoren den regionalen Wasserstress am besten beschreiben.

3 Bewertung von Wasserknappheit

Um die Wasserknappheit bewerten zu können, gibt es viele mögliche länderspezifische Indikatoren. Diese sogenannten unterschiedlichen Wasserstressindices nach Falkenmark (1986), Feitelson & Chenoweth (2002), Raskin et al. (1997) oder Smakhtin et al. (2004) werden zur Bewertung des Wasserverbrauchs herangezogen.

Diese Indikatoren der absoluten Wasserknappheit sind jedoch nicht ausreichend, um die mit der Knappheit verbundenen Risiken zu beschreiben. Sie spiegeln nicht die Dynamik, die Einflussfaktoren und die Ausrichtung innerhalb des Phänomens der Wasserknappheit wieder. Die Risiken sind unweigerlich an spezifische regionale Gegebenheiten und auch unterschiedlichen Jahreszeiten gebunden. (WWF 2009)

4 Bewertung von Wasserverbrauch in LCA

Die Wichtigkeit der Integration des Wasserverbrauchs in LCA Methoden wurde von vielen Methodenentwicklern erkannt, aber noch nicht umgesetzt. Die Probleme in der Umsetzung sind auf die Einzigartigkeit von Wasser zurückzuführen:

- Einzige chemische Verbindung auf der Erde, die in der Natur in allen drei Aggregatzuständen vorkommt
- Günstige, global unendliche, lokal endliche Ressource
- Der tägliche Konsum von Wasser liegt um ein Vielfaches höher als derjenige anderer Ressourcen
- Kein weltweiter Transport in notwendigen Größenordnungen möglich
- Hervorragendes Lösemittel in einer Vielzahl von Produkten und Prozessen
- Im Gegensatz zu Mineralien und fossilen Energieträgern ist Süßwasser stark mit der Biosphäre verbunden und seine Abnahme hat einen direkten Effekt auf Ökosysteme

Aufgrund der aufgezeigten Unterschiede zu anderen Ressourcen ist eine Integration des Wasserverbrauchs nur in die Wirkungskategorie Rohstoffverbrauch nur schwer möglich und berücksichtigt nicht alle Auswirkungen.

Zur Bewertung der möglichen negativen Folgen der Wassernutzung ist also eine sowohl räumlich differenziertere als auch Wirkungskategorie spezifischere Betrachtungsweise notwendig. Pfister et al. (2009) haben an der ETH Zürich die umfassendste Methode zur Bewertung der Umweltauswirkungen von Wassernutzung für die Eco-indicator 99 Methode entwickelt. Darin werden die möglichen negativen Auswirkungen auf die drei Ebenen, menschliche Gesundheit, Qualität des Ökosystems und/oder Ressourcenverfügbarkeit quantifiziert.

Die beiden Hauptauswirkungen, die Wasserknappheit auf die menschliche Gesundheit hat, sind der Mangel an Wasser für die Hygiene, was zu Durchfallerkrankungen führt, sowie der Mangel für die Bewässerung von Ackerflächen, was oft eine Unterernährung zur Folge hat (UNESCO 2003). Ein von uns Menschen verursachter, vergrößerter Wassermangel kann eine Reduzierung der Vegetation und Biodiversität eines

Ökosystems zur Folge haben. Eine Verringerung der Wasserressourcen kann wiederum einen in Zukunft vergrößerten Energieeinsatz zur Entsalzung von Meerwasser nötig werden lassen. All diese Auswirkungen werden von den Faktoren nach Pfister et al. (2009) berücksichtigt.

4.1 Ansatz zur Bewertung in der Ökoeffizienz-Analyse

Die Ökoeffizienz-Analyse der BASF SE bewertet wie viele LCA Methoden zu diesem Zeitpunkt schon Emissionen ins Wasser, was dem sogenannten Grauwasser entspricht. Zur Bewertung des Wasserverbrauchs in der Ökoeffizienz-Analyse werden die wassereinzugsgebiets- oder länderspezifischen Schadensfaktoren von Pfister et al. (2009) übernommen. Der Verbrauch an Blauwasser (WU) wird mit dem Schadensfaktor (DF) des Wassereinzugsgebiets oder Landes multipliziert, in welchem es zum Verbrauch kommt. Diese bewertete Wassermenge wird dann durch den durchschnittlichen Niederschlag (∅P), der auf einen m² Fläche fällt, geteilt. Als durchschnittlicher Niederschlag wird die Konstante von 820 l/m² verwendet, was dem Weltdurchschnitt entspricht. Dieses Dividieren wandelt die Wassermasse in eine virtuelle Fläche um und macht eine Bewertung in der Wirkungskategorie Flächenbedarf möglich.

$$aWU_{consumptive} = \frac{WU_{consumptive} \times DF}{\varnothing P}$$

$aWU_{consumptive}$ [m²]	bewerteter Blauwasserverbrauch zur Integration in die Wirkungskategorie Flächenbedarf
$WU_{consumptive}$ [L]	Blauwasserverbrauch
DF	regionalspezifischer Schadensfaktor
∅P [820 liter/m²]	durchschnittlicher Niederschlag pro m² und Jahr

Formel: Bewertung des Wasserverbrauchs in der Ökoeffizienz-Analyse

4.2 Erprobung des neuen Ansatzes

Dieser Ansatz wurde an zwei Ökoeffizienz-Analysen beispielhaft auf seine Praktikabilität geprüft. Da auf die Landwirtschaft weltweit 74 % des Wasserverbrauchs entfällt (WWF 2009), wurde die Produktion eines T-Shirts und eines kg Tomaten untersucht. Bei der T-Shirt Produktion wurde als Material Polyester und Baumwolle mit einem Anbau in sechs verschiedenen Ländern unterschieden.

Bei der Tomatenproduktion wird der Tomatenanbau in den Niederlanden, Spanien und Marokko betrachtet. Interessant ist es dabei zu sehen, in wiefern es zu einem Ausgleich zwischen dem erhöhten Wasserbedarf in den südlichen Ländern und dem höheren Energiebedarf zur Beheizung der Gewächshäuser in den Niederlanden kommt.

Wenn man sich nur den Wasserfußabdruck anschaut, dann sind die negativsten Umweltauswirkungen des Tomatenanbaus in den südlichen Anbauländern vorzufinden. Wenn man hingegen die ganzheitlichen Auswirkungen aller sechs Wirkungskategorien (Saling et al. 2002) in der Ökoeffizienz-Analyse betrachtet, dann ist der Umwelteinfluss beim Anbau in beheizten Gewächshäusern in den Niederlanden am größten.

Im Fall des Tomatenanbaus wurde neben dem durchschnittlichen Schadensfaktor für Spanien auch eine differenziertere Betrachtung für die Anbauregionen Andalusien und Extremadura durchgeführt. Diese regionalspezifischere Betrachtung zeigte, dass bei klimatisch stärker differenzierten Ländern eine Bewertung im Auflösungslevel der Wassereinzugsgebiete empfehlenswert ist.

5 Diskussion

Die zwei durchgeführten Ökoeffizienz-Analysen zeigen, dass nur die Betrachtung des Wasserverbrauchs keine ausreichende Aussage über die Umweltauswirkungen eines Produktes geben kann. Des Weiteren muss der Wasserverbrauch differenziert je nach Wassereinzugsgebiet betrachtet werden und somit mit einem regionalspezifischen Schadensfaktor, der die drei Ebenen menschliche Gesundheit, Qualität des Ökosystem und/oder Ressourcenverfügbarkeit betrachtet, bewertet werden. Die erarbeitete Methodik ist in der Lage, diese Faktoren angemessen zu berücksichtigen und in eine Gesamtbewertung der Ökoeffizienz-Analyse sinnvoll und aussagekräftig zu integrieren. Dies gelingt, ohne dass die Wasserbewertung alle übrigen Einflussgrößen der Bewertung überdeckt.

Problematisch ist die Verfügbarkeit von Daten für Blauwassermengen in Ökoprofilen. In vielen Datensätzen ist zwar die Menge des benutzten Wassers aufgeführt, jedoch entspricht diese meistens nicht dem Wasser, das nach einer Anwendung dem Wassereinzugsgebiet verloren geht. Ein detailliertes Dokumentieren von Wassermassen, die aus Flusseinzugsgebiet beispielsweise aufgrund von Evaporation verschwinden, ist erforderlich.

Referenzen

[Allan 1998] Allan, J.A.: Virtual water: a strategic resource, global solutions to regional deficits. Groundwater (1998) 36 (4), 545–546.

[Bauer & Zapp 2004] Bauer, C.; Zapp, P.: Generic characterisation factors for land use and water consumption. In: Dubreuil A (ed) Life cycle assessment of metals—issues and research directions. SETAC, Pensacola, USA (2004), pp 147–152.

[Boulay et al. 2009] Boulay, A. M. et al. (CIRAIG - École Polytechnique, MONTREAL, Canada): Assessing regional impacts from water use in the pulp and paper industry. Abstract book, SETAC annual Meeting, Göteborg (2009).

[Falkenmark 1986] Falkenmark, M.: Fresh water – time for a modified approach. Ambio (1986) 15:192-200.

[Feitelson & Chenoweth 2002] Feitelson, E.; Chenoweth J.: Water poverty: towards a meaningful indicator. Water Policy (2002) 4(3):263-281.

[Koehler 2008] Koehler, A.: Water use in LCA: managing the planet's freshwater resources. International Journal of Life Cycle Assessment (2008) 13:451-455, Springer-Verlag.

[Milà i Canals et al. 2009] Milà i Canals, L. et al.: Assessing freshwater use impacts in LCA: Part I – inventory modeling and characterization factors for the main impact pathways. International Journal of Life Cycle Assessment (2009) 14:28-42.

[Pfister et al. 2009] Pfister, S.; Koehler, A.; Hellweg, S.: Assessing the Environmental Impact of Freshwater Consumption in LCA. Environmental Science & Technology 2009, 43, 4098-4104, Washington (2009).

[Raskin et al. 1997] Raskin, P. et al.: Water futures: assessment of long-range patterns and problems. Swedish Environment Institute / United Nations, Stockholm (1997).

[Saling et al. 2002] Saling, P. et al.: Eco-efficiency Analysis by BASF: The Method. International Journal of Life Cycle Assessment (2002) 7 (4) 203- 218.

[Smakhtin et al. 2004] Smakhtin, V.; Revenga, C.; Döll, P.: Taking into account environmental water requirements in global scale water resources assessments. Comprehensive Assessment Report 2 (2004). (Zugriff am 08.09.2009) URL: http://www.iwmi.cgiar.org/assessment/FILES/pdf/publications/ResearchReports/CARR2.pdf

[UNESCO 2003] UNESCO: Water for People, Water for Life. Paris (2003) (Zugriff am 08.09.2009) URL: www.unesco.org/water/wwap/wwdr

[Water Footprint Network 2009] Water Footprint Network°2009 Die Internetseite wurde ursprünglich von Hoekstra, A. Y. und Chapagain A. K. 2004 bei der UNESCO entwickelt und wird z. Z. von der Universität in Twente unterhalten. (Zugriff am 08.09.2009). URL: http://www.waterfootprint.org/?page=files/home

[WWF 2009] World Wildlife Fund, Orr, S., Cartwright, A.; Ticker, D.: Water Security Series 4: Understanding water risks – A primer on the consequence of water scarcity for government. WWF-UK, Godalming (2009) (Zugriff am 08.09.2009) URL: http://www.wwf.org.uk/research_centre/index.cfm?2842

Qualitative und quantitative Indikatoren zur Nachhaltigkeitsbewertung (eines integrierten Wasserressourcenmanagementsystems in einer indonesischen Karstregion)

Annekatrin Lehmann, TU Berlin und Karlsruher Institut für Technologie

1 Einleitung – IWRM und Nachhaltigkeitsbetrachtung

Integriertes Wasserressourcenmanagement (IWRM) beschreibt einen Prozess zur Unterstützung eines koordinierten Managements von Wasserressourcen zur Maximierung der ökonomischen und gesellschaftlichen Wohlfahrt, ohne dabei ökologische Beeinträchtigungen hervorzurufen [GWP, 2000]. Das Bundesministerium für Bildung und Forschung (BMBF) fördert derzeit verschiedene IWRM-Projekte, insbesondere im Nahen Osten, Afrika sowie in Asien, eines davon seit 2008 auf der indonesischen Insel Java. Modellregion ist der insbesondere während der Trockenzeit, von akutem Wassermangel betroffene Distrikt Gunung Kidul. Zurückzuführen sind die Probleme hinsichtlich Wasserquantität und -qualität auf ein mangelndes Trinkwasserversorgungs- und Verteilungssystems sowie ein mangelndes Abwasserentsorgungssystem. Besonders betroffen ist die im Süden liegende ländliche Region Gunung Sewu, die als Karstgebiet über keine wasserspeichernden Bodenschichten verfügt. Die Nutzung der vorhandenen unterirdischen Wasserressourcen (Karsthöhlensystem) erfolgt derzeit vorrangig über mit Dieselaggregaten betriebene Pumpsysteme. Aufgrund ihrer hohen Ausfallraten und hohen Energiekosten können diese Systeme keine ausreichende Wasserversorgung der Region gewährleisten. Ziel des IWRM-Projekts ist es durch eine verbesserte Wasserquantität und -qualität eine Verbesserung der Lebensbedingungen der Bevölkerung zu bewirken und die Entwicklung der Region voranzutreiben [www.iwrm-indoesien.de, www.hoehlenbewirtschaftung.de].

Kernstück des IWRM ist die Erschließung und Bewirtschaftung unterirdischer Wasserressourcen im Karstgebiet durch Entwicklung und Implementierung zweier neuer Technologien zur Wasserförderung: 1) aus der Karsthöhle Bribin durch ein Sperrwerk und eine Kleinwasserkraftanlage und 2) aus der Karsthöhle Seropan durch eine Holzdruckrohrleitung/Kleinwasserkraftanlage. Die Entwicklung und Errichtung von 1) erfolgte innerhalb eines IWRM-Vorgängerprojekts [www.hoehlenbewirtschaftung.de], die Inbetriebnahme sowie Entwicklung und Implementierung von 2) erfolgt im Rahmen des hier vorgestellten IWRM-Projekts. Entsprechend dem integrierten Ansatz werden hier neben der Erkundung und Bewirtschaftung von Wasserressourcen auch die Bereiche der Wasserverteilung/-aufbereitung und -gütesicherung sowie Abwasser-/Abfallbehandlung betrachtet, entsprechende Konzepte für geeignete Technologien zur Verbesserung und deren Implementierung entwickelt und sozio-ökonomische Studien sowie eine Nachhaltigkeitsbetrachtung durchgeführt. Im Rahmen dieser Nachhaltigkeitsbetrachtung sollen für verschiedene (existierende, geplante und alternative) Technikoptionen der Wasserversorgung und Abwasserentsorgung mit Hilfe des Life Cycle Assessments (LCA) [ISO 14040/14044:2006] und des Life Cycle Costings (LCC) quantitative Indikatoren/Kriterien zur Beschreibung der ökologischen und ökonomischen Aspekte des Systems ermittelt werden. Die Mehrzahl der sozialen Aspekte, wie beispielsweise verbesserte Lebensbedingungen, infolge verbesserter Wasserqualität und -quantität oder auch politische Ziele (Entwicklungsprogramme der Region, Wertmaßstäbe) lassen sich zumeist nur qualitativ beschreiben. Für eine gesamtheitliche Beurteilung der durch das IWRM-Projekt angestrebten bzw. erreichten ökologischen, ökonomischen und sozialen Nachhaltigkeit ist damit eine Verknüpfung qualitativer mit quantitativen Indikatoren erforderlich. Methodische Überlegungen hierzu werden im Folgenden vorgestellt.

2 Methodisches Vorgehen

Im Rahmen der Analyse sollen quantitative Indikatoren ermittelt (vgl. 2.1), qualitative Indikatoren zusammengestellt und beide miteinander verknüpft werden (vgl. 2.2). Unter den Begriffen quantitative und qualitative Indikatoren bzw. Kriterien zur Nachhaltigkeitsbewertung wird hier Folgendes verstanden:

Quantitative Indikatoren:

- Die im Rahmen der Analyse erfassten Aspekte können mit Zahlen beschrieben und direkt auf den Output des Prozessmoduls bezogen werden (z.B. Energieverbrauch oder Arbeitskosten pro funktionelle Einheit).
- Ermittlung durch LCA und LCC zur Beschreibung der mit den einzelnen Technikoptionen verbundenen ökologischen und ökonomischen Aspekte.

Qualitative Indikatoren:

- Die im Rahmen der Analyse erfassten Aspekte werden in Textform beschrieben. Beschreibung der gegebenen und zu erwartenden sozialen (sozio-ökonomischen) Aspekte im Untersuchungsgebiet in Folge des IWRM-Projekts.
- Die Zusammenstellung erfolgt auf Grundlage begleitender sozio-ökonomischer Studien, z.B. [IfG 2004] und unter Beachtung der regionalen (und nationalen, internationalen) Entwicklungsprogramme.

2.1 Ermittlung quantitativer Indikatoren zur Nachhaltigkeitsbetrachtung – LCA & LCC

Mit Hilfe der LCA und LCC werden ökologische und ökonomische Aspekte einzelner Technikoptionen im Bereich der Wasserver- und Abwasserentsorgung betrachtet. Eine Übersicht zu existierenden und geplanten Optionen zeigt Tabelle 1.

Tab. 1: Übersicht zum Wasserver- und Abwasserentsorgungssystem in Gunung Sewu (Distrikt Gunung Kidul) im Rahmen des IWRM-Projekts

Wassergewinnung	▪ Regenwasserzisternen ▪ Karsthöhle (Höhle Bribin: Wehr, Dieselpumpe) ▪ Tanker IWRM-Technologien ▪ Karsthöhle (Bribin: Sperrwerk/Kleinwasserkraftanlage) (voraussichtl. in Betrieb ab 03/2010) ▪ Karsthöhle (Seropan: Holzdruckrohrleitung/Kleinwasserkraftanlage)[1] (in Planung)
Wasserverteilung/ Speicherung	▪ Rohrleitungsnetz, Reservoire ▪ Tanker, Regenwasserzisternen.
(Trink)Wasser-aufbereitung	▪ dezentral: Abkochen IWRM-Technologien (geplant) ▪ halbdezentral: UV, Ultra- bzw. mechanische Filtration, Chlor ▪ zentral: (nach Hochspeicher): Enthärtung und Filtration
Abwasser-behandlung/ -entsorgung	▪ Versickerung ohne Behandlung (Grubenlatrinen) IWRM-Technologien (geplant) ▪ septic tanks ▪ dezentrale/zentrale Aufbereitung, ggf. Anaerobbehandlung

[1] Das geförderte Wasser aus der Seropan-Karsthöhle dient nicht zur Wasserversorgung der Gunung Sewu. Da es hier um einen Vergleich prinzipiell geeigneter Technologien zur Wasserförderung in Karstgebieten geht, wird diese Technologie entsprechend mit modelliert.

Das Untersuchungsgebiet für die Modellierung der Wasserversorgungs- und Abwasserentsorgungsoptionen ist das Gebiet mit derzeitigen Anschluss an die Wasserversorgung aus der Karsthöhle Bribin („Bribin-System“). Beide Technolgien ermöglichen eine Versorgung der Bevölkerung (etwa 85.000 EW) mit mindestens 50 l Wasser pro Person und

Tag. Diese Wassermenge entspricht dem von der WHO angegebenen Richtwert zur Gewährleistung einer durchschnittlichen Wasserversorgung [Howard 2003] und wird für die Modellierung als Referenzflussfluss gewählt. Funktionelle Einheit ist dann die Bereitstellung von 50 l Trinkwasser pro Person und Tag und anschließende Entsorgung des anfallenden Abwassers. Modelliert werden alle Prozesse ausgehend von Wasserförderung bis Abwasserentsorgung und sämtliche zugehörige Vorprozesse, wie z.B. Materialien zur Errichtung des Bauwerks, Rohrleitungen usw. Abbildung 1 zeigt vereinfacht die betrachtete Wasserbereitstellungskette zur Modellierung verschiedener Technikoptionen der Wasserver- und Abwasserentsorgung.

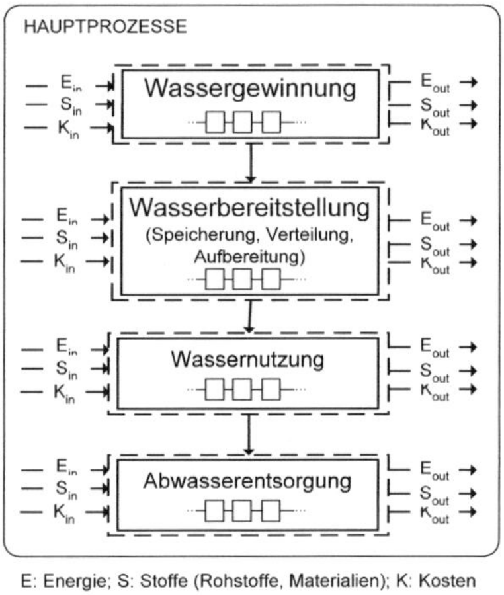

Abb. 1: Produktsystem Wasserversorgung bis Abwasserentsorgung

Ziel der Systembeschreibung ist zum einen eine Nachhaltigkeitsbetrachtung, zum anderen die Erarbeitung von Empfehlungen für Technologieoptionen insbesondere in Hinblick auf die im IWRM-Projekt angestrebte Übertragbarkeit der Technologien auf andere vergleichbare Karstregionen.

2.2 Zusammenführung qualitativer und quantitativer Indikatoren

Bei der Nachhaltigkeitsbetrachtung spielen neben ökonomischen und ökologischen Aspekten insbesondere soziale Aspekte und institutionelle und politische Rahmenbedingungen eine entscheidende Rolle. Eine Definition sozialer Aspekte beschreibt diese als „Konsequenzen sozialer Interaktionen im Kontext einer Aktivität“ (UNEP 2009). Im Zusammenhang mit dem IWRM-Projekt sind hierbei u.a. folgende Fragen zu berücksichtigen:

- Was sind die Interessen der Stakeholder (z.B. Institutionen, Wassernutzer) Welche Technikoptionen werden präferiert?
- Was ist erforderlich, damit das System um eine Technikoption *nachhaltig* funktioniert? Beispielsweise wird es ohne eine Sanierung des Leitungsnetzes auch weiterhin trotz erhöhter Wassermenge zu regionalen Unterschieden in der Wasserversorgung kommen. Des Weiteren erfordern die zu erwartenden steigenden Wassernutzungsmengen ein angepasstes Abwasserentsorgungssystem. Die Umsetzung beider und das entsprechende Bewusstsein hierfür – insbesondere bei den entsprechenden regionalen Institutionen – sind von entscheidender Bedeutung bei der Beurteilung der Nachhaltigkeit der betrachteten Systeme.

Einige Beispiele für quantitative und qualitative Indikatoren zur Bewertung der Wasserversorgungssysteme innerhalb des IWRM-Projekts gibt Tabelle 2.

Tab. 2: Beispiele für quantitative und qualitative Indikatoren/Kriterien zu Bewertung von Technikoptionen - Bsp. Wasserversorgung aus der Karsthöhle Bribin (Sperrwerk/ Kleinwasserkraftanlage) (vgl. auch IfG 2004)

Quantitative Indikatoren	**Qualitative Indikatoren**
aus LCA	**aus sozio-ökonomischen Studien oder regionalen Entwicklungszielen**
Material- und Energieverbräuche zur Errichtung des Sperrwerks	Stakeholder-Bevölkerung
Material- und Energieverbräuche zum Betrieb der Kleinwasserkraftanlage	Verbesserte Lebensbedingungen durch verbesserten Zugang zu Trinkwasser, durch eine ganzjährig konstante Wasserversorgung
Emissionen aus Errichtung und Betrieb	Akzeptanz (im Gegensatz zu Regenwasser muss für Leitungswasser gezahlt werden, Geschmack von Regenwasser wird bevorzugt)
Anzahl geschaffener Arbeitsplätze	Abhängigkeit von einem Wasserversorger
	Stakeholder-Institutionen
	Vorgeschriebene Mindestabnahmemenge
	Förderung der Zusammenarbeit mit der deutscher Wirtschaft
aus LCC	Stakeholder-Gesellschaft
Kosten (Planung, Material, Personal,) zur Errichtung des Sperrwerks,	Entwicklung der Region (mehr Landwirtschaft, mehr Tourismus infolge höherer Wassermenge)
Betriebs- und Wartungskosten	ggf. neue Arbeitsplätze durch Wasser-aufbereitungs-/ Abwasserbehandlungs-technolgien
Erlöse	
Dauer bis zur Amortisation	

Im besten Fall unterstützen sich die quantitativen Indikatoren (aus LCA, LCC) und die qualitativen Indikatoren (z.B. aus Wertvorstellungen der Stakeholder) und eine Technikoption/ein System kann als nachhaltig oder zumindest als die nachhaltigste der betrachteten Optionen identifiziert werden. Wahrscheinlicher sind jedoch konträre Prioritäten. Im Rahmen der Zusammenführung der Indikatoren soll daher zunächst der Grad der Übereinstimmung zwischen den Indikatoren (der einzelnen Optionen) ermittelt und anschließend verschiedene Methoden zur Verknüpfung der Indikatoren betrachtet werden durch z.B.:

- Überführung von qualitativen in (semi-)quantitative Indikatoren:

  z.B. durch Kategorisierung von qualitativen Indikatoren in ein Skalensystem ggf. auch in eine ja/nein Form, Rangfolgenbildung und Gewichtung in Abhängigkeit der jeweiligen Stakeholder

- Zusammenführung der quantitativen und qualitativen Indikatoren:

  z.B. Untersuchung verallgemeinerungsfähiger Aspekte und Clusterbildung, ggf. Bestimmung von ökologischen /ökonomischen break-even-points.

3 Zusammenfassung – Fragestellungen

Bei der Auswahl eines optimalen Wasserversorgungs- und Abwasserentsorgungssystems sollte naturgemäß das im Hinblick auf ökologische, ökonomische und gesellschaftliche Aspekte optimale System ausgewählt werden. Herausforderung ist hierbei neben der Ermittlung der jeweiligen Aspekte, deren Verknüpfung für eine angestrebte Gesamtaussage. Wie bewertet man also zwei Systeme (oder im engeren Sinne Technikoptionen) in Hinblick auf deren Nachhaltigkeit, wenn System/Option A bspw. höhere ökonomische Aufwendungen und negative ökologische Aspekte aufweist als System B, auf der anderen Seite aber zu einer Verbesserung der Lebensqualität (individuelle soziale Aspekte) durch verbesserte Wasserversorgung (Qualität und Quantität) führt? Und (wie) kann diese Verbesserung (individueller Nutzengewinn?) bspw. mit einer Verschlechterung der Umweltbelastungssituation und der ökonomischen Situation in System A (verglichen mit System B) aufgewogen werden?

Weitere Herausforderungen sind:

- Berücksichtigung ökonomischer, demografischer und politischer Entwicklungen und ökologischer Auswirkungen infolge einer verbesserten Wasserversorgung und deren Einfluss auf die Funktionsfähigkeit des Wasserversorgungs- und Abwasserentsorgungssystems. Da LCA und LCC jeweils nur einen Ist-Zustand angeben, kann dies nur durch entsprechende Szenarienentwicklung und Modellierung erfolgen.

- Wie geht man mit eine möglicherweise erforderlichen Rangfolgenbildung und Gewichtung um und wie können die Stakeholder involviert werden?

Referenzen

[ISO 14040:2006] Umweltmanagement – Ökobilanz – Grundsätze und Rahmenbedingungen (2006)

[ISO 14044:2006] Umweltmanagement – Ökobilanz – Anforderungen und Anleitungen (2006)

[GWP 2000] Global Water Partnership. Integrated water resources management. (TAC background paper; no. 4). Stockholm, Sweden (2000). Verfügbar auf: http://www.gwpforum.org/gwp/library/Tacno4.pdf (Download: 21 September 2009)

[Howard 2003] Howard, G.; Bartram, J.: Domestic Water Quantity, Service Level and Health. World Health Organization (Hrsg.); Genf (2003)

[IfG 2004] Instituts für Geografie, Universität Gießen: Sozioökonomische Analyse der potenziellen Wassernutzer. Teilprojekt 6 im Verbundprojekt: Erschließung und Bewirtschaftung unterirdischer Karstfließgewässer in Mitteljava, Indonesien. Abschlussbericht. Gießen (2004) Verfügbar auf: http://www.hoehlenbewirtschaftung.de

[UNEP 2009] UNEP/SETAC Life Cycle Initiative: Guidelines for Social Life Cycle Assessment of Products. UNEP, CIRAIG, FAQDD and Belgium Federal Public Planning Service Sustainable Development (2009)

Biologische Vielfalt in Ökobilanzen – vom Konzept zur Umsetzung

Barbara Urban, Institut für Umweltplanung der Leibniz Universität Hannover sowie Institut für Agrartechnologie und Biosystemtechnik des Johann-Heinrich von Thünen-Instituts, Braunschweig

1 Einführung: Biodiversität in Ökobilanzen

Der Anbau von Energiepflanzen ist aus Klimaschutzgründen erwünscht. Zahlreiche Ökobilanzen befassen sich mit den Auswirkungen der Biomasseprodukte auf die Umwelt. Die vielfach kritisch diskutierten Wirkungen auf die biologische Vielfalt durch den intensiven Anbau der Energiepflanzen fehlen in diesen Bilanzen jedoch weitgehend. Eine Literaturstudie zu diesem Themenfeld ergab zwar einige erfolgversprechende Ansätze, aber bisher noch keine anerkannte Methodik für diesen Umweltaspekt (Urban et al. 2007).

Als geeignete Wirkungskategorie für die Bewertung von Landnutzungen wird vorwiegend die Kategorie „land use“ genannt. Eine zunehmende Anzahl von Publikationen beschäftigt sich in den letzten Jahren mit dieser Wirkungskategorie in Ökobilanzen, wobei neben anderen Auswirkungen auch die biologische Vielfalt diskutiert wird. In einem Themenheft „land use“ des International Journal of Life Cycle Assessment werden „Key elements in a framework for land use impact assessment within LCA“ vorgestellt (Milà i Canals et al. 2007). Seit 2008 befasst sich eine Arbeitsgruppe der UNEP/SETAC Life Cycle Initiative mit Charakterisierungsfaktoren für Landnutzungsauswirkungen auf die Biodiversität, die auf dem Ansatz von Koellner (2003) aufbauen. Der Ansatz bezieht sich jedoch auf Flächennutzungen ganz allgemein und ist speziell für landwirtschaftliche Auswirkungen zu unscharf. Außerdem fehlen die für Biodiversitätsbewertungen wichtigen räumlichen Ebenen der Landschaft und der Umgebung der Nutzflächen.

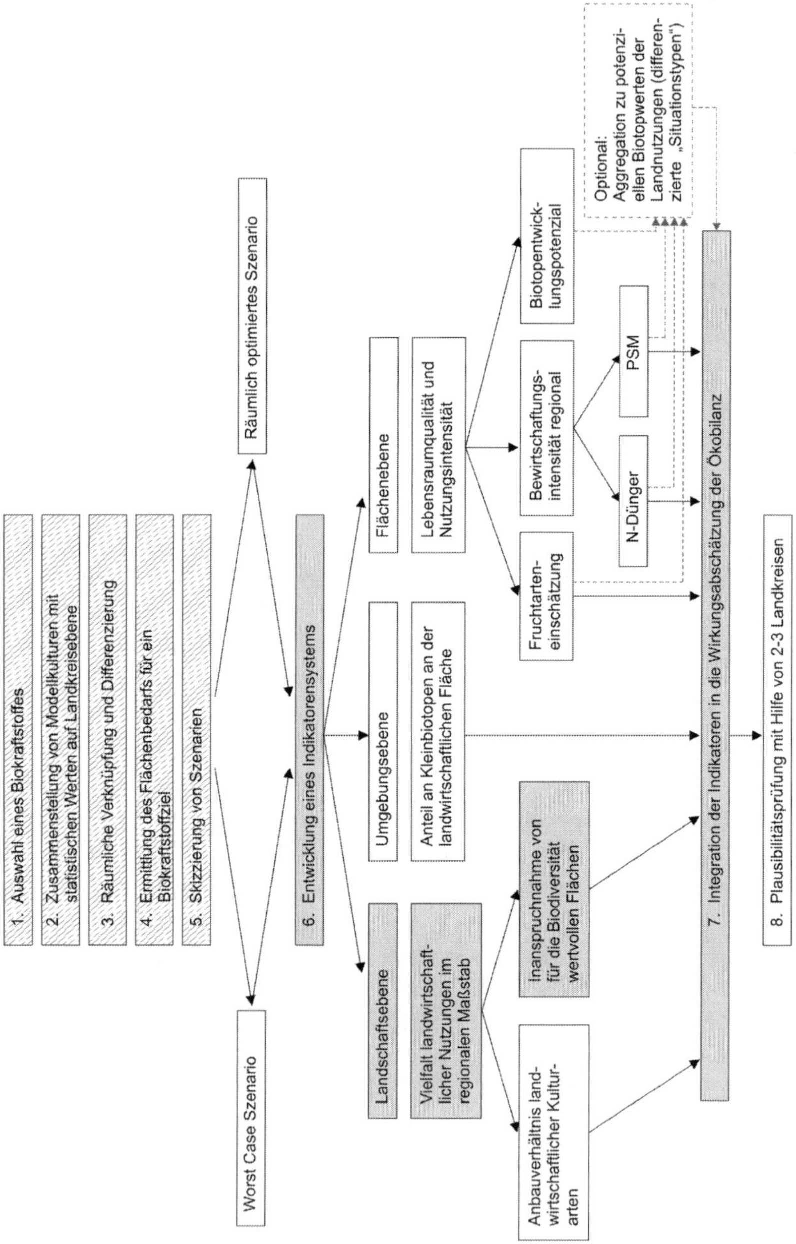

Abb. 1: Konzept nach Urban et al. (2008) (PSM = Pflanzenschutzmittel)

2 Überblick über das Konzept

2.1 Themenkonkretisierung

Das erwähnte methodische Defizit war Ausgangspunkt für das von der Deutschen Forschungsgemeinschaft (DFG) geförderte Forschungsvorhaben „Entwicklung einer Methode zur Bewertung der Arten- und Biotopvielfalt in Ökobilanzen am Beispiel biogener Kraftstoffe". Um diese Aufgabe zu gestalten, wurden u. a. die in der folgenden Tabelle zusammengefassten Konkretisierungen vorgenommen.

Tab. 1: Themenkonkretisierung

	behandeltes Thema	**nicht behandelt**
Raum	Deutschland	weltweite Auswirkungen
Wirkungskategorie der Ökobilanz	„land use" – Teilaspekt Arten und Biotope	andere Aspekte von „land use", wie z. B. Bodenauswirkungen, und andere Wirkungskategorien, wie z.B. Ozonabbau, einschließlich deren Folgewirkungen auf die Arten- und Biotopvielfalt
Phasen des Produktlebenszyklus	Anbau von Biomasse	andere Lebenswegphasen wie z.B. Gebrauch der Kraftstoffe
Biodiversität	potenzielle Vielfalt von Arten und Biotopen der Agrarlandschaft	genetische Vielfalt, Untersuchungen von Einzelarten oder -flächen

2.2 Integration umweltplanerischer Arbeitsweisen in die Ökobilanz

Die Abbildung 1 zeigt das im Forschungsvorhaben entwickelte Konzept (Urban et al. 2008) im Überblick; auf die grau unterlegten Punkte wird im Vortrag näher eingegangen. Die Konzeptentwicklung erfolgte durch eine methodische Verbindung der Ökobilanz mit räumlichen Methoden der Umweltplanung. Der Einsatzbereich erstreckt sich nicht auf die landwirtschaftliche Betriebsebene, sondern bezieht sich auf Entscheidungsunterstützung auf Bundesebene. Entscheidend ist der Bezug zu den Landkreisen Deutschlands als räumlich differenzierten Bewertungsobjekten (für diese Ebene liegen statistische Daten vor). Dadurch wird eine regional differenzierte Wirkungsabschätzung auf der Grundlage agrarstatistischer Daten möglich, da diese mit Hilfe eines geografischen Informationssystems (GIS) mit Biodiversitätsindikatoren verknüpft werden. Der entstandene Methodenansatz unterscheidet sich insbesondere dadurch von bisher veröffentlichten Arbeiten zum Thema, indem er

- die für Biodiversitätsbewertungen zwingend notwendigen räumlichen Differenzierungen vornimmt (keine nationalen Durchschnittswerte) und
- dennoch die für Ökobilanzen erwünschten Aussagen auf nationaler Ebene ermöglicht (nicht nur Aussagen auf Betriebsebene bzw. für Einzelflächen) sowie
- dabei Bewertungen auf der Landschafts- und Umgebungsebene einbezieht (nicht nur Wirkungen auf den Nutzflächen selbst).

3 Umsetzung

Im Folgenden wird die Umsetzung des Konzepts erläutert, wobei beispielhaft die Umsetzung des Indikators „Inanspruchnahme von für die Biodiversität wertvollen Flächen“ angeführt wird.

3.1 Auswahl eines Biokraftstoffes

In einem ersten Schritt ist der zu bilanzierende Biokraftstoff auszuwählen. Im Forschungsvorhaben erfolgt die exemplarische Umsetzung des neuen Konzepts anhand des Kraftstoffs Ethanol aus Weizen. Die Auswirkungen des Anbaus für diesen Biokraftstoff auf die Biodiversität sollen abgeschätzt werden.

3.2 Zusammenstellung von Modellkulturen mit statistischen Werten auf Landkreisebene

Für alle Hauptackernutzungen und Grünland werden für sämtliche Landkreise Deutschlands Modellkulturen zusammengestellt. Diese repräsentieren mit landkreisspezifischen Durchschnittswerten die Eigenschaften der typischen (Weizen-, Gerste- usw.) Kulturen für den jeweiligen Landkreis. Die Modellkulturen werden für alle landwirtschaftlichen Hauptnutzungen – nicht nur für Weizen – benötigt, um Auswirkungen von Verschiebungen zwischen den Kulturen im Indikatorensystem abbilden zu können.

3.3 Räumliche Verknüpfung und Differenzierung

Um die gewünschte räumlich differenzierte Bearbeitung zu ermöglichen, werden die genannten Agrardaten zunächst im GIS mit den räumlichen Daten der Verwaltungsgrenzen der Landkreise verbunden. Weiterhin wird die entstandene Karte mit den bundesweiten Daten zur Landnutzung von Corine Landcover (Satellitendaten) verknüpft, um verschiedene landwirtschaftliche Nutzungen räumlich abgrenzen zu können. Je nach Bedarf im Indikatorensystem können weitere räumliche Abgrenzungen oder Raumtypisierungen vorgenommen werden.

3.4 Ermittlung des Flächenbedarfs für ein Biokraftstoffziel

Als Beispiel dient ein Biokraftstoffziel von 5,75 % Anteil Bioethanol am Benzinabsatz in Deutschland. Zum Erreichen dieses Ziels werden 1,8 Mio t Bioethanol benötigt, das entspricht einem Flächenbedarf von ca. 1 Mio ha (ca. 6 % der landwirtschaftlich genutzten Fläche Deutschlands).

3.5 Skizzierung von Szenarien

Um die Wirkungen auf die Biodiversität durch den Anbau in dem genannten Flächenumfang abschätzen zu können, werden zwei unterschiedliche raumbezogene Szenarien entworfen. Dabei erfolgt die angenommene Verteilung der zusätzlichen Weizenflächen grob zusammengefasst u. a. nach folgenden Kriterien: bisheriger Weizenanteil, Flächenverschiebungen innerhalb der Landkreise je nach Flächenpotenzial, Verdrängung von Grünland und Brachen, Belegung von wertvollen Bereichen.

In einem Szenario „räumlich optimiert" wird z. B. auf großflächigen Grünlandumbruch verzichtet und die benötigten Flächen werden, soweit das auf dieser Maßstabsebene möglich ist, räumlich optimiert verteilt. In einem „Worst Case" Szenario werden dagegen die zusätzlichen Flächen mit einer für die biologische Vielfalt ungünstigen Flächenauswahl vergeben.

3.6 Entwicklung eines Indikatorensystems

Von dem zusätzlichen Anbau können verschiedene potenzielle Wirkungen auf die biologische Vielfalt ausgehen. Das entwickelte Indikatorensystem soll diese abbilden (vgl. Abb.). Eine gravierende Auswirkung ist die Inanspruchnahme von für die Biodiversität wertvollen Flächen. Denn hier wird nicht nur ohnehin intensive Landwirtschaft modifiziert, sondern die Wirkung des Biomasseanbaus erstreckt sich auf Flächen mit hoher Lebensraumqualität. Um naturschutzfachlich wertvolle Agrarflächen zu identifizieren, wird der „High nature value farmland-Indikator" (HNV-Indikator) diskutiert und entwickelt (European Environment Agency 2004). In Anlehnung an diesen Indikator werden die folgenden Flächen als „für die Biodiversität wertvolle Flächen" definiert:

- Corine Landcover Klasse „Komplexe Parzellenstrukturen"
- Corine Landcover Klasse „Landwirtschaft mit natürlicher Bodenbedeckung"
- Natura 2000 Flächen, die innerhalb der landwirtschaftlichen Fläche liegen

Diese empfindlichen Bereiche werden im räumlich optimierten Szenario nicht belegt, während sie im Worst Case Szenario sogar bevorzugt belegt werden (im Rahmen von

Flächenverschiebungen auf Landkreisebene). Der Indikator bildet diese unterschiedliche Beanspruchung ab. Durch die Berechnung und kartografische Darstellung dieser beiden Möglichkeiten wird der Rahmen aufgespannt, in dem sich die Realität bewegen würde.

3.7 Integration der Indikatoren in die Wirkungsabschätzung der Ökobilanz

Im Ergebnis liegen für alle Landkreise die Indikatorenergebnisse für den Ausgangszustand und im Vergleich der Szenarien vor. Durch den Bezug zu der zusätzlichen Weizenfläche, die für die Veränderung ursächlich ist, ist eine Umrechnung auf einen hektar-bezogenen Wert möglich. Pro Hektar angebauten Weizens für Ethanol verschlechtert sich z. B. im Worst Case Szenario unter den gegebenen Annahmen der Indikatorwert um einen bestimmten Betrag.

Viele Ökobilanzen verwenden als funktionelle Einheit einfach einen Hektar landwirtschaftliche Fläche, so dass die Resultate direkt als Werte pro Hektar verwendbar wären. Eine Umrechnung auf andere Bezugspunkte, z. B. Personenkilometer pro Hektar ist unproblematisch möglich.

Abschließend ist anzumerken, dass am Ende des Forschungsprojekts eine kritische Einschätzung der Tragfähigkeit und Grenzen des entwickelten Konzepts für die Abbildung von Biodiversitätswirkungen stehen soll.

Referenzen

[European Environment Agency 2004] European Environment Agency: High nature value farmland. Report (2004).

[Koellner 2003] Koellner, T.: Land Use in Product Life Cycles and Ecosystem Quality. European University Studies, Series V Economics and Management, 3012. Peter Lang, Bern, Berlin, Brüssel (2003).

[Milà i Canals et al. 2007] Milà i Canals, L. et al.: Key elements in a framework for land use impact assessment within LCA. Int. J. LCA 12 (1): 5-15.

[Urban et al. 2007] Urban, B. et al.: Analyse der Ökobilanz als Methode zur Beurteilung von Auswirkungen des landwirtschaftlichen Anbaus für Biokraftstoffe auf die Biodiversität. Landbauforschung Völkenrode 57 (4): 419-427

[Urban et al. 2008] Urban, B. et al.: Biologische Vielfalt in Ökobilanzen. Konzept für eine methodische Integration am Beispiel biogener Kraftstoffe. Naturschutz und Landschaftsplanung 40 (12): 409-414.

Entwicklung eines Verfahrens zur ökobilanziellen Bewertung von Adaptationsmaßnahmen an den Klimawandel

Sebastian Schmuck, Universität Duisburg-Essen, Fachgebiet Siedlungswasser- und Abfallwirtschaft

1 Motivation

Im Rahmen des vom BMBF geförderten Projekts „ Dynamische Anpassung regionaler Planungs- und Entwicklungsprozesse an die Auswirkungen des Klimawandels am Beispiel der Emscher-Lippe-Region" (Nördliches Ruhrgebiet) [*DynAKlim*] soll ein neuartiges ökobilanzielles Bewertungsverfahren für Adaptationsmaßnahmen erarbeitet werden. Heute werden Maßnahmen im Bereich der Oberflächenbewirtschaftung und der Siedlungsentwässerung fast ausschließlich auf Basis einer Kosten-Nutzen-Analyse ausgewählt. Dies gewährleistet zwar die kostengünstigste Lösung eines Problems, vernachlässigt aber die Umwelteffekte dieser Maßnahme. Diese können durch den Verbrauch von Ressourcen oder Emissionen von Schadstoffen bedingt sein. Ein primäres Ziel des *DynAKlim*-Projektes ist der nachhaltige Umgang mit den prognostizierten Auswirkungen des Klimawandels. Daraus resultiert die Notwendigkeit der Bewertung der Nachhaltigkeit der Adaptationsmaßnahmen und Maßnahmenpakete durch das Instrument der Ökobilanz. Ziel ist die Anpassung des in DIN EN ISO 14040ff festgelegten Verfahrens zur Durchführung von Ökobilanzen, so dass Maßnahmen und Maßnahmenpakete, die zur Adaptation an den Klimawandel getroffen werden, bewertet werden können [Schubert, 2006].

2 Aufbau eines Bewertungssystems für Adaptationsmaßnahmen an den Klimawandel

Durch die Verabschiedung und Unterzeichnung der völkerrechtlich bindenden Klimarahmenvereinbarung der Konferenz von Kyoto 1992 soll die schädliche Veränderung des Klimas durch Treibhausgase verhindert werden. In einem weiteren Schritt sind

Reduktionsziele vereinbart worden, welche bis 2012 umgesetzt werden sollen. Um einen weltweit einheitlichen Maßstab für die Bewertung von klimaschädlichen Emissionen zu haben, wurde 1992 die „United Nation Framework Connection on Climate Change“ gegründet, welche Rahmenbedingungen für die Bilanzierung von CO_2-Emissionen in den Richtlinien des „Intergovernmental Panel on Climate Change (IPCC)“ erarbeitet hat. Diese befassen sich mit den bekannten Themenfeldern der Energieerzeugung und -nutzung sowie auch dem Bereich der Abwasserreinigung. In den IPCC-Guidelines sind Emissionen von Abwasserbehandlungsanlagen explizit erwähnt, um deren Auswirkungen auf das Klima mit in die nationalen Bilanzierungsräume aufzunehmen. Maßnahmen zur Niederschlagswasserbehandlung und Mischwasserbehandlung finden hierin keine Beachtung. Mittels des neuartigen Ansatzes soll es ermöglicht werden die Niederschlagswasser- und Mischwasserbehandlungsverfahren im Hinblick auf die Bilanzierung der CO_2-Emissionen zu bewerten. Dazu dient die Norm DIN EN ISO 14042 (Wirkungsabschätzung) als Leitfaden für die weitere Auswahl von Wirkungskategorien, Wirkungsindikatoren und Charakterisierungsmodellen. So beschreibt die Norm anhand der Versauerung das Konzept der Wirkungsindikatoren und anhand der Wirkungskategorie Klimaänderung, die in der internationalen Norm verwandten Begriffe. Eine Wahl bestimmter Wirkungskategorien, Wirkungsindikatoren und Charakterisierungsmodelle wird durch die Norm nicht vorgegeben [Schubert, 2006]. Durch die Internationalisierung der Bewertungsverfahren scheint es notwendig, die Auswahl der Wirkungskategorien auf ein breites Fundament zu stellen. Hierzu erfolgt im ersten Schritt der Vergleich der bisher gewählten Wirkungskategorien. Die Zusammenstellung von Wirkungskategorien verschiedener Institutionen erfolgt in Tabelle 1.

Tab. 1: Wirkungskategorien unterschiedlicher Institutionen [Lundie 1999]

Wirkungskategorie	ISO	DIN	SETAC	CML	UBA	Enquete	Nordic
Rohstoffverbrauch	+	+	+	+	+	+	+
Treibhauseffekt	+	+	+	+	+	+	+
Ozonabbau	+	+	+	+	+	+	+
Photooxidantienbildung	+	+	+	+	+	+	+
Versauerung	+	+	+	+	+	+	+
Eutrophierung	+	+	+	+	+	+	+
Humantoxizität	+	+	+	+	+	+	+
Ökotoxizität	+	+	+	+	+	+	+
Landschaftsverbrauch	+	+	+	+	+		+
Verringerung der Artenvielfalt		+					+
Arbeitsschutz			+	+			+
Lärmbelästigung			+	+	+		
Geruchsbelästigung			+	+			

Bei der Bewertung von Adaptationsmaßnahmen an den Klimawandel sind die Auswirkungen einzelner Maßnahmen auf den Treibhauseffekt als maßgebend zu erachten. Durch die Ausarbeitung der Sachbilanz der Adaptationsmaßnahmen werden weitere Wirkungskategorien betrachtet.

2.1 Treibhauseffekt

Das Freisetzen von Treibhausgasen bei der Produktion, der Verarbeitung, dem Transport, dem Einbau, dem Betrieb und der Entsorgung von Produkten, Geräten, usw. bewirkt einen globalen Klimawechsel durch die Erwärmung der Erdatmosphäre. Die Erwärmung ist bedingt durch die Eigenschaft der Treibhausgase, die langwellige Infrarotstrahlung, die die Erde in den Weltraum abstrahlt, aufzuhalten und zur Erde zurück zu reflektieren. Zur Bestimmung der Treibhausgaspotentiale einzelner Adaptionsmaßnahmen ist eine vorherige Gewichtung der Klimaschädlichkeit notwendig. Die Gewichtung der Klimaschädlichkeit ist nicht eindeutig geregelt. Zur besseren Übersicht sind die unterschiedlichen Gewichtungen des Global Warming Potential (GWP) nach IPCC (2007) und UNFCCC (2009) in Tabelle 2 dargestellt. Wie bei CO_2-Bilanzierungen üblich, beträgt der Betrachtungszeitraum 100 Jahre.

Tab. 2: Übersicht Global Warming Potential (100 Jahre)

	Chemische Formel	Mittlere Verweilzeit [a]	UNFCCC	IPCC
Kohlendioxid	CO_2	50-200	1	1
Methan	CH_4	12+-3	21	23
Lachgas	N_2O	120	310	296
Fluorkohlenwasserstoffe und perfluorierte Fluorkohlenwasserstoffe				
HFC-23	CHF_3	264	11700	12000
HFC-32	CH_2F_2	5,6	650	550
HFC-41	CH_3F	3,7	150	
HFC-43-10mee	$C_2H_2F_{10}$	17,1	1300	1500
HFC-125	CH_2HF_5	32,6	2800	3400
HFC-134	$C_2H_2F_4$	10,6	1000	1100
HFC-134a	CH_2FCF_3	14,6	1300	1300
HFC-152a	$C_2H_4F_2$	1,5	140	120
HFC-143	$C_2H_3F_3$	3,8	300	330
HFC-143a	$C_2H_3F_3$	48,3	3800	4300
HFC-227ea	C_3HF_7	36,5	2900	3500
HFC-236fa	C_3H2F_6	209	6300	9400
HFC-245ca	C_3H3F_5	6,6	560	950
Schwefelhexa-fluorid	SF_6	3200	23900	22200
Fluorkohlenstoffe und perfluorierte Fluorkohlenstoffe				
Perfluormethan	CF_4	50000	6500	5700
Perfluorethan	C_2F_6	10000	9200	11900
Perfluorpropan	C_3F_8	2600	7000	10000
Perfluorbutan	C_4F_{10}	2600	7000	9000
Perfluorcyclobutan	c-C_4F_8	3200	8700	8600
Perfluoropentan	C_5F_{12}	4100	7500	8600
Perfluorhexan	C_6F_{14}	3200	7400	8900

2.2 Weitere Wirkungskategorien

Durch die Ausarbeitung der Sachbilanz der Adaptationsmaßnahmen werden weitere Wirkungskategorien betrachtet. Zu Beginn des Projektes sind noch keine umfangreichen Datenbestände erfasst worden, so dass eine Differenzierung erst zu einem späteren

Zeitpunkt erfolgreich sein kann. Es ist geplant folgende Wirkungskategorien mit in den Betrachtungshorizont aufzunehmen:

- Landschaftsverbrauch
- Rohstoffverbrauch, insbesondere Wasserverbrauch

3 Ausblick

Das Markenzeichen des *DynAKlim*-Forschungsvorhabens sind die interdisziplinäre Zusammenarbeit und der Aufbau eines Netzwerkes in der Emscher-Lippe-Region. Aufgabe des Projekts *DynAKlim* ist u.a. dieses Netzwerk regionaler Akteure nachhaltig tragfähig zu machen, damit es den durch DynAKlim initiierten regionalen Anpassungsprozess nach Auslaufen der Förderung durch das BMBF eigenständig weiterführen kann. [DynAKlim, 2009] Daher ist es notwendig, die Partner aktiv an der Erarbeitung der Wirkungskategorien zu beteiligen und deren Bewertung mit einfließen zu lassen. Das Vorgehen sei am Beispiel eines Regenüberlaufbeckens (RÜB) erläutert. Hierzu werden umfangreiche Daten vorhandener Regenüberlaufbecken von Emschergenossenschaft/ Lippeverband (EG/LV) bereitgestellt. Die Projekte der vergangen Jahre werden detailliert betrachtet. Die Datengrundlage für die weiteren Berechnungen bilden die Abrechnungsunterlagen, Kalkulationsgrundlagen, Berechnungen von Transportwegen, der Aushub, etc. Anschließend ist es notwendig, aus den gebauten RÜBs Äquivalenzprozesse zu generieren, die ein typisiertes Regenüberlaufbecken abbilden. Zunächst werden die entstandenen CO_{2e}-Emissionen durch den Bau, Betrieb und der Entsorgung eines typisierten RÜBs bilanziert. In einem zweiten Schritt erfolgt dann die Übertragung auf divergierende RÜBs und ein anschließender Vergleich mit der direkten Bewertung der CO_{2e}-Emissionen des jeweiligen RÜBs. Durch eine detaillierte Sensitivitätsanalyse wird eine Verbesserung des Äquivalenzprozesses erreicht. Weiteres Ziel wird es sein, die Beeinflussbarkeit der einzelnen Prozesse durch die Sensitivitätsbetrachtung aufzuzeigen und Mechanismen zu entwickeln, welche diese minimieren.

Referenzen

[IPCC, 2007] IPCC Fourth Assessment Report: Climate Change 2007 (AR4), Intergovernmental Panel on Climate Change (www.ipcc.ch) (2007)

[Lundie 1999] Lundie, S.: Ökobilanzierung und Entscheidungstheorie. Praxisorientierte Produktbewertung auf der Basis gesellschaftlicher Werterhaltung, Springer Verlag, Berlin (1999)

[Schubert, 2006] Schubert, J.: Aussagefähigkeit von Ökobilanzen Sensitivitätsanalysen der Wirkungsabschätzung im Rahmen der ökologischen Bewertung an Beispielen der Klärschlammentsorgung in Nordrhein-Westfalen, Shaker Verlag, Aachen (2006). ISBN 978-3-8322-5617-3

[UNFCCC, 2009] United Nation Framework Connection on Climate Change (www.unfccc.int) (2009)

[DynAKlim, 2009] www.dynaklim.de

Total Efficiency Control – Ressourceneffiziente Werkzeuge stärken den Werkzeugbau

Kristian Kuhlmann, Werkzeugmaschinenlabor WZL der RWTH Aachen

1 Einleitung

Weltweit stark volatile Energie- und Rohstoffpreise und ein politisch und gesellschaftlich immer mehr an Priorität gewinnendes Umweltbewusstsein lassen das Thema Ressourceneffizienz eine zentrale Rolle in allen Bereichen der Industrie und Politik einnehmen. Auch im produzierenden Gewerbe rücken daher Maßnahmen zum energieeffizienten Umgang mit Ressourcen immer mehr in den Mittelpunkt. Bereits heute machen die Energiekosten einen signifikanten Anteil der gesamten betrieblichen Kosten aus, wobei dieser Anteil aufgrund steigender Preise und der sich zuspitzenden Ressourcenknappheit in Zukunft noch größer ausfallen wird.

Zwar ist dieses Problem in der Branche Werkzeug- und Formenbau sowohl auf Hersteller- als auch auf Anwenderseite schon seit längerem bekannt, es fehlt aber nach wie vor an durchgängigen Konzepten zur systematischen Umsetzung und Einführung energieeffizienter Prozesse sowie Technologien. So verfügt momentan nur rund ein Drittel der Unternehmen über entsprechende Methodiken und Leitfäden, welche bereits auf organisatorischer Ebene die bessere Ausnutzung wertvoller Ressourcen vorantreiben. Nach Schätzungen bestehen daher mittelfristig beim Energieverbrauch in der gesamten industriellen Produktion noch Einsparpotenziale von bis zu 30 %.

Von besonderem Interesse ist dabei gerade bei Werkzeugen und Formen der genaue Ressourcenbedarf, der durch dieses Betriebsmittel im Laufe seines Lebenszyklus ausgeht bzw. verursacht wird. Gerade diese, unter Umständen mit einem signifikanten Einsparungspotenzial versehene Größe ist jedoch im Regelfall nicht bekannt. Daraus resultieren verschiedene Konsequenzen: Auf Anwenderseite lassen sich die gesamten durch den Gebrauch eines Werkzeugs anfallenden Kosten nur ungenau bestimmen. Dadurch sind die Herstellkosten in der industriellen Fertigung für ein Produkt nicht exakt kalkulierbar. Dies erschwert die genaue Preissetzung. Außerdem fehlen seitens der

Hersteller verlässliche Grundlagen für Optimierungsmöglichkeiten im Hinblick auf die Ressourceneffizienz eines Werkzeugs.

Ziel eines Ansatzes zur Bestimmung der Ressourceneffizienz über den Lebenszyklus eines Werkzeugs muss also eine Bilanzierung sein, die die Stellhebel zur Ressourceneffizienz herausstellt.

2 Die Branche Werkzeugbau

Der Werkzeugbau nimmt eine Schlüsselstellung im deutschen verarbeitenden Gewerbe ein. Diese Position resultiert aus der Bedeutung des Werkzeugbaus für die industrielle Wertschöpfungskette in Bezug auf die Faktoren Zeit, Kosten und Qualität. Zum einen beeinflusst der Werkzeugbau maßgeblich die Termintreue der Produktion seiner Kunden: Von der Fertigstellung der Werkzeuge hängt der Startzeitpunkt der Produktion ab, und die Technologie der hergestellten Betriebsmittel beeinflusst erheblich die Rüst- und Zykluszeiten der Produktionsmaschinen. Zum anderen bestimmt der Werkzeugbau die Kosten des Produktes, da die Betriebsmittel in Abhängigkeit der Branche bis zu 30 % der gesamten Produktionskosten ausmachen. Nicht zuletzt hängt die Produktqualität direkt von der Werkzeugqualität ab.

Die deutsche Werkzeugbaubranche ist jedoch durch drei Entwicklungen gefährdet: Werkzeuge als Betriebsmittel sind Investitionsgüter und somit von der aktuellen Konjunkturlage in besonderem Maße betroffen. Verstärkt wird dieses Überangebot an Kapazitäten zur Werkzeugherstellung durch die EU-Osterweiterung und ein steigendes Angebot aus Asien, was zu Preiserosionen führt. Dies wird noch verstärkt durch den Gesamtkostenvorteil in den genannten Regionen, der bei bis zu 31 % in Bezug auf die Kosten eines deutschen Werkzeugbaubetriebs liegt.

In dieser angespannten Wettbewerbssituation müssen sich deutsche Werkzeugbaubetriebe richtig am Markt positionieren, um wettbewerbsfähig zu bleiben und letztendlich das eigene Überleben zu sichern. Die Kostenvorteile der Konkurrenz sind in deutschen Werkzeugbaubetrieben kaum zu minimieren, dementsprechend muss ein Werkzeug aus Deutschland wie bisher allerhöchsten Ansprüchen genügen, um auch weiterhin im Markt erfolgreich zu sein. Ziel für deutsche Betriebe muss es daher sein, von der reinen Produktlösung zur neuartigen Komplettlösung der Kundenprobleme zu gelangen, die die aktuellen Herausforderungen seiner Kunden aufgreift.

TEC ermöglicht es dem deutschen Werkzeugbau, gemeinsam mit seinen Kunden, ein Werkzeug zu konstruieren und herzustellen, das bezogen auf den gesamten Lebenszyklus ressourceneffizient ist. In der Anschaffung teurere Werkzeuge sind dem Kunden über sinkende Betriebskosten und damit einem insgesamt kostengünstigeren Werkzeug zu begründen. Das Thema Ressourceneffizienz kann der Werkzeugbau somit zur eigenen Produktdifferenzierung nutzen und dadurch ein Preispremium erzielen.

3 TEC – Total Efficiency Control für den Werkzeugbau

3.1 Integrierte Lebenszyklusbetrachtung eines Werkzeugs

Der Lebenszyklus eines Werkzeugs kann grob in die Phasen Design, Produktion, Verwendung und Recycling eingeteilt werden. Der Lebenszyklus eines Serienartikels, der mithilfe des Werkzeugs hergestellt wird, kann ebenfalls in die Phasen Design, Produktion, Verwendung und Recycling eingeteilt werden. Bei der Produktion des Serienartikels findet das Werkzeug Verwendung, zu diesem Zeitpunkt treffen sich die beiden Lebenszyklen. Abbildung 1 verdeutlicht diesen Zusammenhang der Schlüsselstellung, den das Werkzeug in der industriellen Wertschöpfungskette einnimmt.

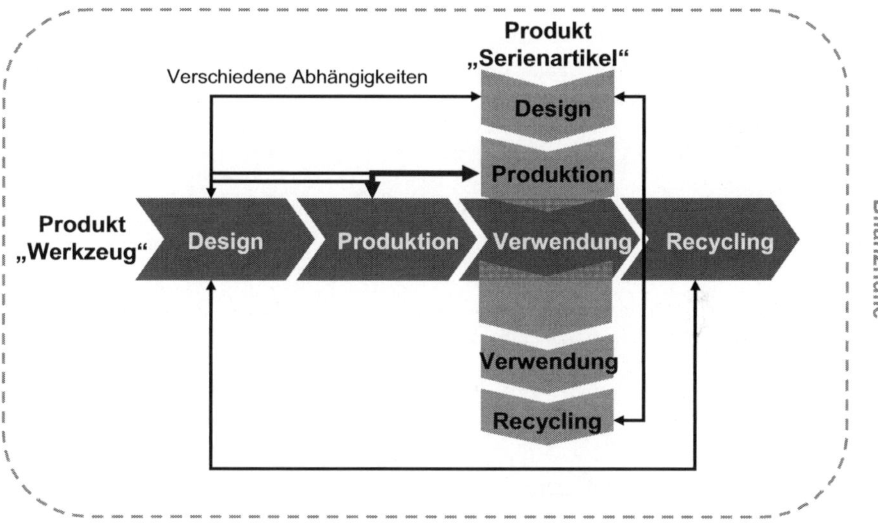

Abb. 1: Integrierte Lebenszyklusbetrachtung eines Werkzeugs

Des Weiteren stellt Abbildung 2 schematisch den großen Hebel dar, den das Werkzeug auf die Ressourceneffizienz in der Produktion des Serienartikels hat. So lässt sich durchaus durch Veränderungen des Werkzeugproduktionsprozesses in Bezug auf Auslegung, Werkstoff oder Fertigungsverfahren eine deutliche Ressourceneinsparung realisieren. Die entscheidende Frage muss jedoch sein, welchen Einfluss eine solche Veränderung auf den Ressourcenbedarf im späteren Einsatz des Werkzeugs haben kann. Dieser wird in jedem Fall deutlich größer sein und sollte somit für einen ganzheitlichen

Optimierungsansatz höher gewichtet werden. Diese Gegebenheiten werden nur bei integrierten Ansätzen zur Ressourceneffizienzbewertung berücksichtigt.

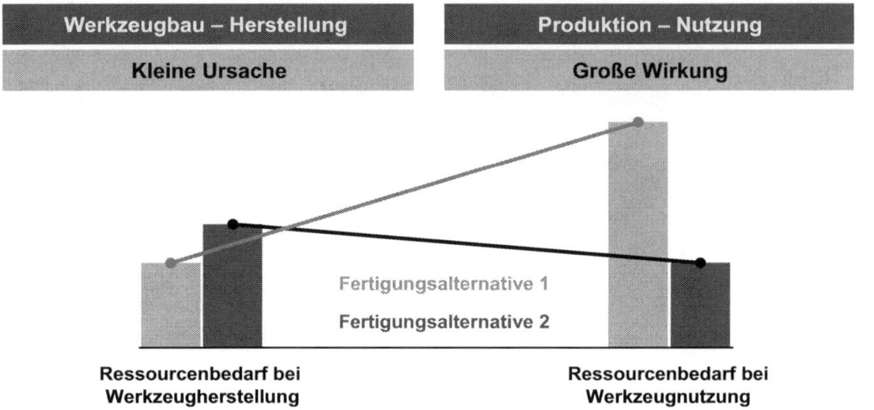

Abb. 2: Einfluss des Werkzeugbaus in Bezug auf Energie- und Ressourcenbedarf des Werkzeugs über den Lebenszyklus

3.2 TEC – Total Efficiency Control

Aktuelle Ansätze zur Bilanzierung von Werkzeugen fokussieren auf die Produktionsphase des Werkzeugs. Die bedeutend längere Phase des Lebenszyklus eines Werkzeugs, die Nutzung sowie das Recycling werden nicht berücksichtigt. Es gibt heutzutage noch keinen Ansatz, der ressourceneffiziente Werkzeuge sowohl für den Werkzeugmacher als auch den Serienartikelproduzenten auslegt.

Im Zuge einer ganzheitlichen Bilanzierung müssen alle Phasen des Lebenszyklus eines Werkzeuges berücksichtigt werden. Außerdem ist der Lebenszyklus des mit dem Werkzeug herzustellenden Serienartikels zu berücksichtigen. Eine Bilanzierung im Sinne von TEC – Total Efficiency Control kann als Bilanzhülle, wie in Abbildung 1 gezeigt, nur eine integrierte Betrachtung beider Lebenszyklen zur Folge haben.

Von einander unabhängige Lebenszyklusbetrachtungen des Produktes „Werkzeug" und des Produktes „Serienartikel" sind nicht in der Lage, das enorme Potenzial aufzuzeigen, was durch die verschiedenen Abhängigkeiten innerhalb der Lebenszyklen besteht. Insbesondere kann eine unabhängige Lebenszyklusbetrachtung des Werkzeugs in Bezug auf die Ressourceneffizienz zur Folge haben, dass Handlungsempfehlungen abgeleitet werden, die die Gesamtressourceneffizienz in Bezug auf Lebenszyklus Werkzeug und Lebenszyklus Serienartikel negativ beeinflussen.

4 Vorgehen zur integrierten Lebenszyklusbetrachtung TEC

Um zu einer integrierten Lebenszyklusbetrachtung von Werkzeug und Serienartikel zu gelangen, ist ein Vorgehen in drei Schritten erforderlich, wie Abbildung 3 verdeutlicht.

Zunächst ist eine genaue Darstellung des Lebenszyklus sowohl von Werkzeug als auch vom Serienartikel erforderlich. Nur wenn beide Lebenszyklen detailliert bekannt sind, ist es überhaupt möglich, eine integrierte Lebenszyklusbetrachtung vorzunehmen. Außerdem sollten verschiedene Produktions- bzw. damit implizit verschiedene Designalternativen bekannt sein, um zu einem späteren Zeitpunkt ein Verbesserungspotenzial ableiten zu können. Dieser Schritt ist bereits abgeschlossen, die verschiedenen Lebenszyklusphasen von Werkzeug und Serienartikel sind bekannt.

Der zweite Schritt befasst sich mit der Darstellung der Abhängigkeiten bzw. Stellhebel, die innerhalb eines Lebenszyklus bzw. zwischen den beiden Lebenszyklen bestehen. Es sind die Stellhebel zu identifizieren, die den größten Einfluss auf die Ressourceneffizienz des Werkzeuges haben. Neben der Darstellung ist auch eine Quantifizierung der Abhängigkeiten erforderlich, um im dritten Schritt die Abhängigkeiten zu einer Berechnungsgrundlage verknüpfen zu können. Zurzeit existieren nur vage Vorstellungen von den verschiedenen Abhängigkeiten. Abhängigkeiten von Design und Produktion innerhalb eines Lebenszyklus sind qualitativ bekannt. Eine quantitative Analyse dieser Abhängigkeiten existiert nicht.

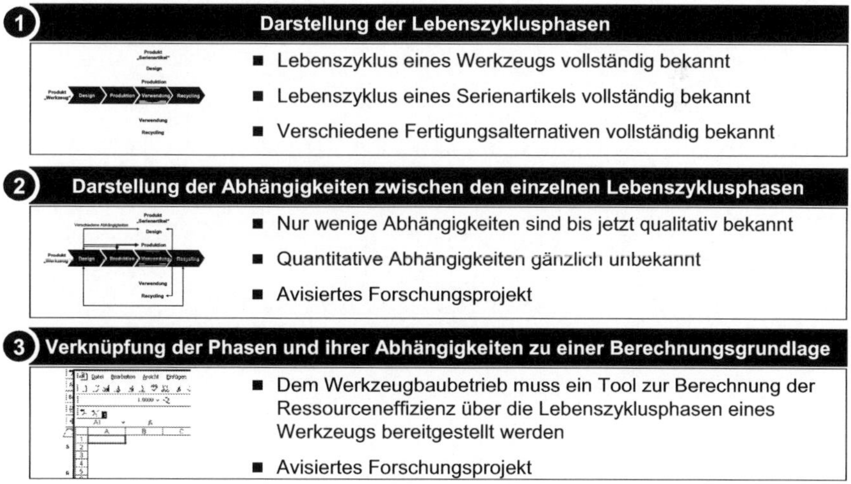

Abb. 3: Drei Schritte zur integrierten Lebenszyklusbetrachtung TEC

Es resultiert im dritten Schritt ein Kennzahlensystem, das es dem Werkzeugbau ermöglicht, ein über den gesamten Lebenszyklus ressourceneffizientes Werkzeug auszulegen. Dieses Kennzahlensystem muss sämtliche Einflussfaktoren für die Ressourceneffizienz eines Werkzeugs erfassen. Die Verrechnung als Kosten muss die Verwendbarkeit für wirtschaftliche Entscheidungsprozesse sicherstellen. Es wird eine transparente Vorgehensweise angestrebt, die es dem Werkzeugbau ermöglicht, gemeinsam mit dem Serienartikelproduzenten effiziente Werkzeuge aber auch effiziente Prozessketten auszulegen, um die Ressourceneffizienz zu gewährleisten. Auch dieses im dritten Schritt zu erarbeitende Kennzahlensystem ist bisher nicht entwickelt.

Das Werkzeugmaschinenlabor WZL der RWTH Aachen arbeitet intensiv an der integrierten Lebenszyklusbetrachtung TEC. Gemeinsam mit Forschungspartnern aus der Industrie sollen die fehlenden Schritte zum TEC-Ansatz erarbeitet werden.

Berücksichtigung der ökologischen Dimension in Investitionsentscheidungen bei Montageanlagen

Timo Fleschutz, Technische Universität Berlin

1 Einleitung

Industrieunternehmen sehen sich heutzutage mit sowohl ökonomischen Herausforderung aufgrund des Kostendrucks durch die Globalisierung und der Verkürzung der Produktlebenszyklen als auch gesellschaftlichen Herausforderungen zur Unterstützung einer nachhaltigen Entwicklung konfrontiert. Bisher erfolgen Investitionsentscheidungen in Betriebsmittel jedoch allein auf Basis ökonomischen Faktoren. Betrachtet man Betriebsmittel bspw. Montageanlagen als Produkt, ergibt sich ein gewaltiges Betätigungsfeld für ökologische Verbesserungen. Bisher beschränken sich Ökobilanzstudien zum einen auf Konsumgüter und zum anderen auf den Herstellungsprozess von Halbzeugen oder Chemikalien. Ökobilanzstudien zu Betriebsmitteln sind bisher kaum veröffentlicht.

Die Branche Montage- und Handhabungstechnik hat im Jahr 2008 einen Umsatz von 5,5 Mrd. Euro, zusammen mit der Branche Robotik von 8,9 Mrd. Euro erzielt und beschäftigt in Deutschland 30.000 Angestellte. Im Vergleich zum Jahr 2004 ist die Branche um ca. 20 % gewachsen [VDMA 2009]. Mittels Economic Input-Output Life Cycle Assessment (EIOLCA) kann man hierfür ein jährliches Treibhauspotential von 2 Mio. Tonnen CO_2-Äqv. abschätzen [EIOLCA 2009]. Dies entspricht eines Teppichs von 3,2 cm Dicke mit einer Fläche etwas größer als Berlin-Brandenburg bzw. Baden-Württemberg oder des CO_2-Ausstoßes von 10 Mrd. Kilometer mit einem durchschnittlichen Otto-PKW.

Im Folgenden werden kurz bestehende ökonomische Entscheidungsverfahren bei der Investitionsentscheidung und der verwendeten ökologischen Bewertungsverfahren beschrieben. Daraufhin werden die Ergebnisse der exemplarischen Analysen vorgestellt. Im Anschluss wird ein Ansatz zur Einbindung ökologischer Kriterien in die Investitionsentscheidung vorgestellt.

2 Ökonomische Bewertungsmethoden bei Investitions-entscheidungen

Gängige finanzwirtschaftliche Bewertungsmethoden unter Risiko sind das Kapitalwertverfahren, die Sensitivitätsanalyse, Simulationen und das Entscheidungsbaumverfahren [Brealey 2003] [Hommel 2003]. Ergänzt werden diese Methoden durch die Bestimmung der Lebenszykluskosten. Der Realoptionenansatz ermöglicht zusätzlich die Bewertung des Einflusses von Entscheidungen während der Laufzeit.

2.1 Kapitalwertmethode

Die Standardverfahren der dynamischen Investitionsrechnung berücksichtigen den Zeitpunkt der Entstehung von Zahlungen und die Zeitpräferenz des Investors mittels einer Diskontierung der zukünftigen Zahlungen mit einem Kalkulationszins [Wöhe 2002]. Zur Bestimmung des Kapitalwerts (engl. Net Present Value) wird die Summe der auf die Gegenwart abgezinsten Zahlungen (engl. Cash Flow) mit dem Kalkulationszins i gebildet. Häufig wird in der Praxis der Zins aus den Kapitalkosten des Unternehmens abgeleitet und spiegelt die Renditeerwartung wieder. Unter Risiko wird der Kapitalwert mit den Erwartungswerten der zukünftigen Zahlungsströme oder der maximalen und minimalen Zahlungsflüsse verwendet.

2.2 Sensitivitätsanalyse / Monte-Carlo-Simulation

Eine Sensitivitätsanalyse dient zur Untersuchung des Einflusses einzelner Parameter auf das Ergebnis beispielweise auf den Kapitalwert. Hierfür wird eine Variable verändert, während die übrigen Einflussgrößen konstant bleiben.

Eine Monte-Carlo-Simulation ist ein stochastischen Verfahren zur empirischen Annäherung einer theoretischen Wahrscheinlichkeitsverteilung durch häufige Zufallsexperimente aller Einflussfaktoren. [Hommel 2003]. Bezogen auf die Bestimmung eines Kapitalwerts werden in einer Vielzahl von Simulationen Ausprägungen der einzelnen Einflussfaktoren entsprechend ihrer Wahrscheinlichkeitsverteilung gezogen und der Kapitalwert bestimmt. Die Verteilung des Kapitalwerts ergibt sich dann aus der Verteilung innerhalb der Simulationen.

2.3 Entscheidungsbaumverfahren

Beim Entscheidungsbaumverfahren werden sequenzielle Entwicklungen und mögliche Entscheidungen in Form eines Baumes aufgebaut. Mittels des sogenannten Rollback-Verfahrens kann der Investitionswert berechnet werden, dafür wird die Entscheidung in eine sofortige Entscheidung und eine Bewertungsfunktion unterteilt. [Pritsch 2000]. Für endlich viele Perioden ist das Problem in der letzten Periode einfach zu lösen. In der vorletzten Periode werden die Werte der letzten Periode für die Bewertungsfunktion genutzt. Somit lässt sich der Baum rekursiv von der letzten bis zu ersten Periode berechnen. Bei Investitionsentscheidungen dient beispielsweise der Kapitalwert oder dessen Erwartungswert als Bewertungsfunktion [Wöhe 2002].

2.4 Lebenszykluskosten

Die VDI-Richtline Beschaffung, Betrieb und Instandhaltung von Produktionsmitteln unter Anwendung von Life Cycle Costing (LCC) [VDI 2884] versteht unter LCC „die „totalen" Kosten, die ein System während seiner Lebensdauer aus Betreibersicht verursacht". Das Ziel der Methode stellt die Optimierung der gesamten Kosten und Erlöse eines Systems und der damit verbundenen Aktivitäten und Prozesse. Die Richtlinie gibt eine achtstufige Methode zur Entscheidungsfindung vor.

2.5 Realoptionen-Ansatz

Als Option wird am Finanzmarkt ein Wertpapier definiert, welches das Recht jedoch nicht die Pflicht verbrieft, ein anderes Wertpapier oder einen Vermögensgegenstand, den sogenannten Basiswert oder Basisobjekt (engl. Underlying), zu definierten Bedingungen zu kaufen (Call-Option) oder verkaufen (Put-Option) [Wöhe 2002]. Unabhängig von der späteren Ausübung der Option muss als Gegenleistung für die Einräumung der Option ein Optionsprämie oder -preis, die dem Marktwert der Option entspricht, gezahlt werden. Der Wert einer Option hängt somit hauptsächlich vom unsicheren Wert des Basiswerts zum möglichen Ausübungszeitpunkt ab. Die Ähnlichkeit von Finanzoptionen und realen Investitionsprojekten beruht auf den drei Eigenschaften: Flexibilität, Unsicherheit und Irreversibilität [Sudhoff 2007]. Der Realoptionenansatz kann für Produkt-, Prozess-, Routing-, Volumen-, Erweiterung-, Produktionsprogramm-, Markt- und Abbruchflexibilität angewandt werden [Bengtsson 2001]. Komplexe Szenarien lassen sich als sequenzielle oder verknüpfte Optionen modellieren.

Es existieren zwei vorherrschende Ansätze zur Bestimmung des Optionswertes. Das Black-Scholes Model bildet die Option mit einer Strategie aus Geld leihen und Investition in den Basiswert ab. Das Binominal Model reduziert die Entwicklung des Basiswerts auf eine Auf- oder Ab-Entwicklung pro Periode entsprechend eines Entscheidungsbaums. Der Wert an jedem Knoten wird mittels einer Duplikation eines Portfolios aus Basiswert und Anlage in Bonds bestimmt.

3 Ökologische Bewertungsmethoden für Montageanlagen

3.1 Übersicht der Methoden

Nach ISO 14040 wird die Ökobilanz wie folgt definiert: „Zusammenstellung und Beurteilung der Input- und Outputflüsse und der potenziellen Umweltwirkungen eines Produktsystems im Verlauf seines Lebensweges“ [ISO 14040]. Die Ökobilanz stellt dabei die am weitest verbreitete Umweltmanagementmethode zur Bewertung von Umweltaspekten und potentiellen Umweltauswirkungen von Produkten dar. Nach ISO 14040 besteht eine Ökobilanz aus vier Phasen, die sowohl chronologisch ausgeführt als auch iterativ überprüft und verfeinert werden. Zuerst wird das Ziel der Ökobilanz festgelegt und die funktionelle Einheit sowie die Systemgrenzen für den Untersuchungsrahmen bestimmt. Anschließend wird die Sachbilanz über die Teilschritte Datenerhebung, Datenvalidierung, Bezug der Daten auf ein Prozessmodul, Bezug der Daten auf eine funktionelle Einheit und Datenzusammenfassung erfasst. Ziel der Wirkungsabschätzung ist die Beurteilung der Bedeutung potentieller Umweltwirkungen mit Hilfe der Ergebnisse der Sachbilanz. Abgeschlossen wird die Ökobilanz mit einer Interpretation und kritische Beurteilung des methodischen Vorgehens einschließlich der getroffenen Annahmen und Festlegungen.

MIPS wurde vom Wuppertal-Institut als praktikabler und richtungssicherer Indikator entwickelt, der die inputorientiert Belastung von Produkten und Dienstleistungen bestimmt. MIPS berechnet sich aus dem Quotienten der insgesamt eingesetzten Ressourcen pro Service-Einheit. Bildet man von MIPS den Kehrwert, erhält man die Ressourcenproduktivität [Ritthoff 2002].

3.2 Exemplarische Bewertung einer Montageanlage mit GaBi

Das Ziel der Ökobilanzstudie ist es, über eine Bilanzierung einer exemplarischen Montageanlage das Verhältnis der Auswirkungen zwischen den Lebensphasen Herstellung und Nutzung sowie zwischen den eingesetzten Materialen in der Herstellung abzuschätzen. Hierfür wurde in Kooperation mit einem in Berlin ansässigen Montageanlagenhersteller eine repräsentative vollautomatische Montageanlage ausgewählt und die Gewichtsanteile der einzelnen Komponenten und Materialen auf Basis der Stückliste bzw. der CAD-Zeichnungen bestimmt (siehe Tab. 1).

Die ausgewählte Anlage fügt drei kleine Bauteile in einer Taktzeit von 4,5 Sekunden und besteht aus zwei Transportbändern und zwei pneumatischen Handlingsystemen.

Tab. 1: Gewichtsanteile Montageanlage

Material	Anteil	Komponenten
Stahlblech	336,9 kg	Strukturkomponenten
Edelstahl	5,4 kg	Antriebskomponenten
Kupferdraht	8,7 kg	Antriebe, Kabel
Aluminiumprofile	170,7 kg	Gerüst, Schienen
Aluminiumdruckguss (GD-Zn)	9 kg	Winkelteile
Aluminiumblech	167,9 kg	Strukturkomponenten
Kunststoff	9,2 kg	Steuerung, Verkleidungen
LCD-Bildschirm	1 St.	Benutzerschnittstelle
Desktop Computer	1 St.	Steuerung
Gummi	0,474 kg	Dichtungen
Plexiglas	50,6 kg	Verkleidung/Sichtscheiben
Computernutzung	480 h	Konstruktion und Montage
Strom	576 MJ	Montage
Gesamt	755 kg	

Als Systemgrenze für die Modellierung der Herstellungsprozesse wurde die Montage der Anlage beim Industriepartner angenommen. Die Fertigungsschritte der Halbzeuge und Zukaufteile wurden mit Hilfe vorgegebener Prozesse in der Bilanzierungssoftware GaBi stark vereinfacht auf die Bereitstellung von Halbzeugen und einem Fertigungsschritt wie bspw. Gießen, Stanzen oder Biegen. Der Energieverbauch für die Montage wurde auf Basis des Jahresverbrauches der Montagewerkstatt abgeschätzt. Zusätzlich wurde die Nutzung eines Computers für die Konstruktion der Anlage und während der Montage berücksichtigt. Die Benutzerschnittstelle und die Steuerung wurde durch einen LCD-Bildschirm und einen Desktop Computer aus der ecoinvent Datenbank modelliert.

Der Energieverbrauch und Druckluftverbrauch während einer geschätzten Nutzungsdauer von vier Jahren im Einschichtbetrieb wurde auf Basis von Erfahrungswerten abgeschätzt.

Das Recycling der Anlage wurde als Recycling der metallischen Komponenten Stahl und Aluminium und dem Shreddern und Verbrennen der sonstigen Komponenten modelliert. Die Rückführung der gewonnen Ressourcen erfolgt über die invertierten Herstellungsprozesse.

Die Wirkungsabschätzung erfolgte über die Bilanzierungsfunktion der Software GaBi. Tabelle 2 zeigt die Ergebnisse für ausgewählte Wirkungsindikatoren.

Tab. 2: Bilanz Montageanlage, ausg. Wirkungsindikatoren (CML2001)

Wirkungskategorie	Masse
Aquat. Frischwasser Ökotoxpot. (FAETP) [kg DCB-Äqv.]	209,02
Aquat. Salzwasser Ökotoxpot. (MAETP) [kg DCB-Äqv.]	5.375.032
Humantoxizitätspotential (HTP) [kg DCB-Äqv.]	1065,98
Photochem. Oxidantienbildungspot. (POCP) [kg Ethen-Äqv.]	1,62
Terrestrisches Ökotoxizitätspot. (TETP) [kg DCB-Äqv.]	48,02
Treibhauspotential (GWP 100 Jahre) [kg CO_2-Äqv.]	9646,29
Versauerungspotential (AP) [kg SO_2-Äqv.]	16,47

Vergleicht man das Ergebnis mit Daten der EIOLCA der Carnegie Mellon University, erhält man für eine Anlage im Wert von 50.000 USD aus dem Sektor „Manufacture of machinery and equipment" im Datensatz Deutschland 1995 ein Treibhauspotential von 15,3 t CO_2-Äqv. und somit ein um 50 % höhere Wert [EIOLCA 2009]. Diese Abweichung kann zum Teil mit der Nichtbetrachtung von Transportprozessen und den nicht-wertschöpfenden Tätigkeiten wie bspw. Buchhaltung oder Unternehmensführung bei der Herstellung der Anlage erklärt werden.

Die Betrachtung der Beiträge für den Wirkungsindikators Treibhauspotential durch die Prozesse (siehe Abb. 1) zeigt, dass die Herstellung des LCD-Bildschirms sowie der Aluminium Komponenten über zwei Drittel der Emissionen verursachen. Der Energieverbrauch bei der Nutzung fällt mit etwa 15 % ins Gewicht. Nicht zu vernachlässigen ist die Nutzung von IT-Systemen für die Konstruktion und Montage, die in vorliegender Studie nur im direkten Bereich ohne Betrachtung der Infrastruktur abgeschätzt wurde und tatsächlich bei Betrachtung aller laufender Informationssysteme im Unternehmen sicherlich um den Faktor 2-3 größer ist. Ebenfalls verursacht die Verwendung von Plexiglas eine näher zu betrachtende Menge an Treibhausgasen. Insgesamt müssen die verwendeten Prozesse der ecoinvent Datenbank für die IT-Komponenten aufgrund des großen Beitrags verifiziert werden.

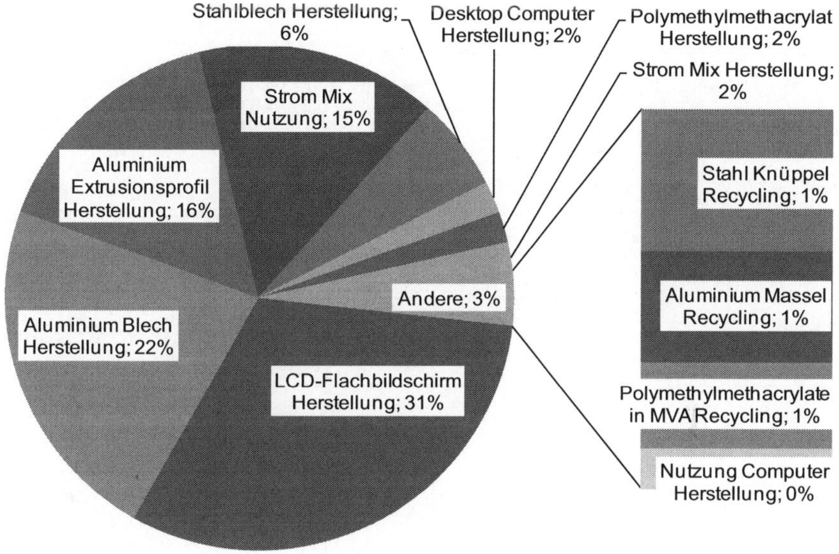

Abb. 1: Treibhauspotential für ausgewählte Prozesse (GWP 100 Jahre)

Einsparungspotential wird bei der Verwendung von Aluminium und Plexiglas als Material gesehen. Nach Rücksprache mit den Konstrukteuren stellte sich heraus, dass diese Materialen meist aus Gewohnheitsgründen und weniger aus Materialanforderungen resultieren. Die Verwendung von Aluminiumprofilen resultiert aus der einfachen Verarbeitung während der Montage der Anlage. Denkbar wäre die Verwendung von kurzfasrigen Recyclaten für großflächige Verkleidungsbleche, die bisher aus Aluminium bestehen.

Als Fazit für die Investitionsentscheidung kann von der exemplarischen Studie der Montageanlage die Bedeutung der verwendeten Materialen insbesondere des LCD-Bildschirms und des Aluminiumanteils sowie des Stromverbrauchs während der Nutzung abgeleitet werden.

3.3 Exemplarische Bewertung eines Knickarmroboters mit MIPS

Als zweite Analyse wurde ein Knickarmroboter auf Basis der Materialintensitäten für die Komponenten und während der Nutzung untersucht. Hierfür wurden für einen Standardindustrieroboter mit 200 kg Traglast die Hauptmaterialbestandteile abgeschätzt: 828 kg Stahl für Bodenplatte, Fuß, Gelenkstücke und Antriebskomponenten, 250 kg Kupfer für Antriebe und Kabel, 219 kg Aluminiumguss für Arme, 85 kg ABS und PVC für

Verkleidung, 63 kg Edelstahl für Kugellager und Antriebskomponenten sowie 20 kg Elektronik für Steuerung und Leistungselektronik.

Tab. 3: Materialintensitäten Knickarmroboter [Moisio 2008] [Wuppertal 2003]

Material	Gewicht	Abiotisches Material		Wasser		Luft	
	kg	MI-Faktor	kg	MI-Faktor	kg	MI-Faktor	kg
Stahl	828	7,63	6.318	56	46.368	0,41	343
Edelstahl	63	17,94	1.130	240,3	15.139	3,382	213
Kupfer	250	179	44.768	236,39	59.098	1,16	290
Aluminium	219	8,11	1.776	234,1	51.268	2,93	642
PVC	85	3,47	316	305,3	25.951	1703	232
Elektronik	20	436	8.720	5.971	119.420	264	5,28
Summe:	1465		63.028		313.061		1.725
Strom	60 MWh	1,55	277.939	66,7	4.914.201	0,54	35.482

Der Stromverbauch in der Nutzung wurde auf Basis von Messung von 4875 Watt bei der Bewegung aller Achsen und 945 Watt im Standby abgeschätzt. Hierfür wurde eine Nutzungsdauer von vier Jahren im Zweischichtbetrieb sowie einer Auslastung von 70 % angenommen. Ähnliche Daten finden sich in [Müller 2009].

Tabelle 3 zeigt die Materialintensitäten der einzelnen Materialen, der Summe der Herstellung sowie die Materialintensität des Stromverbrauchs während der Nutzung. Sehr deutlich zu sehen ist, dass der Stromverbrauch einen dominierenden Einfluss auf die Materialintensität einnimmt. Insbesondere da ein Industrieroboter eine mögliche Nutzungsdauer von ca. 15 Jahren aufweist.

Als Fazit der Analyse des Knickarmroboters kann die fast alleinige Bedeutung des Stromverbrauchs für eine ökologische Bewertung eines Industrieroboters abgeleitet werden.

4 Ansatz zur Einbindung ökologischer Bewertungsmethoden in die Investitionsentscheidung

Die Berücksichtigung von ökologischen Faktoren in der Investitionsentscheidung von Montageanlagen erfolgt in der vorgestellten Methode auf Basis eines ökonomischen Entscheidungsbaums, dessen Knoten um ökologische und später ggf. soziale Kriterien erweitert wird. Als erster Schritt der Methodik werden mögliche Entwicklungen der Investition und Anpassungsoptionen in Form eines Entscheidungsbaumes abgebildet. Die Projektion der Entwicklungen kann dabei bspw. mit der Szenario-Management-Methode erfolgen [Gausemeier 2009]. Im zweiten Schritt wird für jeden Knoten des Entscheidungsbaums das Betriebsmittel konfiguriert und die Lebenszykluskosten für diesen Betriebszustand berechnet. Ebenfalls werden für diesen Betriebszustand die ökologischen Auswirkungen auf Basis der Anlagenart, der Gewichtsanteil für ausgewählte Materialien, des Energieverbrauchs und ggf. der Hilfs- und Betriebsstoffe abgeschätzt. Hierfür ist eine Einbindung der Bewertungsmethode in ein wissensbasiertes System mit automatisierten Schlüssen auf Basis bereits bewerteter oder eingesetzter Anlagen geplant [Fleschutz 2009]. Im dritten Schritt erfolgt die Berechnung des Entscheidungsbaums auf Basis des Realoptionenansatzes. Hierbei werden ökonomische und ökologische Kriterien getrennt voneinander verrechnet. Die Verrechnung der ökologischen Auswirkungen erfolgt über international anerkannte Wirkungsindikatoren wie bspw. Treibhauspotential. Die ökonomischen Auswirkungen werden auf den Kapitalwert reduziert. Im vierten Schritt erfolgt eine Sensitivitätsanalyse über eine Monte-Carlo-Simulation. Die Ergebnisse werden in Form einer „Score Card“ wiedergegeben und mit alternativen Betriebsmitteln verglichen werden.

5 Fazit

Die exemplarischen Analysen der Montageanlage und des Knickarmroboters zeigen, dass die ökologischen Auswirkungen von wenigen Einflussfaktoren stark bestimmt werden. Aufgrund des generell ähnlichen Aufbaus von Montageanlagen und Knickarmrobotern ist zu erwarten, dass jeweils eine vereinfachte ökologische Abschätzung im Rahmen der Investitionsentscheidung möglich ist. Die Vorhersage des Stromverbrauchs stellt einen wichtigen Forschungsbedarf dar. Erste Ansätze hierzu gibt es von Chiotellis et al. [Chiotellis 2009].

Ein Ansatz zur Einbindung ökologischer Bewertungsverfahren in die Investitionsentscheidung wurde vorgestellt und wird derzeit in Kooperation mit Industriepartnern prototypisch erprobt.

Referenzen

[Bengtsson 2001] Bengtsson, J.: Manufacturing flexibility and real options: A review. International Journal of Production Economics 74 (2001), 1-3, S. 213-224, 2001.

[Brealey 2003] Brealey, R. A.; Myers, S. C.: Principles of corporate finance. Int. Ed., 7. Aufl. Boston: McGraw-Hill, 2003. ISBN: 0-07-115144-3

[Chiotellis 2009] Chiotellis, S.; Seliger, G.; Weinert, N.: Energy-Aware production planning and control. In: Proceedings of the 16th CIRP Life Cycle Engineering Conference, S. 310 - 315, 2009.

[EIOLCA 2009] Carnegie Mellon University Green Design Institute. (2009) Economic Input-Output Life Cycle Assessment (EIO-LCA) Germany (58) model, http://www.eiolca.net/, Aufruf 25.9.09.

[Fleschutz 2009] Fleschutz, T., Harms, R.; Seliger G.: Valuation of Assembly Equipment Reuse with Real Options, Proceedings of Production and Operations Mangement Society Conference (POMS) 20th Annual Conference, Orlando Florida, 2009.

[Gausemeier 2009] Gausemeier, J.; Plass, C.; Wenzelmann, C.: Zukunftsorientierte Unternehmensgestaltung – Strategien, Geschäftsprozesse und IT-Systeme für die Produktion von morgen. Carl Hanser Verlag, München, 2009.

[Hommel 2003] Hommel, U. et al. (Hrsg.): Reale Optionen. Berlin: Springer, 2003, ISBN: 3-540-01981-2

[ISO 14040] DIN EN ISO 14040:2006-10 Umweltmanagement – Ökobilanz – Grundsätze und Rahmenbedingungen, Beuth Verlag, 2006.

[Moisio 2008] Moisio, T., Lähteenoja, S.; Lettenmeier, M.: Goods MIPS – Assessing the use of natural resources in household goods (in Finnish). National Consumer Research Centre, publications 6/2008.

[Müller 2009] Müller, E.; Löffler, T.: Improving Energy Efficiency in Manufacturing Plants – Case Studies and Guidelines, Proceeding 16th CIRP Int. Conference on Life Cycle Engineering, Kairo, 2009.

[Pritsch 2000] Pritsch, G.: Realoptionen als Controllinginstrument: das Beispiel pharmazeutischer Forschung und Entwicklung. Diss. Wissenschaftliche Hochschule für Unternehmensführung (WHU), Koblenz. Wiebaden: Deutscher Universitäts-Verlag, 2000.

[Ritthoff 2002] Ritthoff, M., Rohn, H., Liedtke, C.: MIPS berechnen: Ressourcenproduktivität von Produkten und Dienstleistungen, Wuppertal, 2002, ISBN 3-929944-56-1

[Sudhoff 2007] Sudhoff, W.: Methodik zur Bewertung standortübergreifender Mobilität in der Produktion. Diss. Technische Universität München, 2007.

[VDI 2884] Verein Deutscher Ingenieure, VDI-Richtlinie 2884: Beschaffung, Betrieb und Instandhaltung von Produktionsmitteln unter Anwendung von Life Cycle Costing (LCC), VDI-Verlag, Duesseldorf, 2003.

[VDMA 2009] Verband Deutscher Maschinen- und Anlagenbau e.V.: Marktentwicklung Montage- und Handhabungstechnik, www.vdma.de, Aufruf 25.9.09.

[Wöhe 2002] Wöhe, G.; Döring, U.: Einführung in die allgemeine Betriebswirtschaftslehre. 21. Aufl., München, Vahlen, 2002. ISBN: 3-8006-2865-1.

[Wuppertal 2003] Wuppertal Institut für Klima, Umwelt, Energie GmbH: MIT Wertetabelle, http://www.wupperinst.org/uploads/tx_wibeitrag/MIT_v2.pdf, 2003, Aufruf 25.9.09.

Rückführung strategischer Metalle – Schließen von Stoffkreisläufen durch Recycling

Max Marwede, Institut für Zukunftsstudien und Technologiebewertung, Berlin

1 Ziel

Ziel meiner Promotion ist zu erforschen, wie ein Recyclingsystem gestaltet werden müsste, um strategische Metalle einzubeziehen. Der Fokus soll auf einer Energiewandlungskette von Effizienztechnologien wie Dünnschicht-Photovoltaik, Lithium-Ionen-Akkumulatoren und elektrischen Traktionsmotoren liegen. Es ist nämlich anzunehmen, dass aufgrund der politischen Erwünschtheit und Förderung dieser umweltschonenden Technologien, Sekundärmaterialströme anfallen werden, deren Verwertung eingehender untersucht und geplant werden muss als bisher geschehen. Außerdem ist in diesen Technologien ein breiter Strauß von unterschiedlichen Metallen vorhanden.

Mit Hilfe einer Modellierungssoftware sollen drei quantitative Szenarien für technologiebedingte Materialbedarfe strategischer Metalle bis 2030 erstellt werden, die zudem die Materialströme wiedergewonnener Metalle abbilden. Die Szenarien sollen den betroffenen Industrien und der Politik eine Orientierungshilfe für den Aufbau und die Optimierung des Recyclingsystems geben, indem deren politische, technologische und ökomische Rahmenbedingungen beschrieben werden.

2 Problemdarstellung

Strategische Metalle sind für das Funktionieren von Zukunftstechnologien von herausragender Bedeutung. Sie zeichnen sich dadurch aus, dass die Nachfrage nach ihnen stark steigt, sie für die volle Funktionsfähigkeit von High-Tech notwendig sind und zudem schwer substituierbar sind. Ihre Gewinnung ist oft mit geopolitischen Risiken verbunden (z.B. Kobaltabbau im Kongo) und ihr Recycling ist derzeit nur teilweise möglich. Nach der für das Bundeswirtschaftsministerium erstellten Studie „Rohstoffe für Zukunftstechnologien“ treibt das dynamische Wachstum der Zukunftstechnologien den Bedarf nach strategischen Metallen in die Höhe (Angerer et al. 2009). Besonders effiziente Zukunftstechnologien wie die Dünnschicht-Photovoltaik – sie benötigt Halbleiter wie Indium und Gallium – Elektromotoren – deren Permanentmagnete beinhalten Neodym – und Lithium-Ionen Akkus – mit Kobaltelektroden – tragen deutlich zu dem Bedarfszuwachs bei (siehe Tab. 1).

Tab. 1: Globaler Rohstoffbedarf für die analysierten Zukunftstechnologien im Jahr 2006 und 2030 im Verhältnis zur gesamten heutigen Weltproduktionsmenge des jeweiligen Rohstoffs (Quelle: Angerer et al. 2009)

Rohstoff	2006	2030	Zukunftstechnologien (Auswahl)
Gallium	0,28	6,09	Dünnschicht-Photovoltaik, Integrierte Schaltungen (IC), weiße LEDs (WLED)
Neodym	0,55	3,82	Permanentmagnete, Lasertechnik
Indium	0,40	3,29	Displays, Dünnschicht-Photovoltaik
Germanium	0,31	2,44	Glasfaserkabel, infrarot-optische Technologien
Scandium	gering	2,28	Festoxid-Brennstoffzellen, Aluminium-Legierungselement
Platin	gering	1,56	Brennstoffzellen, Katalyse
Tantal	0,39	1,01	Mikrokondensatoren, Medizintechnik
Silber	0,26	0,78	RFID, Bleifreie Weichlote
Zinn	0,62	0,77	Bleifreie Weichlote, transparente Elektroden
Kobalt	0,19	0,40	Lithium-Ionen-Akku, XtL-Brennstoffe
Palladium	0,10	0,34	Katalyse, Meerwasserentsalzung
Titan	0,08	0,29	Meerwasserentsalzung, Implantate
Selen	gering	0,11	Dünnschicht-Photovoltaik, Legierungselemente

Die Entwicklung und der Ausbau besonders effizienter Technologien sind oft mit politischen Zielen verbunden: beispielsweise der Ausbau der erneuerbaren Energien auf 20 % der europäischen Energieversorgung im Jahr 2020 (KOM 2007) oder das Ziel, dass in elf Jahren eine Millionen Elektrofahrzeuge auf deutschen Straßen fahren (Die Bundesregierung 2009). Diese Ziele treiben die Nachfrage nach strategischen Metallen in die Höhe, deren Verfügbarkeit jedoch begrenzt sein kann. Gründe hierfür könnte eine absolute, relative oder strukturelle Ressourcenknappheit sein. Absolut bedeutet, dass die geologisch vorhandenen Vorräte in abbaubaren Lagerstätten – auch bei hohem Preisniveau – erschöpft sind. Dagegen spricht man von relativer Knappheit, wenn das Angebot der gestiegenen Nachfrage nicht folgen kann, weil z.B. zuerst Lagerstätten ausgebaut oder erschlossen werden müssen (sog. „lead time"). Eine strukturelle Knappheit entsteht, wenn Metalle als Kuppelprodukte von anderen Rohstoffen gefördert werden und somit das Angebot nicht beliebig erhöht werden kann. So wird z.B. Indium in Zinkminen gewonnen. Ein weiterer Grund könnte eine Konzentration der Bergbauunternehmen bzw. Förderländer sein, was zu Importabhängigkeiten führt, wie es etwa für die EU bei Platin und Indium der Fall ist. „Ohne diese Metalle wird der EU die Umstellung auf nachhaltige Produktion und umweltfreundliche Produkte nicht gelingen" (KOM 2008).

Auch für effiziente Produkte werden Unternehmen in die Verantwortung von der Wiege bis zur Bahre genommen (siehe „Europäische Strategie für Abfallvermeidung und Recycling" (KOM 2005)). Bei bestehenden Recyclingsystemen (z.B. Elektronikschrott-recycling) werden strategische Metalle zum Teil zurückgewonnen. Es bestehen jedoch noch hohe Unsicherheiten über mögliche Recyclingmöglichkeiten der im Fokus der Arbeit stehenden Technologien. Für manche Metalle wie Lithium (z.B. in Batterien), seltene Erden (z.B. in Permanentmagneten für Elektromotoren), Gallium und Germanium (z.B. in Dünnschicht-Photovoltaik) findet derzeit noch kein Recycling im kommerziellen Maßstab statt. Bestenfalls werden erste Schritte in kleinen Pilotanlagen unternommen (Buchert et al. 2009). Einige Anwendungen von strategischen Metallen sind so neu, dass sie als Wertstoffanteil von „End of Life"-Produkten die Abfallwirtschaft erst in einigen Jahren erreichen (siehe etwa Photovoltaikmodulabfallaufkommen Abb. 1). Es besteht jedoch jetzt der Bedarf, entsprechende Labor- und Pilot-Recyclingverfahren zu demonstrieren und ein Rücknahmesystem so zu gestalten, dass zum Zeitpunkt größerer Abfallmengen Handlungsfähigkeit besteht.

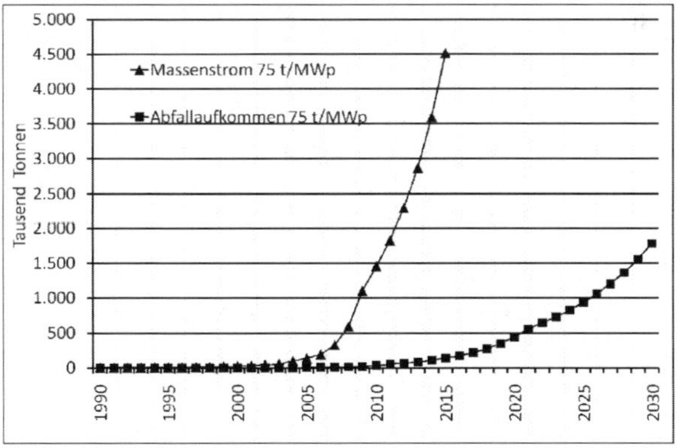

Abb. 1: Weltweiter Massenstrom durch produzierte Photovoltaikmodule (Modulgewicht) und deren verzögertes Abfallaufkommen (eigene Erstellung mit Marktdaten von Mints 2008, EPIA 2009, Wachstumsraten nach Krewitt et al. 2005 und Sterbekurve nach Sander et al. 2004)

3 Vorgehensweise

Mittels eines Modells sollen quantitative Szenarien entstehen, die – abhängig von Marktprognosen und Materialinhalten (Input) und Einflussfaktoren wie gesetzlich vorgeschriebenen Verwertungsquoten, systembedingten Erfassungsquoten und technisch möglichen Rückgewinnungsquoten – den Rohstoffbedarf und Ströme wiedergewonnener Materialien (Output) bis 2030 darstellen. Mit unterschiedlichen quantitativen Szenarien soll aufgezeigt werden, welche Nachfrageimpulse nach strategischen Metallen von Effizienztechnologien ausgehen und wo möglicherweise absolute, relative oder strukturelle Versorgungsengpässe auftreten, die über die Rückgewinnung strategischer Metalle entschärft werden können. Die Szenarien sollen den untersuchten Industriezweigen und der Politik eine Orientierungshilfe für den Aufbau eines Recyclingsystems geben, welche die Metalle berücksichtigt, auf die die Technologien angewiesen sind: es sollen die politischen und ökonomischen Rahmenbedingungen beschrieben, Lösungswege vorgeschlagen, Hürden für diese Wege bestimmt und den weiteren Forschungs- und Entwicklungsbedarf festgestellt werden. Es wird angestrebt, die Ergebnisse in enger Kooperation mit den betroffenen Industrien und den Gesetzgebern zu generieren.

4 Zusammenfassung

Diese Arbeit möchte untersuchen, ob und wie eine Rückgewinnung strategischer Metalle aus effizienten Zukunftstechnologien möglich ist und wie der Rohstoffmarkt dadurch entlastet werden kann. Sie soll den betroffenen Akteuren die ökologische sowie ökonomische Notwendigkeit eines hochwertigen Recyclings deutlich machen. So können etwa Unternehmen durch eine geschlossene Rückführung ihrer Produkte, sich die Rohstoffe zu Verwertungskosten statt zu Marktpreisen sichern („Hand auf eigener Sekundärrohstoffquelle"). Eine Rückgewinnung ist neben der Verfügbarkeitsfrage auch deshalb sinnvoll, weil das Recycling strategischer Metalle neben der Schonung natürlicher Ressourcen meist auch eine bessere Ökobilanz (Energieverbrauch, Treibhausgasemissionen) als die Produktion von Primärmetallen aufweist (Fthenakis, Hyung Chul Kim 2009).

Besonders deutlich wird die Dringlichkeit des Forschungsthemas, wenn bedacht wird, dass diese Materialien in Effizienztechnologien wie Elektrofahrzeugen oder Solarzellen eingesetzt werden. Es besteht also in dem Recycling dieser Stoffe eine doppelte Chance, die Umwelt zu entlasten – einerseits durch Ressourcenschonung, andererseits durch Erhöhung der Verfügbarkeit dieser Metalle. Denn eine strukturelle Knappheit oder eine zu starke Preissteigerung könnte im Wettbewerb unterschiedlicher Technologien um denselben Rohstoff dazu führen, dass umweltschonende Effizienztechnologien, die politisch gewollt sind, nicht ausgebaut werden können.

Referenzen

Angerer, G. et al. (2009): Rohstoffe für Zukunftstechnologien. Einfluss des branchenspezifischen Rohstoffbedarfs in rohstoffintensiven Zukunftstechnologien auf die zukünftige Rohstoffnachfrage. Stuttgart: Fraunhofer IRB-Verlag

Buchert, M.; Schüler, D.; Bleher, D. (2009): Critical Metals for Future Sustainable Technologies and their Recycling Potential. Hrsg: United Nations Environment Programme (UNE DTIE). Darmstadt.

Die Bundesregierung (2009): Nationaler Entwicklungsplan Elektromobilität. Berlin. Online verfügbar unter http://www.bmwi.de/Dateien/BMWi/PDF/nationaler-entwicklungsplan-elektromobilitaet-der-bundesregierung,property=pdf,bereich=bmwi,sprache=de,rwb=true.pdf.

EPIA (2009): Global market outlook for photovoltaics until 2013. Herausgegeben von European Photovoltaic Industry Association (EPIA). Brüssel.

Fthenakis, V.; Hyung Chul Kim, W. W. (2009): Life cycle inventory analysis of the production of metals used in photovoltaics. In: Renewable and Sustainable Energy Reviews, Jg. 2009, H. 13, S. 493–517.

KOM (2005): Weiterentwicklung der nachhaltigen Ressourcennutzung: Eine thematische Strategie für Abfallvermeidung und -recycling. Herausgegeben von Kommission der Europäischen Gemeinschaften. Online verfügbar unter http://eur-lex.europa.eu/LexUriServ/LexUriServ.do?uri=COM:2005:0666:FIN:DE:PDF, zuletzt aktualisiert am 21.12.2005, zuletzt geprüft am 25.07.2009.

KOM (2007): Renewable Energy Road Map Renewable energies in the 21st century: building a more sustainable future. Online verfügbar unter http://ec.europa.eu/energy/energy_policy/doc/03_renewable_energy_roadmap_en.pdf, zuletzt aktualisiert am 15.01.2007, zuletzt geprüft am 11.09.2009.

KOM (2008): The raw material initiative – meeting our critical needs for growth and jobs in Europe. Commission Staff Working Document accompanying the Communication from the Commission to the European Parliament and the Council. Europäische Kommission.

Krewitt, W.; Nast, M.; Nitsch, J. (2005): Energiewirtschaftliche Perspektiven der Photovoltaik. Herausgegeben von Deutsche Zentrum für Luft- und Raumfahrt e.V. Stuttgart.

Mints, P. (2008): Is Booming Growth Sustainable? The Global Photovoltaic Industry. Herausgegeben von RenewableEnergyWorld.com. Online verfügbar unter http://www.renewableenergyworld.com/ea/news/article/2008/08/is-booming-growth-sustainable-the-global-photovoltaic-industry-53437, zuletzt aktualisiert am 27.08.2008.

Sander, K. et al. (2004): Stoffbezogene Anforderungen an Photovoltaik-Produkte und deren Entsorgung. Herausgegeben von Institut für Energetik und Umwelt gGmbH (IE) Institut für Ökologie und Politik GmbH (Ökopol). Hamburg/Leipzig.

Verfahrens- und Produktentwicklung für die Vulkanfiberproduktion – ein Anwendungsfeld für Ökobilanzen

Barbara Brüggemann, Bergische Universität Wuppertal

1 Abstract

Für die Vulkanfiberherstellung werden in einem aufwändigen, nasschemischen Verfahren Baumwoll-Linters zu Papierbahnen verarbeitet. Mehrere Lagen Linterspapier werden durch konzentrierte Schwefelsäure geführt, abgepresst und anschließend in mehreren Bädern unter Einsatz von großen Wasser- und Energiemengen ausgewaschen.

Bekannte Eigenschaften der Vulkanfiber, wie. z. B. Lösemittelbeständigkeit, Isolierbarkeit und gute mechanische Bearbeitbarkeit bieten eine gute Grundlage für Produktneuentwicklungen aufgrund von verbesserten bzw. veränderten Materialeigenschaften. Um die Einsatzbreite dieser Produkte um neue Anwendungsbereiche zu erweitern, ist die Entwicklung neuer Produkte als Ersatz für thermoplastische Kunststoffe geplant. Gleichzeitig muss mit dieser Entwicklung eine Verbesserung des Herstellungsverfahrens mit hoher Material- und Energieeffizienz einhergehen. Durch diese Veränderung im Prozess soll nicht nur die wertvolle Rohstoffbasis über die Minimierung des Papierverbrauchs geschont werden, sondern auch eine gleich bleibende oder möglichst verbesserte Qualität der alten und eventuellen neuen Produkte erreicht werden.

Nach einer detaillierten Prozessanalyse zu ausgewählten Thematiken werden Labor- und Pilotversuche durchgeführt und Vorschläge zur Prozessverbesserung erarbeitet. Die vorgeschlagenen Maßnahmen werden mit einer ganzheitlichen Bilanzierung medienübergreifend hinsichtlich ihrer Durchführbarkeit, potentieller (Kosten-)Einsparungen und ökologischer Folgen bewertet sowie miteinander verglichen bzw. auf Wechselwirkungen hin untersucht. Bei dieser Bilanzierung soll nicht nur der Lebensweg der neuen Produkte betrachtet werden, sondern gleichzeitig der bestehende Herstellungsprozess miterfasst werden.

2 Einleitung

Vulkanfiber ist ein Schichtpressstoff, der als einer der ältesten Kunststoffe gilt. Er ist beständig gegenüber Benzin, Ölen und anderen organischen hydrophoben Lösemitteln, in geringer Weise Wärme und Elektrizität leitend und somit als Isoliermaterial einsetzbar. Vor allem die anschließende gute Verarbeitbarkeit durch Spanen, Sägen und andere mechanische Bearbeitung eröffnen viele Einsatzmöglichkeiten. Vulkanfiber wird heute u.a. als Trägermaterial für Schleifmittel, in der Elektroisolation und im Möbelbau eingesetzt, ein früheres Anwendungsgebiet war z. B. die Kofferherstellung [Ullmann 2004].

Für die Herstellung von Vulkanfiber werden in einem aufwändigen nasschemischen Verfahren Baumwolllintersfasern zu bis zu 2000m langen Papierbahnen verarbeitet. In einem Pergamentierverfahren werden eine oder mehrere Lagen Linterspapier durch konzentrierte Schwefelsäure geführt, abgepresst und anschließend in immer schwächer konzentrierten Säurebädern mit Frischwasser im Gegenstrom gespült. Die Fasern der Baumwolle werden durch die Säure verknüpft, an ihrer Oberfläche bildet sich „Hydratcellulose“ [Gruber 2007]. Nach dem Auswaschen der Schwefelsäure wird die Vulkanfiber getrocknet, aufgewickelt und verpackt.

Die Herstellungsprozesse erfordern den Einsatz von großen Wasser- und Energiemengen. Bei steigenden gesetzlichen Anforderungen und bei absehbar steigenden Kosten für Wasser und Energie sind produktionsintegrierte Maßnahmen und Weiterentwicklungen des Produktionsprozesses geeignete Ansatzpunkte, um durch einen effizienteren Einsatz von Ressourcen die Umweltbelastungen und Kosten der Produktion zu senken. Durch innovative Neuentwicklungen von Produkten können gleichzeitig neue Märkte erschlossen werden.

3 Prozessanalyse (Ist-Zustand)

3.1 Rohstoff Baumwoll-Linters

Während Baumwolle als wichtigste Naturfaser mit einer jährlichen Produktion von 14 bis 18 Milliarden Tonnen primär für die weitere Bearbeitung von Kleidung versponnen wird, sind die kurzen, ca. 1 bis 6 mm langen Baumwollfasern, die so genannten Linters, nicht für eine Verspinnung geeignet [Koch 1989]. Diese Baumwolllinters können zu Papierbahnen verarbeitet werden und dienen so unter anderem als Ausgangsmaterial für Herstellung von Vulkanfiber.

3.2 Prozessführung

Die genaue Prozessführung zur Herstellung von Vulkanfiber wird durch die Stärke des Materials bestimmt. Grundsätzlich passiert die Vulkanfiber während des Herstellungsprozesses eine Pergamentieranlage, eine Waschmaschine, sowie verschiedene Trocknungsanlagen.

Pergamentieranlage

Die Papierbahnen werden in die dafür vorgesehenen Rollenvorrichtungen der Anlage eingehängt. Auf der Pergamentieranlage werden zunächst verschiedene Lagen Baumwolllinterspapier durch ein hochkonzentriertes Schwefelsäurebad geführt. Nachfolgend wird die Ware durch ein Quetschwerk geführt. Dabei wird das Material zusammen- und die Schwefelsäure herausgepresst. Durch das Zusammenpressen und die anschließende langsame Entsäuerung entsteht eine intensive Vermischung der Linters aus benachbarten Papierlagen. Durch diese Vermischung entsteht ein festes, aneinander gebundenes Material, die so genannte Vulkanfiber. Für die Herstellung der Vulkanfiber ist die Einwirkzeit der Schwefelsäure entscheidend. Ist die Einwirkzeit zu lang, bilden sich bei der Reaktion Oligosaccharide mit kurzen Kettenlängen, die einen Verlust der Festigkeit des Materials zur Folge haben. Wenn die Einwirkzeit der Schwefelsäure zu kurz ist, kann keine vollständige Pergamentierung erfolgen, da die Säure das Faserinnere nicht erreicht.

Der eigentliche Prozess der Herstellung ist mit einem einzigen Bad in Schwefelsäure abgeschlossen. Nach dem Säurebad durchläuft die Vulkanfiber weitere Bäder mit abnehmender Konzentration an Schwefelsäure, so dass ein langsamer Austauschprozess stattfindet.

Entscheidend für die Produktion einer festen, aber nicht spröden Vulkanfiber ist die vollständige Entfernung der Säure aus dem Material. Dafür wird die Vulkanfiber in einem langen Waschverfahren bis zur Neutralität ausgewaschen.

Waschmaschine

Die auf der Pergamentieranlage gefertigte, noch saure Vulkanfiberbahn wird in Wasserbädern im Gegenstrom gewaschen. Im Ist-Zustand ist bisher unklar, in welchem Schritt wie viel der Säure aus der Fiber gewaschen wird. Im letzten Becken hat die Fiber einen neutralen pH-Wert erreicht. Das stark angesäuerte Wasser wird im ersten Becken abgezogen und mittels Kalkmilch neutralisiert.

Trockenanlagen

Nach dem Waschen wird die Vulkanfiber einem Trocknungssystem, bestehend aus Vor- und Fertigtrockner, zugeführt. Die Trocknungsanlage besteht aus mehreren Schwebe-

und Zylindertrocknern, in denen das Wasser in der Vulkanfiber verdampft wird. Nach dem Trockenvorgang kann die Vulkanfiber versandfertig verpackt werden.

4 Produktneuentwicklung und Prozessinnovation

Je nach Herstellungskriterien und -bedingungen verändern sich die Eigenschaften von Vulkanfiber, damit ist die Einsatzbreite weit gefächert. Eine Kombination von bereits entwickelten Materialien und Chemikalien wie Vliesen, Flammschutzmitteln, Klebstoffen u.a. mit Vulkanfiber scheint eine bisher ungenutzte Einsatzbreite – gegebenenfalls als Ersatz für thermoplastische Kunststoffe – möglich zu machen. Gleichzeitig kann der bestehende Prozess durch innovative Maßnahmen effizienter gestaltet werden.

Um ein konkretes neues Produkt umzusetzen, müssen zunächst einige technische Zielkriterien festgelegt werden. So soll in einem Projekt eine erste, neue Produktgruppe entwickelt werden, welche leichter, wasserbeständiger (kein Einfluss von Feuchte auf die Verformungsbeständigkeit) und hitzeunempfindlicher (flammhemmend) als die bisherige Vulkanfiber sein soll. Umsetzungsideen sind z. B.

- Dekorative Oberflächen (Automobil-Innenverkleidung)
- Trennwände, Schallschutz, Sichtschutz, thermische Trennwände
- Stabile, mehrfach verwendbare Verpackungen

Eine Neuentwicklung der oben genannten Produkte macht nur Sinn, wenn deren Herstellung wirtschaftlich ist. Hierzu könnte z.B. die Einführung einer speziellen Saug- oder Walzentechnik zur Beschleunigung des Säureaustrages beitragen. Dies würde eine schnellere Produktion ermöglichen, was alleine bereits die Herstellungskosten reduziert. Gleichzeitig könnte dadurch auch die Ressource Wasser eingespart und anfallende Abwasserkosten gesenkt werden. Eine mögliche Veränderung des Waschprozesses mit einer Kreislaufführung des Materials könnte noch eine weitere erhebliche Einsparung der Ressource Wasser und Abwasser bedeuten. Die möglicherweise entstehenden Mehrkosten durch einen erhöhten Energieverbrauch stehen hierbei jedoch der Kosteneinsparung im Wasser-/Abwasserbereich gegenüber und sind gegeneinander abzuwägen.

5 Mögliches methodisches Vorgehen zur Evaluierung

Die ökonomisch-ökologische Bilanzierung bietet ein gutes und strukturiertes Instrument, um eine Entscheidung für oder gegen ein innovatives Produkt zu stützen. Auch eine Vorabeinschätzung über die wirtschaftliche und ökologische Sinnhaftigkeit neu zu entwickelnder Produkte kann über eine solche Bilanzierung getroffen werden. Ebenfalls kann nach einer Abgrenzung der neuen Anwendung und des damit verbundenen Nutzens durch den Vergleich mit bereits auf dem Markt verfügbaren Produkten, wie thermoplastischen Kunststoffen, eine Abschätzung der Zukunftsfähigkeit erfolgen.

Für die gleichzeitige Bilanzierung des Herstellungsprozesses und Aufdeckung von Verbesserungspotentialen soll die ökologische Betriebsoptimierung (ÖBO) als Instrument angewendet werden.

Um eine verlässliche Datenlage für eine ökonomisch-ökologische Bilanzierung zu erhalten ist im weiteren Verlauf des Projektes eine Pilotanlage geplant, die neben der Produktion der neuen Vulkanfiber auch mehr Aufschluss über Dauer, Ressourcenverbrauch und Handhabung des Herstellungsprozesses geben könnte.

6 Ausblick

Für die Realisierung einer Produktneuentwicklung, welche möglicherweise drastische Veränderungen im Produktionsprozess mit sich bringt, sind Vorversuche im Labor- und Pilotmaßstab unverzichtbar. Diese Versuche müssen neben einer guten Handhabbarkeit auch eine gute Vergleichbarkeit ausweisen. Um die Variation solcher aufwändigen Versuche in einem durchführbaren Rahmen zu halten, kann die ökonomisch-ökologische Bilanzierung genutzt werden, um im Vorhinein den Erfolg oder Misserfolg neuer Produktreihen abzuschätzen.

Eine Pilotanlage für die Versuche ist bereits in Planung und soll nach den Erkenntnissen der bisherigen Prozessanalyse gebaut werden und damit auch Vergleichswerte für den eigentlichen industriellen Produktionsprozess liefern.

Geplante Neuerungen an der Anlage sind z.B. Saugvorrichtungen oder spezielle Walzen zur Säureentwässerung.

Durch ein verändertes Verfahren wird die Einsparung von mindestens 20 % Wasser erwartet.

Referenzen

[Ullmann 2004] Ullmann's Encyclopedia of Industrial Chemistry. Wiley VCH Verlag, Weinheim (2004). ISBN 978-3-527-30385-4

[Gruber 2007] E. Gruber: Grundlagen der Zellstofftechnologie. Karlsruhe Version 2006/07

[Koch 1989] P. Koch, Faserstoff-Tabellen. Deutscher Fachverlag, Frankfurt a. M. (1989)

Beiträge der Mikroverfahrenstechnik zu einer nachhaltigen Energieversorgung – eine Systemanalyse

Eva Zschieschang, Karlsruher Institut für Technologie (KIT)

1 Problemstellung und Zielsetzung

Die Problematik der Energieversorgung ist eine der großen Herausforderungen für die menschliche Gesellschaft im 21. Jahrhundert. Einer stark wachsenden Bevölkerung mit steigendem Lebensstandard und Energiebedarf steht die Verknappung bisher genutzter – auf Kohlenwasserstoffen basierter – Primärenergieträger, und die Auswirkungen der exessiven Nutzung dieser Primärenergieträger – der verstärkte Klimawandel – gegenüber. Die Entwicklung neuer Technologien zur Energiekonversion und -erzeugung muss dem sich verändernden Gebrauchs- und Verbrauchsverhalten der Gesellschaft genügen. Dieses veränderte Verhalten wird durch andere, neue Technologien – z.B. im Bereich der Inorations- und Telekommunikationstechnologien, der Mikrosystemtechnik und in Zukunft auch der Nanotechnologien – hervorgerufen und unterstützt. (Deutsche Stiftung Weltbevölkerung; Max-Plank-Institut für Plasmaphysik 1/2009; BMWI 2009)

Vor diesem Hintergrund soll der Frage nachgegangen werden, welche nachhaltigen Beiträge die Mikroverfahrenstechnik für die Brückentechnologien und die des post-Kohlenstoffzeitalters im Bereich der Energiekonversion und -erzeugung hat.

Innerhalb einer Sachstandsanalyse wurde eine Übersicht zu aktuellen und potentiellen Anwendungsgebieten der Mikroverfahrenstechnik im Bereich der Energiekonversion und -erzeugung erarbeitet, deren wirtschaftliche Potentiale sowie das vorhandene nachhaltigkeitsbezogene systemanalytische Wissen dazu. Die Auswahl eines technologischen Anwendungsfeldes erfolgt nach folgenden Kriterien:

- Relevanz bezüglich des Klimawandels
- Qualitative/quantitative ökonomische Relevanz
- Konversionseffizienz gegenüber etablierten Verfahren
- Umsetz- und Integrierbarkeit in Energieversorgungs- und -nutzungssysteme

Das Ergebnis der bisherigen Arbeit ist die Auswahl des Anwendungsgebietes und die Konkretisierung des methodischen Vorgehens.

2 Grundlagen Mikroverfahrenstechnik

Die Mikroverfahrenstechnik (MVT) ist eine eigene, sich in der Entwicklung befindende, interdisziplinäre Technologie. Die Abmessungen für Reaktionsräume und Strukturen für chemische und/oder physikalische Prozesse der MVT befinden sich im Milli- und Mikrometer-Bereich. Wichtige Effekte dieser Technologie sind ein intensivierter Stoff- und Wärmetransport sowie verstärkte Oberflächenphänomene durch das große Oberflächen/Volumen-Verhältnis. Die sich daraus ergebenden Vorteile gegenüber konventionellen Reaktoren und Anlagen liegen in der Erhöhung der Selektivität und der Ausbeute. Dadurch sinken der Reagenzienverbrauch und der Abfall. Die Prozesse werden typischerweise im Durchflussbetrieb gefahren, bei einem Bereich des Durchsatzes (Stoffmenge pro Zeiteinheit), der die MVT für die industrielle Produktion relevant werden lässt. Um den Durchsatz weiter zu erhöhen, ohne die Anlage hoch zu skalieren (*Scaling up*), können mehrere MVT-Anlagen parallel geschalten werden (*Numbering up*). Aufgrund der kleinen Dimensionen und modularen Bauweise der Anlagen wird die Produktion vor Ort (*on-site*) und auf Nachfrage (*on-demand)* interessant. (Bazzanella, Pfeifer & Kraut; Hessel u.a. 2009)

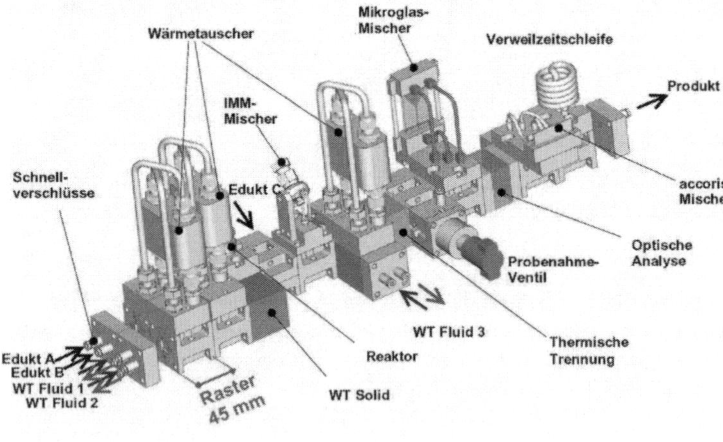

Abb. 1: MicroChemTec-Backbone (Bazzanella)

3 MVT zur nachhaltigen Energiekonversion- und -erzeugung

3.1 Anwendungsfelder und deren Potenziale

Die MVT kann prinzipiell überall dort in der Energiekonversion und -erzeugung eingesetzt werden, wo chemische Reaktionen im Durchflussbetrieb oder Wärmetransportvorgänge, auch zwischen verschiedenen Aggregatzuständen und Stoffen, stattfinden. Dabei können nur einzelne Komponenten mikroverfahrenstechnisch hergestellt sein oder die gesamte Anlage. Wichtige Komponenten der MVT sind Mikrostrukturreaktoren, Mikrowärmetauscher, Mikromixer, Mikrokanalverteilungsstrukturen und Extraktoren. Ob die Integration von MVT-Komponenten in bestehende Prozessketten ökonomisch und ökologisch rentabel und umsetzbar ist, ist hochspezifisch und kann nicht pauschal abgeschätzt werden. (Hessel u.a. 2009)

Forschung und Pilotprojekte zum Einsatz von MVT-Komponenten (Strukturreaktoren, Wärmetauscher, Kanalsysteme) und Anlagen finden sich vor allem bei der Herstellung von Brenn- und Kraftstoffen aus unterschiedlichen Energieträgern, für Mikroturbinen zur portablen Energieversorgung und für den Einsatz in solarthermischen Kraftwerken (strukturierte Absorberrohre). Hauptanwendungsfelder für Brennstoffzellensysteme sind energieautarke, dezentrale Systeme, mobile Anwendungen im kleinen Leistungsbereich, sowie Fahrzeugantriebe. Die Einsatzgebiete von Anlagen zur Brenn- und Kraftstoffherstellung liegen vor allem in der dezentralen Erzeugung. (Thormann u.a. 2008; Rojas, de Andrés & González 2008; Cho u.a. 2009; Gailfuß 1998; Institut für Mikrotechnik Mainz GmbH Juni 2004)

Die wirtschaftlichen Potentiale der Energieversorgungssysteme in mobilen Anwendungen mit kleinem Leistungsbereich sind sehr gut, da die spezifischen Kosten des Konkurrenzsystems – der Batterie – mit bis zu 5000 €/kW sehr hoch sind. Es ist außerdem mit einer schnellen Marktdurchdringung zu rechnen, da die momentanen Stückzahlen für Mobiltelefone und Laptops sehr hoch sind – mit steigender Tendenz – und der Produktlebenszyklus mit 2-4 Jahren eher gering ist. In einer Kurzexpertise für die Monopolkomission im Zuge der geplanten Fusion von E.ON. und Ruhrgas wurden Marktanalysen zur dezentralen Energieversorgung in Deutschland durchgeführt. Die Ergebnisse der Studie prognostizieren einen Anstieg von 3 % im Jahre 1998 auf 11,2 % im Jahr 2050 unter Status-Quo Bedingungen, und auf 47,5 % unter einer auf Nachhaltigkeit orientierten Entwicklung, voraus. (Gailfuß 1998; Ramesohl u.a. April 2002)

3.2 Eingrenzung des Untersuchungsgebietes

Als Untersuchungsgebiet wird die dezentrale Kraft- und Brennstoffproduktion gewählt. Gründe dafür sind zum einen die guten Marktprognosen für dezentrale Energieerzeugungssysteme und zum anderen mögliche Beiträge zur nachhaltigen Energieversorgung. Dieser Beitrag entsteht u. a. durch die Einsparungen von Transportenergien der Rohstoffe zu den Anlagen der Brenn- und Kraftstofferzeugung, da durch die Dezentralisierung der Energieerzeugungssysteme die Herstellung weitgehend am Ort der Rohstoffgewinnung stattfindet. Durch die Vorteile der MVT – wie höhere Ausbeuten und verbesserte Selektivität – ist zu erwarten, dass die Konversionseffizienz gegenüber konventionellen Anlagen erhöht wird.

Ein weiterer wichtiger Punkt der nachhaltigen Energieversorgung betrifft neben den ökologischen und ökonomischen die sozialen Aspekte. Eine nachhaltige Energieversorgung ist eine, die nicht nur für wenige privilegierte Volksgruppen, sondern für alle Menschen, Energie komfortabel verfügbar macht. Gerade in Schwellen- und Entwicklungsländern ist die Energieversorgung zurzeit oft nur rudimentär vorhanden. Die in der Mehrheit auf dem Land lebende Bevölkerung gebraucht zur Befriedigung ihrer Grundbedürfnisse (Wärme, Energie zum Kochen, Licht) meist Brennstoffe, deren Nutzungsart und -weise teils gravierende Auswirkungen auf die Umwelt (Holz – großflächige Entwaldungen), aber auch auf die Gesundheit der Menschen (fossile Brennstoffe – Luftverschmutzungen) haben können (Max-Planck-Institut für Plasmaphysik; Hellpap 2009). Die Nachfrage nach Energie wird vor allem in diesen Ländern aufgrund des rasanten Bevölkerungswachstums stark ansteigen. Dezentrale MVT-Anlagen, welche den Bedürfnissen der dort lebenden Menschen in ihrem Umfeld angepasst sind, könnten einen großen Beitrag zur Verringerung des Wohlstandsgefälles und zu einer globalen, nachhaltigen Energieversorgung leisten.

4 Weiteres Vorgehen

In einem ersten Fallbeispiel – einer MVT-Anlage zur Herstellung flüssiger Treibstoffe aus Erdgas mittels Fischer-Tropsch-Synthese – sollen vergleichende LCAs und LCCs zu folgenden Aspekten durchgeführt werden:

- MVT-Anlage gegenüber konventioneller Anlage
- Labormaßstab zu Industriemaßstab (up-scaling für drei Anlagengrößen)
- Untersuchung unterschiedlicher Einsatzgebiete (zentral/dezentral, mit/ohne Netzanbindung, Onshore/Offshore)

- Verschiedene Energieträger als Systemeingangs- (Erd- und Biogas) und Systemsausgangsgröße (flüssige Treibstoffe, Wasserstoff, Strom)

Ergebnis dieser Analyse sollen qualitative und quantitative Aussagen über die Eignung von MVT-Anlagen zur Kraftstoffgewinnung in verschiedenen Umfeldern sein.

Neben den Methoden des LCA und des LCC sollen Möglichkeiten des Gebrauchs des SLCA für die Untersuchung nach der Relevanz der unterschiedlichen regionalen Einsatzgebiete mit herangezogen werden. Inwieweit dies möglich ist, kann zum gegenwärtigen Zeitpunkt noch nicht abgeschätzt werden.

Literaturverzeichnis

Bazzanella, A.: Strategisches Forschungsvorhaben und Industrieplatform: Modulare Mikroverfahrenstechnik. URL: http://www.microchemtec.de/content.php?pageId=2397l

Bazzanella, A., Pfeifer, P. und Kraut, M.: Foliensatz Mikroverfahrenstechnik.

Bundesministerium für Wirtschaft und Technologie (BMWI) 2009. IKT (Informations- und Kommunikationstechnologien) – Strombedarf liegt in Deutschland bei über zehn Prozent. URL: www.bmwi.de

Cho, J.-H. u.a. 2009: Demonstration of an external combustion micro-heat engine. Proceedings of the Combustion Institute 32, 3099–3105.

Deutsche Stiftung Weltbevölkerung. Weltbevölkerung. URL: http://www.weltbevoelkerung.de/

Gailfuß, M. 1998: URL: http://www.bhkw-infozentrum.de/innovative/bz_awf.html

Hellpap, C. 2009: Quality and Performance Tests of PICO-PV - Systems.

Hessel, V. u.a. (Hg.) 2009: Micro Process Engineering. 3. Aufl. Weinheim: Wiley-VCH Verlag GmbH & Co. KGaA

Institut für Mikrotechnik Mainz GmbH Juni 2004. Reformiertechnik für Brennstoffzellen: Energieerzeugung in mikrostrukturierten Reaktoren. (IMMage - The Microneers).

Max-Planck-Institut für Plasmaphysik. Fossile Brennstoffe: Braune Wolke über Asien. (Energie Perspektiven).

Max-Planck-Institut für Plasmaphysik (Hg.) 1/2009: Energieeffizienz: Energieverbraucher information. (Energie Perspektiven).

Ramesohl, S. u.a. April 2002: Die technische Entwicklung auf den Strom und Gasmärkten: Eine Kurzanalyse der Rolle und Entwicklungsperspektiven neuer dezentraler Energietechnologien und der Wechselwirkungen zwischen technischem Fortschritt und den Akteursstrukturen in den Strom- und Gasmärkten. Wuppertal.

Rojas, M.E., Andrés, M.C. de und González, L. 2008: Designing capillary systems to enhance heat transfer in LS3 parabolic trough collectors for direct steam generation (DSG). Solar Energy 82, 53–60.

Thormann, J. u.a. 2008: Reforming of diesel fuel in a micro reactor for APU systems. Chemical Engineering Journal 135, 74–81.

Einsatz neuer Technologien zur ressourceneffizienz-orientierten Produktoptimierung

Nico Pastewski, Fraunhofer Institut für Arbeitswirtschaft und Organisation (IAO), Stuttgart

1 Einführung und Problemstellung

Bis zum Jahr 2050 werden über neun Milliarden Menschen auf der Erde leben und immer mehr davon in Städten und Industriegesellschaften (vgl. BMU 2007). Der stetig wachsende Bedarf an natürlichen Ressourcen erfordert neue Lösungen für den Umgang mit natürlichen Ressourcen, um letztendlich auch zukünftigen Generationen eine ausreichende Lebensqualität zu gewährleisten. Es gilt demnach, Ressourcen ökologisch verantwortungsvoller und nachhaltiger - also auch effizienter - zu nutzen. Das Wissen um diese akuten Herausforderungen verhalf dem Konzept der Ressourceneffizienz zu einem großen Stellenwert in Deutschland, besonders auf forschungspolitischer Ebene (BMBF 2008).

Für die produzierende Industrie bedeutet dies, zukünftig verstärkt auf breiter Ebene ressourceneffiziente Lösungen zu implementieren. Chancen, die damit verbunden sein können, sind die Reduktion negativer Umwelt- und Klimawirkungen sowie monetäre Einsparpotentiale und erhöhte Richtungssicherheit (vgl. Ritthoff 2007, ADL 2005, Seliger 2007). Darüber hinaus werden ökologischen Innovationen (vgl. Reid 2008) zunehmend ein hohes Marktpotenzial haben und ein weltweit dynamisches Wachstum erleben (BMU 2007, Lovins 2008). Insbesondere Technologien und ihre Anwendungen bieten große Potenziale für die Realisierung dieser (vgl. Grunwald 2009, Bullinger et al. 2000). Der Einsatz von Technologien kann dabei grundsätzlich auf verschiedenen Ebenen stattfinden, insbesondere im Rahmen der Herstellung eines Produkts, in seiner Nutzungsphase sowie in einer langfristigen Perspektive bezüglich der Änderung von Verhalten und sozialen Strukturen (vgl. Geibler 2009).

Die Herausforderung für Unternehmen besteht darin, konkrete Ansatzpunkte für eine Erhöhung der Ressourceneffizienz zu identifizieren und gegebenenfalls anschließend neue Lösungen zu entwickeln. Gründe hierfür sind u. a.:

- Das fehlende Wissen um Zusammenhänge im Kontext der Umweltschutz- oder Ressourceneffizienzthematik (z.B. lebenszyklusorientierte und systemische Ansätze) sowie den diesbezüglichen Möglichkeiten und Potentialen von neuen Technologien. Hinzu kommt auch das Fehlen einer dies unterstützenden Methodenkompetenz.
- Der als hoch empfundene Aufwand zur Analyse der vorhandenen Potenziale und ressourceneffizienteren Alternativen.

Hat ein Unternehmen das Thema „Ressourceneffizienz" als eine strategische Ausrichtung wie etwa aufgrund entsprechender Marktnachfrage oder steigender Rohstoffpreise für sich erkannt, stellt die diesbezügliche Optimierung bestehender Produkte mittels neuer Technologien einen vielversprechenden Ansatz dar (vgl. Neugebauer et al. 2008). Hierfür ist eine methodische Unterstützung erforderlich, die sämtliche Schritte von der Festlegung des Betrachtungsgegenstandes bis zu der zu treffenden Investitionsentscheidungen abdeckt.

Bestehende methodische Ansätze im Rahmen des Managements von Technologien und der Entwicklung von Produkten leisten dies nur bedingt, da

- ressourceneffizienzbezogene Potenziale neuer Technologien nicht ausreichend für die Umsetzung in Unternehmen aufbereitet sind (vgl. Rohn 2008). So wird zum einen die integrierte kreative Generierung neuer spezifischer ressourceneffizienter Lösungskonzepte nicht ausreichend methodisch und durch entsprechende Kriterien unterstützt. Zum anderen fehlt eine formalisierte Beschreibung der Potenziale.
- bestehende Technologiebewertungsansätze teilweise Aspekte der Nachhaltigkeit oder Umweltwirkung, nicht jedoch der Ressourceneffizienz berücksichtigen. Die VDI Richtlinie 3780 zur Technikbewertung setzt hierfür den thematischen Rahmen und versteht Technik als Mittel zur Erreichung bestimmter Ziele, wobei die Knappheit der Ressourcen bereits im Mittelpunkt steht (VDI 2000).
- vorhandene Ansätze der Umweltwirkungsbewertung nicht ausreichend auf die Bedürfnisse von Unternehmen ausgerichtet sind. So werden zumeist keine Aspekte der technischen und wirtschaftlichen Umsetzbarkeit sowie der Marktanforderungen berücksichtigt. Zudem sind Methoden wie die Ökobilanz häufig sehr aufwändig in der Durchführung und erfordern eine fundierte

Datengrundlage. Auch wird bei bestehenden Ansätzen nicht entsprechend berücksichtigt, dass aus Sicht der Ressourceninanspruchnahme bei vielen Investitionsgütern insbesondere die Nutzungsphase wesentlich ist. Außerdem sind die Wirkungszusammenhänge in einem systemischen Zusammenhang zu betrachten (vgl. Reid 2008).

- bestehende Ansätze der umweltorientierten Produktentwicklung wie das Ökodesign in der Regel auf die Neuentwicklung von Produkten ausgerichtet sind und hier die umfangreichste Einflussnahme möglich ist (vgl. Abele 2008). Im unternehmerischen Alltag werden Produkte allerdings oft „nur“ weiterentwickelt. Für eine solche Weiterentwicklung sind häufig bereits vielfältige Informationen zu ressourceneffizienzrelevanten Schwachstellen vorhanden. Diese Erfahrungen werden allerdings nicht ausreichend für die systematische Identifikation neuer ressourceneffizienter Lösungen für bestehende Produktkonzepte und damit ermöglichte Optimierung genutzt.

Vor dem Hintergrund der bestehenden Herausforderungen und der defizitären vorhandenen Ansätze ist eine methodische Unterstützung notwendig, um die bedarfsgerechte Auswahl neuer technologischer Lösungsalternativen für eine ressourceneffizienzorientierte Produktoptimierung zu ermöglichen.

2 Methodischer Ansatz

2.1 Konzept und Bestandteile

Um eine organisatorische und methodische Verankerung im Unternehmen zu gewährleisten, orientiert sich die Methode an den in der Praxis erprobten Prozessen der Produktentwicklung nach VDI 2221 (VDI 1993) und des Produktdesigns als Unterstützung für die Produktoptimierung. Zudem beinhaltet die Methode Elemente des Technologiemanagements wie die Identifikation und Auswahl von Technologien sowie des Innovationsmanagements wie die Generierung kreativer Lösungen.

Vor dem Hintergrund der Produktanforderungen und ressourceneffizienzbezogenen Schwachstellen sollen problemlösungsorientiert alternative technologische Lösungsprinzipien identifiziert und wettbewerbsbezogen bewertet werden. Hierbei soll eine Technologiepotenzialdarstellung unterstützen, welche einen mit definierten technologischen Strukturierungsansätzen beschriebenen Zugang zur Ressourceneffizienz darstellt und die für die Methodik benötigten Parameter definiert. Diese Parameter werden analog ihrer Verwendung in der von Altschuller entwickelten TRIZ-Methodik eingesetzt (Altschuller 1973). Ansatz der Potenzialumsetzung ist die konzeptionelle Änderung in der Funktionsrealisierung im Produkt.

Für die schrittweise durchzuführende und anschließende Entscheidungsunterstützung findet ein Set verschiedener etablierter Analysemethoden Anwendung, die die einzelnen Verfahrensphasen unterstützen.

2.2 Struktur

Die Methode wird in einzelne Schritte gegliedert, die im Wesentlichen einem allgemeinen Problemlösungsprozess im Kontext der Produktentwicklung, den entsprechenden Phasen der VDI 2221 und des Design to X (vgl. Pahl / Beitz 1996) weitestgehend entsprechen. Folgende Schritte werden durchlaufen:

Im ersten Schritt wird das Ziel des Verfahrens definiert. Hierzu gehört die Erfassung der Ausgangssituation, der allgemeinen Anforderungen und den Zielsetzungen des Unternehmens mittels einer Checkliste. Zudem werden grundlegende ressourceneffizienzbezogene Anforderungen festgelegt.

Im zweiten Schritt werden für die zu identifizierenden Schwachstellen technologische Lösungen gesucht. Dabei wird die Analyse analog der ersten drei TRIZ-Phasen[8] durchgeführt. Zuerst erfolgt die Analyse der Produktnutzungsphase mittels Funktionsanalyse und ABC-Bewertung. Nach der spezifischen Problemstellung findet die abstrakte Problembeschreibung entlang der Parameter und „ressourceneffizienzbezogenen Innovationsprinzipien" mittels verschiedener Methoden wie Umweltchecklisten und Analogiebildung statt. Anschließend werden für diese in einer Auswahlmatrix „ressourceneffizienzbezogene Standardlösungen" als abstrakte Lösungen definiert.

Im dritten Schritt werden von den abstrakten Lösungen ausgehend die Lösungskonzepte bestimmt. Dabei werden die „ressourceneffizienzbezogenen Innovationsprinzipien" mit „ressourceneffizienzbezogenen Standardlösungen" zur Ermittlung der Übereinstimmung mit der Zielsetzung in einer Systembetrachtung im House of Technology zusammengeführt (im Sinne von TRIZ, die Anwendung der Standardlösung auf ein spezifisches Problem). Nun werden für die favorisierten „ressourceneffizienzbezogenen Standardlösungen" unter Hinzuziehung von Experten und anderen Quellen[9] neue Lösungsprinzipien recherchiert. Anschließend erfolgt, die Bewertung der ressourceneffizienzbezogenen Lösungsprinzipien nach deren Leistungsbeitrag in der Nutzwertanalyse. Dabei wird beispielsweise auf die Methode "Materialintensität pro Serviceeinheit – MIPS"[10] zurückgegriffen. Abschließend werden weitere Maßnahmen abhängig

[8] spezifische Problemstellung, Abstrahierung der Probleme und Auswahl der Standardlösungen
[9] z.B. Fachliteratur, Datenbanken, BAT-Daten
[10] MIPS ermöglicht die die Bewertung der Energie- und Stoffströme einer Anwendung über ihren Lebenszyklus (Schmidt-Bleek 1998)

von Relevanz und Anwendungsreife aus einem Portfolio und mittels verschiedener Faktoren wie CO_2-Footprint abgeleitet und geplant.

3 Anwendung der Methode

Das in Kap. 2.2 aufgezeigte methodische Vorgehen bildete die Grundlage für die Identifikation und Bewertung verschiedener neuer Technologien in einem Unternehmen des Maschinenbaus mit dem Ziel der ressourceneffizienzorientierten Produktoptimierung. Das Unternehmen stellt Anlagen zur Vorbehandlung von Glasgefäßen her. Hintergrund der geforderten Analyse neuer ressourceneffizienter Technologien ist die zunehmende Sensibilität seitens der Kunden bezüglich des Energieverbrauchs der Produkte. Zudem will das Unternehmen den Trend des „Green Image“ für sich nutzen und verstärkt mit ressourceneffizienten Produkten werben. Daraus ergab sich der Bedarf nach einem unterstützenden Verfahren zur energieeffizienzorientierten Optimierung ausgewählter Produkte.

Wesentliche Zielsetzungen des Unternehmens waren dabei die Optimierung der Nutzungsphase des Produkts hinsichtlich der Energieeffizienz sowie die Ermittlung des Einsparpotenzials der neuen Lösungsprinzipien für den jeweils konkreten Anwendungsfall sowie eine bewertete Übersicht über Technologien, mit denen die Ressourceneffizienz im Anwendungsfall verbessert werden kann.

Als zu optimierendes Produkt wurde eine Trocknungsanlage ausgewählt, die dazu dient, zuvor gereinigte Gefäße zu trocknen. Auf Grundlage festgelegter Anforderungen wurden zusammen mit ausgesuchten Mitarbeitern des Unternehmens in moderierten Workshops die ersten im Kap 2.2 beschriebenen Schritte zur Ermittlung der Parameter (Tabelle 1) durchlaufen. Mögliche Lösungsprinzipien für die ermittelten Schwachstellen wurden in Interviews mit Experten der Fraunhofer Gesellschaft entwickelt. Abschließend wurden zusammen mit dem Unternehmen die ausgewählten Lösungsprinzipien und die erfolgversprechenden Anwendungen nach dem Ressourceneffizienzpotenzial und der technisch/wirtschaftlichen Umsetzbarkeit bewertet. Abbildung 1 zeigt eine beispielhafte Ergebnisdarstellung.

Tab. 1: Auszug der formulierten produktbezogenen Parameter und den ermittelten Lösungsprinzipien für das Produkt „Trocknungsanlage“

Komponenten	Funktionen	Schwachstellen	Ressourceneffizienz-bezogene Innovationsprinzipien	Ressourceneffizienz-bezogenen Standardlösungen	Lösungsprinzipien
Heizsystem	Trocknung	Hoher Energieverbrauch	Steigerung Energieeffizienz, Optimierung des Gesamtsystems	Substitution (Material, Technologie), Multifunktionalisierung, Kreislaufführung	Heiztechnologien
Außenwände	Trägerstruktur, Dämmung	Geringe Isolierung	Steigerung der Wärmedämmung	Mehrfachnutzung, Substitution (Material)	Dämmmaterialien
Transportsystem	Transport der Gefäße	Materialverluste	Optimierung des Gesamtsystems	Substitution (Technologie)	Antriebstechnologien

Durch die Anwendung des Verfahrens bei dem Unternehmen konnten auf Basis bekannter energieverbrauchsbezogener Schwachstellen bei der Trocknungsanlage alternative Lösungsprinzipien für diese aufgezeigt und bewertet werden. Nach Umsetzung in der nächsten Produktgeneration sollen ausgewählte Lösungen einen Beitrag zur Optimierung der Energieeffizienz des Produktes in der Nutzung liefern.

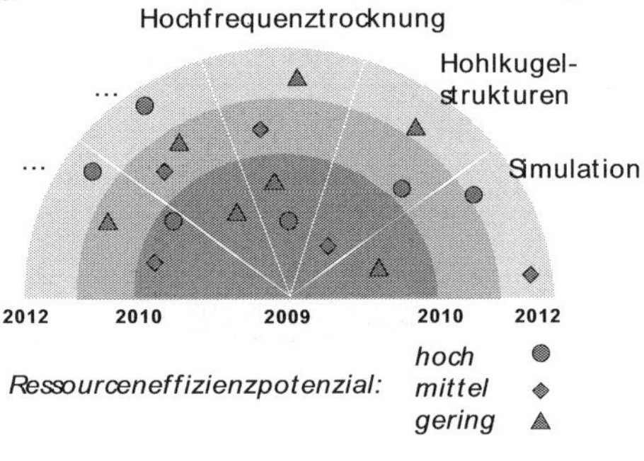

Abb. 1: Beispielhafter Auszug einer möglichen Ergebnisdarstellung als „TechnologieRadar“

4 Diskussion

Die eingangs beschriebenen Herausforderungen lassen produzierenden Unternehmen kaum eine andere Wahl, als sich mit dem Thema „Ressourceneffizienz“ auseinanderzusetzen. Da die möglichen Ansätze allerdings sehr vielfältig und zum Teil sehr wissensintensiv sind und damit große Zeit- und Finanzkapazitäten erfordern, gilt es hier unterstützende Methoden zu entwickeln. Diese sollten bei minimalem Aufwand bedarfsgerecht valide Ergebnisse liefern, um Entscheidungen herbeiführen zu können. Der vorgestellte Ansatz, bereits bestehende Produkte hinsichtlich technologischer Möglichkeiten zur Erhöhung der Ressourceneffizienz zu analysieren und diese entsprechend umzusetzen hat dies zum Ziel. Erste Anwendungen in der industriellen Praxis zeigen, dass durch die flexible Kombination von vorhandenen Methoden und der schematisierten Beschreibung von Ressourceneffizienzpotenzialen Unternehmen bei der Suche nach neuen ressourceneffizienten Produktlösungen unterstützt werden können.

Referenzen

[Abele 2008] Abele, E. et al.: EcoDesign. Von der Theorie in die Praxis. Berlin, Heidelberg: Springer-Verlag Berlin Heidelberg (2008).

[ADL 2005] Arthur D. Little GmbH (ADL); Wuppertal Institut; Fraunhofer-Institut für Systemtechnik und Innovationsforschung (ISI): Studie zur Konzeption eines Programms für die Steigerung der Materialeffizienz in Mittelständischen Unternehmen, Abschlussbericht (2005).

[Altschuller 1973] Altschuller, G. S. (1973): Erfinden - (k)ein Problem? Anleitung für Neuerer und Erfinder. Berlin: Tribüne.

[BMU 2007] Bundesministerium für Umwelt, Naturschutz und Reaktorsicherheit und Umweltbundesamt (BMU) (Hg.): Umweltpolitische Innovations- und Wachstumsmärkte aus Sicht der Unternehmen, Forschungsprojekt durchgeführt von Roland Berger Strategy Consultants; Dessau (2007).

[BMBF 2008] Bundesministerium für Bildung und Forschung (BMBF) und Bundesministerium für Umwelt, Naturschutz und Reaktorsicherheit (BMU): Masterplan Umwelttechnologie. Bonn (2008).

[Bullinger 2000] Bullinger, H.-J. et al. (Hrsg.) (2000): Auftragsabwicklung optimieren nach Umwelt- und Kostenzielen: OPUS - Organisationsmodelle und Informationssysteme für einen produktionsintegrierten Umweltschutz. Springer, Berlin, Heidelberg (2000).

[Geibler 2009] Geibler, J. v. Rohn, H.: Nachhaltigkeitsbewertung neuer Technologien als Fundament der Erschließung von nachhaltigen Zukunftsmärkten, in CleanTech Jahrbuch 2009 (Eds: DCTI – Deutsches CleanTech Institut), Bonn (2009).

[Grunwald 2009] Grunwald, A.: Roadmap Umwelttechnologien 2020, Förderkennzeichen: 01RI0718A, Endbericht (2009).

[Lovins 2008] Lovins, H.: Rethinking Production, in State of the World 2008: innovations for a sustainable economy (Eds. WorldWatch Institute) (2008).

[Neugebauer 2008] Neugebauer, R. et al.: Energieeffizienz in der Produktion; (2008) Energieeffizienz Magazin No. 1, S. 18-19

[Pahl/Beitz 2005] Pahl, G.; Beitz, W.; Feldhusen, J.; Grote, K.-H: Pahl Beitz Konstruktionslehre. Grundlagen erfolgreicher Produktentwicklung Methoden und Anwendung. 6. Auflage. Berlin, Heidelberg: Springer-Verlag Berlin Heidelberg (2005).

[Reis 2008] Reid, A.; Miedzinski, M.: Eco-Innovation, final report for sectoral innovation watch, Technopolis Group (2008).

[Rohn 2008] Rohn, H. et al.: Ressourceneffizienzpotenziale durch Technologien, Produkte und Strategien. Erste Ergebnisse. In: Ressourceneffizienz Paper, H. 1.1 (2008).

[Ritthoff 2007] Ritthoff, M. Liedtke, C. Kaiser, C.: Technologien zur Ressourceneffizienzsteigerung: Hot Spots und Ansatzpunkte, Bericht aus dem BMBF-Projekt „Steigerung der Ressourcenproduktivität als Kernstrategie einer nachhaltigen Entwicklung“; Wuppertal (2007)

[Schmidt-Bleek 1998] Schmidt-Bleek, F.: Das MIPS-Konzept. Weniger Naturverbrauch – mehr Lebensqualität durch Faktor 10, München (1998)

[Seliger 2007] Seliger, G.: Nachhaltige industrielle Wertschöpfungsnetze, Tagungsband 12. Produktionstechnisches Kolloqium (PTK), Berlin (2007).

[VDI 2000] VDI-Richtlinie 3780 – Technikbewertung, Begriffe und Grundlagen, Düsseldorf (2000)

[VDI 1993] VDI-Richtlinie 2221 – Methodik zum Entwickeln und Konstruieren technischer Systeme und Produkte (1993)

Sozioökonomische Bewertung von Chemikalien unter REACh

Daniela Kölsch, BASF SE und Karlsruher Institut für Technologie (KIT)

1 Einleitung

Die neue europaweite Chemikalienverordnung REACh, hat als oberstes Ziel die menschliche Gesundheit und die Umwelt vor Chemikalien zu schützen. Nachteilige Auswirkungen von Chemikalien sollen so gering wie möglich gehalten werden. Im Rahmen der REACh Verordnung wird unter bestimmten Bedingungen eine sozioökonomische Analyse (SEA) für besonders besorgniserregende Chemikalien erforderlich. Diese soll die sozioökonomischen Vorteile einer Substanz gegen die Risiken abwägen. Die SEEBALANCE® der BASF SE ist ein mögliches Instrument zur Durchführung einer solchen SEA (Saling et al. 2002 und 2007). In diesem Dissertationsprojekt wurden für diesen Zweck volkswirtschaftliche Größen in die SEEBALANCE einbezogen, die Gewichtung der ökologischen und sozioökonomischen Kriterien neu ermittelt und Normierungsfaktoren für die Toxizität erstellt. Dieser Beitrag greift die Grenzen des Themas Gewichtung heraus. Abschließend werden kurz einige weitere Grenzen und mögliche Weiterentwicklungen andiskutiert.

2 Ökologische und soziale Gewichtungsfaktoren in der SEEBALANCE

Die SEEBALANCE Methode der BASF verwendet Gewichtungsfaktoren um die einzelnen Indikatoren zu einem Gesamtergebnis zusammenzufassen. Die Norm für Ökobilanzen sieht die Gewichtung nicht als einen verbindlichen Bestandteil der Wirkungsabschätzung sondern als optionalen Teil an (ISO 14040 2006:45). Die Norm weist weiter darauf hin, dass ein Gewichtungsschritt immer auf Werthaltungen beruht und somit nicht wissenschaftlich begründet ist. Trotzdem ist die Gewichtung ein üblicher Schritt in der Praxis von Ökobilanzen (vgl. hierzu Finnveden et al. 2006; Eco-Indicator 99, EDIP97 und EDIP2003, EPS 2000d oder Swiss Ecoscarcity Method vgl. Übersicht in Netzwerk Lebenszyklusdaten o.J.). In vielen Fällen wird nur durch die Zusammenführung und

Gewichtung der einzelnen Kriterien in ein Gesamtergebnis ein eindeutiges Ergebnis sichtbar und Entscheidungen können einfach abgeleitet werden.

Es gibt verschiedene Möglichkeiten, Gewichtungsfaktoren für Ökobilanzen zu erstellen und zu klassifizieren. Powell et al. (1997:11) unterscheiden beispielsweise zwischen der Methode der ökologischen Knappheit (engl.: distance to target), Monetarisierungsansätze und Scoring Techniken (vgl. andere Methoden auch bei Huppes et al. (2007:44) oder Hofstetter (1999)).

Aus dem oben genannt Grund verwendet auch die Ökoeffizienz-Gruppe der BASF SE seit Entwicklung der Ökoeffizienz-Analyse bzw. SEEBALANCE ein Gewichtungsschema.[11] Da nicht für alle Kategorien aktuelle Faktoren vorliegen und die Gewichtung bzw. eine eindeutige Entscheidungsempfehlung für eine SEA unter REACh sehr wichtig ist, wurden innerhalb dieses Dissertationsprojektes die Kriterien neu erfragt.

3 Ermittlung der sozioökonomischen Gewichtungsfaktoren

Die sozioökonomischen Gewichtungsfaktoren wurden mittels eines Rating Ansatzes (Scoring) erfragt.[12]

Das Rating ist eine gängige Methode um herauszufinden, wie verschiedene Kriterien beispielsweise im Bezug auf ihre Wichtigkeit bewertet werden. Die Methode bewertet nicht die Kriterien zu einander, sondern jedes für sich. Jedem Befragten wird eine Skala zwischen einem Minimum und Maximum vorgegeben. Der Befragte weist jedem Kriterium eine Wertung auf der Skala zu, je nach eigener Präferenz. Mit dieser Aufteilung hat der Befragte die Möglichkeit, Kriterien, die er für gleichwichtig hält, ähnlich zu bewerten und andere in Relation dazu wichtiger oder unwichtiger zu bewerten. Die Grundannahme ist, dass der Befragte die Kriterien, die er für sehr relevant hält, hoch bewertet und andere, die er für weniger relevant hält, niedriger bewertet.

Hierfür werden die Abfragekriterien zunächst allgemein verständlich formuliert (vgl. Kölsch). Es wurde beispielsweise wie folgt gefragt: Wie wichtig ist Ihnen Reduzierung der Anzahl der Arbeitsunfälle (mit einer Skala von eins bis zehn mit wichtig bis sehr wichtig)?

Neben der Abfrage der Kriterien wurde auch erfragt, aus welchem Land der Befragte kommt, so dass später eine Auswertung für die unterschiedlichen Länder erstellt werden

[11] Das Gewichtungsschema der BASF besteht aus zwei Faktoren: einem sogenannten Relevanzfaktor (Normierung) und einem Gesellschaftsfaktor. Dieser Beitrag fokussiert sich auf die Erstellung des Gesellschaftsfaktors.

[12] In diesem Beitrag wird nur das Vorgehen für die sozioökonomischen Kriterien der BASF SEEBALANCE vorgestellt. Die ökologischen Kriterien sind im Projekt ebenfalls neu erhoben worden.

konnte. Auf die Abfrage anderer personenbezogenen Merkmale wie beispielsweise Geschlecht, Berufsbereich, etc. wurde verzichtet.

Mit Hilfe eines Internetauftritts wurde der Fragebogen mit einer Einführung und Begründung zu der Befragung auf der BASF Internet-Seite im Zeitraum von 11.05.2009 bis 08.06.2009 online geschaltet.

Für die Auswertung der Daten wurde zunächst für jede befragte Person eine personenbezogene Auswertung vorgenommen. Hierfür wird der jeweilige Indikator pro Person durch die Summe aller Indikatorenwerte pro Person geteilt und anschließend der Mittelwert über alle Personen und die Standardabweichung gebildet. Zusätzlich wird die Korrelation zwischen den Ländern bestimmt.

4 Ergebnisse: Sozioökonomische Gewichtungsfaktoren

Die Umfrage hatte einen Rücklauf von 78 Experten aus verschiedenen Ländern. Rund dreiviertel der Befragten kommen aus Deutschland, 12 % aus Brasilien, weitere 13 % aus anderen europäischen Ländern und 1 % aus Südafrika.

Ein Auszug der Ergebnisse für Deutschland, Brasilien und Europa ist in Tab. 1 dargestellt. Die Werte sind auf 100 % pro Land normiert und liegen zwischen zwei und fünf Prozent. Die Standardabweichung schwankt zwischen 0,3 % und maximal 1,6 %. Die Korrelation ist für Deutschland und Europa sehr hoch (99,47 %), da die europäischen Teilnehmer zu einem großen Anteil aus Deutschland stammen. Im Vergleich dazu ist die Rangkorrelation von Deutschland zu Brasilien mit rund 75 % relativ niedrig. [13]

Tab. 1: Auszug der Bewertung der Gesellschaftsfaktoren für Brasilien, Deutschland und Europa

	Brasilien	Std.abw.	Deutschland	Std.abw.	Europa	Std.abw.
Arbeitsunfälle	4,4%	0,6%	4,1%	1,5%	4,1%	1,4%
tödliche Arbeitsunfälle	4,7%	0,9%	5,0%	1,6%	4,9%	1,5%
Löhne und Gehälter	3,8%	0,5%	2,9%	1,0%	2,9%	1,0%
berufliche Weiterbildung	3,5%	0,4%	3,5%	1,1%	3,4%	1,1%
Streiks und Aussperrungen	2,8%	1,2%	2,4%	1,2%	2,4%	1,2%
Umsatz	2,3%	1,3%	2,4%	1,2%	2,3%	1,2%
Bruttowertschöpfung	3,1%	1,0%	3,0%	1,2%	2,9%	1,3%
Unternehmen	3,6%	0,3%	2,7%	1,1%	2,8%	1,2%
Subventionen	2,7%	1,1%	3,1%	1,3%	3,3%	1,3%
Exporte	2,2%	1,0%	2,7%	1,2%	2,8%	1,1%

[13] Auf die Ergebnisinterpretation soll in diesem Artikel nicht näher eingegangen werden.

5 Grenzen & Ausblick: Sozioökonomische Gewichtungsfaktoren

Wie eingangs bereits erwähnt, werden Gewichtungen im LCA-Bereich häufig kontrovers diskutiert. Sie sind aber in der Praxis ein durchaus üblicher Schritt. Daher wurden für die SEEBALANCE Faktoren zur Gewichtung in diesem Dissertationsprojekt erstellt.

Grenzen & Ausblick von Gewichtung:

Der wesentliche Grund zur Erstellung von Gewichtungsfaktoren ist ein pragmatischer: nämlich, dass eine SEEBALANCE nach Erstellung einer Analyse eine Entscheidung herbeiführen soll. Eine Entscheidung kann in vielen Fällen nur gefällt werden, wenn es eine Wertung der verschiedenen Kriterien gibt – ob nun eine Gewichtung vorgegeben ist oder nicht. Im Fall, dass keine Gewichtung vorgegeben ist, findet eine Bewertung der verschiedenen Kriterien je nach Studie statt. So verhält es sich beispielsweise bei vergleichenden Ökobilanzen ohne erstellte Gewichtungsfaktoren. Auch hier wird am Ende einer Analyse eine Entscheidung für bzw. gegen ein entsprechendes Produkt gefällt. Vorgegebene Gewichtungsfaktoren haben den Vorteil, dass das gleiche Maß für alle Analysen angewendet wird. Dies gewährt aus Sicht der BASF SE eine objektivere Nachvollziehbarkeit der Analyse.

Das Forschungsprojekt ist aber nicht der Frage nachgegangen, ob die kontroverse Diskussion um Gewichtung überhaupt sinnvoll geführt wird. Es stellt sich doch die Frage, ob verschiedene Gewichtungsmethoden, wenn sie dieselben Kriterien bewerten, überhaupt zu signifikanten Unterschieden in den Ergebnissen kommen. Dies ließe sich beispielsweise in einer Art „Ringversuch“ mit verschiedenen Gewichtungsmethoden testen. Darüber hinaus können Analysen unter Anwendung verschiedener Gewichtungsmethoden ebenfalls eine Bandbreite der Ergebnisvariation aufzeigen.

Grenzen & Ausblick des Ratings-Ansatzes:

Es ist positiv zu bewerten, dass sowohl für den ökologischen als auch den sozioökonomischen Teil derselbe Ansatz (Scaling) verwendet wurde. Mit anderen Methoden wie der Monetarisierung oder der Methode der ökologischen Knappheit wäre ein gleiches Vorgehen für den sozioökonomischen und den ökologischen Teil nur schwer möglich gewesen. Da es beispielsweise schwierig ist die Arbeitszufriedenheit zu monetarisieren.

Der Rating-Ansatz ist ein sehr einfacher Ansatz in der Durchführung. Eine Schwäche bei diesem Ansatz ist, dass die Wichtigkeit zwischen den Kriterien nicht erzwungen wird. Häufig findet dann eine Bewertung im oberen Bereich statt. Dies trifft in der vorliegenden Umfrage zum Teil zu. Anscheinend neigen viele Befragte eher dazu eine zu hohe Bewertung abzugeben und eben nicht zu differenzieren. Hier stellt sich für zukünftige Befragungen die Frage, wie man durch eine adäquate Auswertung dieses

„Verhalten" korrigiert, unter der Annahme, dass der Befragte unbewusst die Antworten im oberen Bereich gesetzt hat. Auch sollte zukünftig überprüft werden, ob nicht eine geeignetere Methode mit einer einfachen Auswertungsmethode vorliegt, die für eine solche Umfrage verwendet werden könnte.

Die Korrelation zwischen Deutschland und Brasilien ist niedrig. Dies entspricht der Erwartung, dass die Bewertung abhängig vom jeweiligen Land ist. Vermutlich sind die Unterschiede für die sozioökonomischen Aspekte deutlicher, da auch die gesellschaftliche Lage Brasiliens und Deutschlands verschieden ist. Brasilien als Schwellenland hat andere Probleme als Deutschland als Industrieland. Damit kann also deutlich gezeigt werden, dass für die sozioökonomischen Faktoren eine Differenzierung nach Land sinnvoll ist. Hier stellt sich daher nun die Frage in welche Regionen man sinnvoller Weise die Welt unterteilen könnte, so dass Gewichtungsfaktoren mit dieser Methode mit einem angemessenen Arbeitsaufwand erstellt werden könnte.

Bei diesem Ansatz ist aber zu bemängeln, dass die Stichprobe gering und nicht repräsentativ ist. Daher wird empfohlen diese Umfrage mit einer repräsentativen Stichprobe zu wiederholen.

Trotz der vorgeschlagenen Erweiterungen und Verbesserungen in diesem Bereich kann mit den ökologischen und den sozioökonomischen Faktoren in der SEEBALANCE gearbeitet werden. Die Ergebnisse wurden in einigen Studien getestet. Nur bei extremen Veränderungen der Faktoren kann es auch zu Veränderungen bezüglich der Sozioökoeffizienz in einer Analyse kommen.

6 Grenzen & Ausblick weiterer Forschungsthemen

Dieser Beitrag soll die Grenzen der anderen Themengebiete des Dissertationsprojektes aufführen und den weiteren Forschungsbedarf diskutieren. Ausführlich wurden bereits die Grenzen des Themas Gewichtung aufgeführt. Nachfolgend werden Fragen aufgeführt, die die Grenzen der anderen Themengebiete charakterisieren:

Bewertung der Toxizität in der SEEBALANCE:

- Werden kanzerogene, mutagene und reprotoxische (CMR-Stoffe) oder persistente und bioakkumulative (PBT-Stoffe) Stoffe in LCA Methoden adäquat berücksichtigt?
- Sollte bei der Bewertung der Toxizität das mögliche Potential einer Substanz oder die tatsächlich emittierte Menge berücksichtigt werden oder sogar beides?

Bewertung Volkswirtschaftlicher Aspekte in der SEEBALANCE:

- Wo sollten volkswirtschaftliche Aspekte in der SEEBALANCE eingeordnet werden?
- Können Indikatoren für volkswirtschaftliche Aspekte die Fragestellungen seitens der EU Kommission im Rahmen der REACH Autorisierung überhaupt hinreichend beantworten?

Referenzen

Finnveden, G.; Eldh, P.; Johansson, J. (2006): Weighting in LCA Based on Ecotaxes – Development of a Mid-point Method and Experiences from Case Studies. International Journal of Life Cycle Assessment, Vol. 11, Special Issue 2 (2006): 81-88.

Huppes, G. et al. (2007): Eco-efficient environmental policy in oil and gas production in The Netherlands. Ecological Economics, Vol. 61, No. 1: 43-51.

Hofstetter, P. (1999): Starting Point Weighting Methods. Hints and Hits for the Development and Harmonisation of Characterisation Models. Global LCA Village (1999): 1-6.

ISO 14040 (2006): Umweltmanagement – Ökobilanz – Grundsätze und Rahmenbedingungen. Hrsg. v. International Organization for Standardization, Beuth Verlag, Berlin.

ISO 14044 (2006): Umweltmanagement – Ökobilanz – Anforderungen und Anleitungen. Hrsg. v. International Organization for Standardization, Beuth Verlag, Berlin.

Kölsch, D. (o.J.): Sozioökonomische Bewertung von Chemikalien unter REACh. Dissertation am Institut für Geographie und Geoökologie der Universität Karlsruhe. (Unveröffentlicht). Karlsruhe.

Netzwerk Lebenszyklusdaten (Hrsg.) (o.J.): LCIA method information. http://www.netzwerk-lebenszyklusdaten.de/cms/content/site/lca/Home/Aktivitaeten/LCIAcorner/LCIAmethods, 10.07.2009.

Powell, J. C.; Pearce, D. W.; Craighill, A. L. (1997): Approaches to Valuation in LCA Impact Assessment. International Journal of Life Cycle Assessment, Vol. 2, No. 1 (1997): 11-15.

Saling, P. et al. (2002): Eco-Efficiency Analysis by BASF – the Method. International Journal of Life Cycle Assessment, Vol. 7, No. 4 (2002): 203-218.

Saling, P. et al. (2007): Entwicklung der Nachhaltigkeitsbewertung SEEbalance® – im BMBF-Projekt „Nachhaltige Aromatenchemie“. Karlsruher Schriften zur Geographie und Geoökologie, Band 22 (2007).

Vernetzungsmöglichkeiten von LCA und MFA – Nutzung von Synergieeffekten beider Methoden

Robert Ilg und Jan Paul Lindner, Universität Stuttgart

Zusammenfassung

Die Frage nach den Umweltwirkungen von Produkten und den eingesetzten Materialien gewinnt aufgrund der zunehmenden Forderung nach der Berücksichtigung des Nachhaltigkeitsgedankens für alle Industriebranchen stetig an Bedeutung. Die Ökobilanz (LCA) ist eine Methode, die ökologischen Wirkungen eines technischen Systems entlang dessen gesamten Lebenszyklus darzustellen. Die Materialflussanalyse (MFA) gibt die Materialströme innerhalb eines Systems sowie über dessen Systemgrenzen hinaus an.

Ökobilanz und Materialflussanalyse werden als eigenständige Methoden betrachtet, da Ziele, Systemgrenzen und Lösungsansätze nicht identisch sind. Bei einer Ökobilanz werden die Umweltwirkungen eines Produktes im Laufe von dessen Lebenszyklus betrachtet. Dagegen hat die Materialflussanalyse die Beschreibung der in einem bestimmten System vorherrschenden Materialflüsse zum Ziel. Den Kern des hier vorgestellten Ansatzes bildet die Nutzung von Synergieeffekten beider Methoden.

Durch die Nutzung von Synergieeffekten von LCA und MFA kann die Qualität beider Methoden verbessert werden. Dieser Artikel stellt eine Übersicht über Grundsätze der Ökobilanzen und Materialflussanalysen dar und zeigt einen Lösungsansatz für die Frage der Materialbindung in Produkten auf.

1 Motivation und Fragestellung

Durch das Prinzip der Integrierten Produktpolitik (IPP) [EU 2003] hat sich die Europäische Kommission zum Ziel der Reduzierung der Umweltwirkungen von Produkten und Dienstleistungen entlang deren Lebenszyklen bekannt. Dieser Ansatz wurde inzwischen durch das Prinzip der Nachhaltigkeit in der Produktion und im Verbrauch (engl. „sustainable consumption and production") [EU 2008] weitergeführt. Darin wird zum einen die Reduzierung von Umweltwirkungen als klares Ziel ausgegeben, zum anderen wird der Ansatz des Lebenszyklusgedankens („Life Cycle Thinking“) als eine der fünf Grundprinzipien der Betrachtung obligatorisch für die integrierte Produktpolitik der Europäischen Kommission.

Im Detail heißt dies, dass bereits in der Design- und Herstellungsphase eines Produktes verschiedene Konstruktionsmöglichkeiten aus technischer, ökonomischer und ökologischer Sicht untersucht werden. Des Weiteren werden diese Aspekte in Bezug auf auf die Nutzungsphase sowie das Lebensende eines Produktes betrachtet. Somit wird der gesamte Lebenszyklus eines Produktes analysiert, um so Rückschlüsse auf das Verhalten über die jeweilige Lebenszyklusphase hinaus zu erhalten. So können sich unter ganzheitlicher Betrachtung umweltliche Vorteile einer Lebenszyklusphase nachteilig auf eine andere Lebenszyklusphase auswirken (engl.: shift of burdens). Beispielsweise ist es möglich, dass ein Gerät mit geringeren Umweltlasten als ein anderes hergestellt wird, diesen Vorteil aber in der Nutzungsphase durch höhere Emissionen im Betrieb wieder verliert. Angesichts dieser Tatsache wurde der Ansatz des Lebenszyklusgedankens in die Gesetzgebungen und Verordnungen integriert. Die Autoindustrie beispielsweise muss aufgrund der Altfahrzeugverordnung [Altfahrzeug-Verordnung (2009)] ihre Produkte unentgeltlich zurücknehmen.

Durch die Integration des Lebenszyklusgedankens in die Produktpolitik rückt auch die Frage nach dem Verbleib von Materialien, die in diesen Produkten gebunden sind, in den Vordergrund. Werden durch die Einbindung von Materialien in bestimmten Produkt- und Industriezweigen Engpässe bei deren Versorgung folgen? Welche Materialien können rezykliert werden und wie gelangen diese nach ihrer Nutzung zurück in das Wertschöpfungssystem?

Der Betrachtung der gesamten Wertschöpfungsprozesse für einzelne Industriesektoren durch die Entwicklung eines Ansatzes zur prozessübergreifenden Bewertung und Planung wird dabei eine große Bedeutung zukommen.

2 Grundlagen

2.1 Methode der Ökobilanz (LCA)

Wie bereits eingehend erwähnt, hat sich der Lebenszyklusgedanke in der integrierten Produktpolitik und -bewertung etabliert [EU 2003]. Für die Quantifizierung von Umweltwirkungen gibt es mit der Ökobilanz gemäß DIN EN ISO 14040 [DIN 14040 (2006)] und 14044 [DIN 14044 (2006)] eine allgemein akzeptierte und international genormte Methode und Vorgehensweise. Auch für die Erstellung von Umweltproduktdeklarationen nach ISO 14025 sind Lebenszyklusbetrachtungen obligatorisch [DIN 14025 (2007)].

Die Ökobilanz (engl. Life Cycle Assessment LCA) ist eine Methode zur Analyse und Bewertung der Umweltauswirkungen von Produkten, Verfahren und Dienstleistungen. Dabei ist der Systemraum grundsätzlich der gesamte Lebenszyklus des untersuchten Systems. Für ausführliche Beschreibungen der Grundlagen der Methodik wird u.a. auf [Eyerer et al. (1996)], [Heijungs et al. (1992)] und [Guinée et al. (2002)] verwiesen. Nachfolgend werden nur die wichtigsten methodischen Aspekte der Ökobilanz kurz vorgestellt.

Die Norm DIN EN ISO 14040 beschreibt die einzelnen Schritte und Anwendungsmöglichkeiten von Ökobilanzen, dargestellt in Abbildung 1.

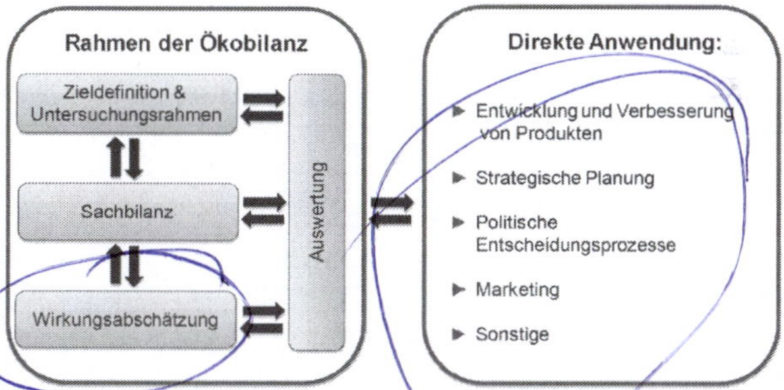

Abb. 1: Rahmen und Anwendung der Ökobilanz (Quelle: [DIN 14040 (2006)]).

Bei der Festlegung des Ziels und des Untersuchungsrahmens der Ökobilanz-Studie werden gemäß [DIN 14040 (2006)] und [DIN 14044 (2006)] das Ziel der Studie, die funktionelle Einheit und die Systemgrenzen definiert. Funktionelle Einheit ist die quantifizierte Funktion des Produktsystems. Dies ist in der Regel die Bereitstellung einer Dienstleistung (Nutzung eines Produktes), zum Beispiel der Genuss einer Tasse Kaffee. Gleichzeitig dient die funktionelle Einheit als Bezugseinheit für die ermittelten Umwelteinwirkungen. Sie soll die Vergleichbarkeit unterschiedlicher Bilanzen gewährleisten. Dies kann zum Beispiel bei einem Auto die Beförderung von einer Person von Ort A nach B sein – dadurch ist die Studie prinzipiell vergleichbar mit anderen Studien, in denen andere Transportmodi betrachtet werden.

Die Hauptaufgabe einer Sachbilanz besteht in der Quantifizierung von Stoff- und Energieströmen über den gesamten Lebenszyklus eines Produktes, die in das System eintreten oder dieses verlassen. Meist werden die betrachteten Systemräume sehr umfangreich und die Berechnung von Ökobilanzen wird erst durch den Einsatz von Rechnerunterstützung handhabbar. Es gibt verschiedene Softwareanbieter, die

Ökobilanz-Datenbanken anbieten. Ein leistungsfähiges Programm mit einer Datenbank zur Ökobilanz stellt das Softwaresystem GaBi dar [GaBi (2009)], mit dem die Autoren vornehmlich arbeiten. GaBi ist derzeit in der Version 4.3 erhältlich und wird international angewendet.

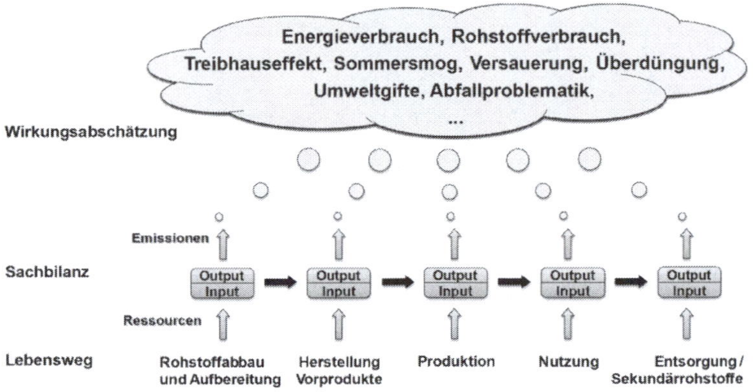

Abb. 2: Lebenswegansatz als Basis für das Systemmodell

Abbildung 2 zeigt eine zusammenfassende Darstellung der Ökobilanz anhand des Lebenswegansatzes als Basis für das Systemmodell. Zunächst wird in einem Modell über den Systemraum die Bereitstellung aller Materialien und Energie in verschiedenen Formen abgebildet. Dabei werden alle Verfahrensschritte der Wertschöpfungskette einbezogen. Der Analyseschritt der Sachbilanz bildet die Summe aller im Systemraum auftretenden Elementarflüsse. Elementarflüsse sind diejenigen Flüsse, die direkt aus der Umwelt entnommen oder in diese entlassen werden, z. B. Erze oder Emissionen. Die Elementarflüsse werden dann Umweltproblemfeldern (z.B. Treibhauseffekt in kg CO_2-Äquivalenten angegeben) zugeordnet und in ihrer Wirkung auf diese Umweltproblemfelder charakterisiert. Der Elementarfluss 1 kg Kohlendioxid (CO_2) hat die Wirkung von 1 kg CO_2-Äquivalenten, der Elementarfluss 1 kg Methan (CH_4) dagegen die Wirkung von 23 kg CO_2-Äquivalenten zum Treibhauspotential.

Die Methode der Ökobilanz nach den Normen DIN EN ISO 14040 [DIN 14040 (2006)] und DIN EN ISO 14044 [DIN 14044 (2006)] bildet auch die direkte und indirekte Basis für weitere Ansätze zur umweltlichen Bewertung von Produkten und/oder der Bereitstellung von Umweltinformation, wie beispielsweise für Umweltproduktdeklarationen (environmental product declaration EPD) nach DIN ISO 14025 [DIN 14025 (2007)].

2.2 Methode der Materialflussanalyse (MFA)

Generell befasst sich die Materialflussanalyse (MFA) mit der Frage der Quantifizierung von Materialströmen innerhalb eines Systems sowie über dessen Systemgrenzen hinaus. Durch die MFA werden Fragestellungen wie die Bindung eines Materials in verschiedenen Industriesektoren/-produkten bearbeitet [Bringezu et al. (1997)].

Ziel ist die Darstellung aller physischen Austauschprozesse zwischen Gesellschaft und Natur. Dazu wird die gesamte Volkswirtschaft als Input-Outputsystem abgebildet. Die Untersuchung der Austauschprozesse kann dabei in unterschiedlicher Detailtiefe erfolgen, von der gesamtwirtschaftlichen Betrachtung bis hin zur produkt- oder stoffspezifischen Analyse. Die Materialflussanalyse (MFA) basiert auf dem ersten Gesetz der Thermodynamik, der Erhaltung von Masse und Energie [OECD (2008)]. Besonders interessant sind dabei die Fragen nach dem Verbleib des Materials in einem System und die Bindung in verschiedenen Industriesektoren/-produkten [Bringezu et al. (1997)].

3 Synergieeffekte von LCA und MFA

Da LCA und MFA eigenständige Methoden mit interessanten Schnittmengen darstellen, stellt die Nutzung von Informationen für die jeweils andere Methode einen Mehrwert dar. Schnittmenge bildet die Erfassung von Teilströmen, Wertstoffen, Energieträgern und Emissionen. Auf der LCA-Seite werden diese Ströme für ein Produkt mit komplexen Materialkombinationen erfasst und betrachtet (Sachbilanz). Die MFA betrachtet dagegen ein Material, gebunden in verschiedenen Reservoirs und Sektoren. Die in Abbildung 3 dargestellte Grafik verdeutlicht die Zusammenhänge eines Produktlebenszykluses [Rebitzer et al. (2004)]

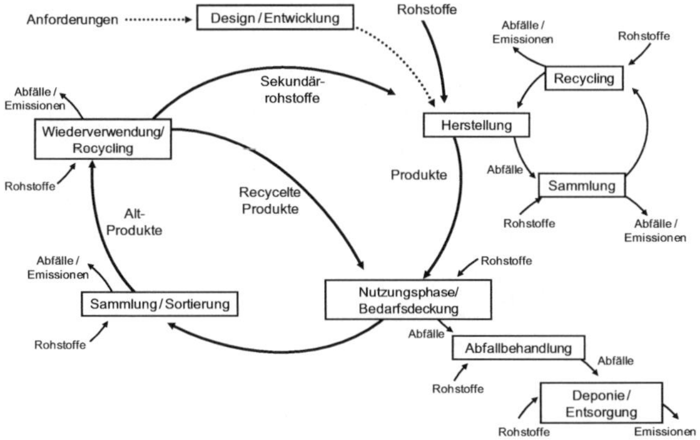

Abb. 2: Lebensweganschatz als Basis für das Systemmodell (Quelle: Rebitzer et al. (2004))

Die in der Methode der Ökobilanz implementierte Wirkungsbilanz bildet die Schnittstelle zwischen Mengenströmen und ökologischer Relevanz. Eine gezielte Auswertung liefert ein ökologisches Profil mit konsistenten Systemgrenzen für ein Produkt, bestehend aus einer Vielzahl von Materialien. Für die Herstellung von Produkten muss ein immer größerer Aufwand für die Erschließung neuer Ressourcen aufgewendet werden. Ein Großteil der heute verfügbaren Ressourcen ist jedoch bereits in Produkten enthalten und dort, zeitlich begrenzt, gebunden. So findet man in Produkten wie Gebäuden oder Autos eine Vielzahl an Materialien wie Kunstoffe und Metalle. Aluminium, Eisen und Stahl sind bekanntlich Grundrohstoffe des Maschinen- und Automobilbaus sowie der Bauindustrie. Edelmetalle wie Gold oder Silber bilden heutzutage häufig zusammen mit Kupfer, Zinn und Halbleitermaterialien die Grundlage der Elektro- und Elektronikindustrie. Diese zunehmende Einbindung der Rohstoffe in Produkten führt zu einer großen Veränderung in der Rohstoffindustrie.

Besonders die am Produkt-Lebensende betrachtete Recyclingquote spielt eine wichtige Rolle. In der Praxis gibt es verschiedene Ansätze, um die Auswirkungen von Recycling in der Lebenszyklusanalyse zu beschreiben, etwa den des geschlossenen Kreislaufs, des offenen Kreislaufs, die Systemerweiterung durch Gutschriften und andere.

Die im Rahmen einer Lebenszyklusanalyse betrachtete Recyclingquote ist die Menge an rezykliertem Material eines Produktes bezogen auf die Menge an in das Produktsystem eingebrachtem Material. Informationen über diese benötigten Daten sind grundsätzlich Teil der Materialflussanalyse, welche in das System eingehende, aus dem System ausgehende und im System verbleibende Materialflüsse betrachtet. Diese Daten aus der MFA können dazu verwendet werden, präzise Informationen zu Recyclingquoten von Materialien in Produkten für die Nutzung in der LCA bereitzustellen.

Die Ressourcenverfügbarkeit ist endlich und die Frage nach dem wo und wie lange, also dem Verbleib und Dauer der Rohstoffeinbindung sowie der Rezyklierbarkeit von Produkten kommt eine entscheidende Rolle zu. Die Rückgewinnung von Materialien aus Produkten führt hin zu einer ressourceneffizienteren und nachhaltigeren Entwicklung.

Einerseits kann durch die Angaben einer MFA über den Verbleib eines Materials in verschiedenen Industriesektoren die LCA nützliche Sachbilanzinformationen ableiten. Um dauerhaft die Nachfrage nach einem Material befriedigen zu können, ist die Identifikation und Erfassung des in Produkten gebundenen Materials für die einzelnen Materialkreisläufe von Bedeutung. Dies gilt auch für potenziell rezyklierbare Materialströme und -lager, die derzeit nicht genutzt werden.

Andererseits kann die MFA von den Ergebnissen der LCA profitieren und so eine Einschätzung über ökologisch relevante Materialströme erhalten.

Bezugnehmend auf das Recycling von Metallen stellt die MFA relativ genau Daten über den Verbleib von Materialien zur Verfügung, die als Sachbilanzdaten in die LCA eingehen können. Auf der anderen Seite ermöglicht die LCA eine quantitative Abwägung der Nachhaltigkeit von Recycling gegenüber der Produktion von Primärmaterial, sowie in der MFA einer auf der ökologischen Relevanz begründeten Definition von Abschneidekriterien. Beide Methoden können sich also iterativ ergänzen – die LCA liefert eine erste Aussage über die ökologische Relevanz von Stoffströmen. In der MFA werden die Ströme genau erfasst (und eben nicht die weniger relevanten, was Arbeit spart). Diese Informationen gehen dann wieder in die LCA ein und dienen zur Berechnung der ökologischen Wirkung eines Produktsystems.

4 Schlussfolgerungen und Ausblick

Ökobilanz (LCA) und Materialflussanalyse (MFA) werden als eigenständige Methoden betrachtet, da Ziele, Systemgrenzen und Lösungsansätze nicht identisch sind. Bei einer Ökobilanz werden die Umweltwirkungen eines Produktes im Laufe von dessen Lebenszyklus betrachtet. Dagegen hat die Materialflussanalyse die Beschreibung der in einem bestimmten System vorherrschenden Materialflüsse zum Ziel. Die Verknüpfung der Methoden generiert für beide einen Mehrwert. Die MFA kann mit weniger Aufwand durchgeführt werden und liefert ihrerseits nützliche Informationen für die LCA. Die Wiedergewinnung und das Recycling von Metallen aus Produkten stellt nur ein Beispiel von vielen dar.

Trotz der methodischen Unterschiede zwischen MFA und LCA kann durch die Nutzung von Synergieeffekten die Qualität beider Methoden verbessert werden. Die Frage der ökologischen Lebenszyklusbetrachtung verbunden mit der Materialverfügbarkeit für Produkte sowie der zeitlichen Einbindung und Verfügbarkeit von Materialien in verschiedenen Industriesektoren wird hinsichtlich des steigenden Ressourcenverbrauchs und limitierten Ressourcenverfügbarkeit zunehmend an Bedeutung gewinnen.

Literatur

EU (2003): Mitteilung der Kommission an den Rat und das Europäische Parlament: Integrierte Produktpolitik. Auf den ökologischen Lebenszyklus-Ansatz aufbauen. KOM(2003) 302 endgültig. Brüssel

EU (2008): Mitteilung der Kommission an das Europäische Parlament, den Rat, den Europäischen Wirtschafts- und Sozialausschuss und den Ausschuss der Regionen: über den Aktionsplan für Nachhaltigkeit in Produktion und Verbrauch und für eine nachhaltige Industriepolitik. KOM(2008) 397 endgültig. Brüssel

Altfahrzeug-Verordnung (2009): Altfahrzeug-Verordnung in der Fassung der Bekanntmachung vom 21. Juni 2002 (BGBl. I S. 2214), die durch Artikel 17 des Gesetzes vom 31. Juli 2009 (BGBl. I S.

2585) geändert worden ist. Online verfügbar unter: http://www.gesetze-im-internet.de/altautov/index.html

DIN 14040 (2006): DIN EN ISO 14040:2006 (2006): Umweltmanagement - Ökobilanz - Grundsätze und Rahmenbedingungen. Berlin: Beuth Verlag

DIN 14044 (2006): DIN EN ISO 14044:2006 (2006): Umweltmanagement - Ökobilanz - Anforderungen und Anleitungen. Berlin: Beuth Verlag

DIN 14025 (2007): DIN ISO 14025:2007-10. Umweltkennzeichnungen und -deklarationen - Typ III Umweltdeklarationen – Grundsätze und Verfahren (ISO 14025:2006). Berlin: Beuth Verlag

Eyerer et al. (1996): Ganzheitliche Bilanzierung. Berlin: Springer Verlag

Heijungs et al. (1992): Heijungs, R. et al.: Environmental Life Cycle Assessment – Guide & Background. Centrum voor Milieukunde (CML), Leiden, The Netherlands, 1992.

Guinée et al. (2002): Guinée, J. B. (Hg.) et al.: Handbook on Life Cycle Assessment : Operational Guide to the ISO Standards. Dordrecht u.a.: Kluwer Academic Publishers; Kluwer Acad. Publ., 2002 (Eco-Efficiency in Industry and Science 7).

GaBi (2009): PE INTERNATIONAL GmbH; Lehrstuhl für Bauphysik, Universität Stuttgart: GaBi 4 : Software und Datenbanken zur Ganzheitlichen Bilanzierung. Stuttgart, Echterdingen: LBP, PE

Bringezu et al. (1997): Bringezu, S., et al. (eds) (1997). Regional and National Material Flow Accounting: From Paradigm to Practice of Sustainability. Proceedings of the ConAccount workshop 21-23 January 1997, Leiden, the Netherlands. Wuppertal Institute for Climate, Environment & Energy, Wuppertal Special 4

OECD (2008): Measuring Material flows and resource productivity.

Rebitzer et al. (2004): Rebitzer, G. et al. (Hg.): Life cycle assessment. Part 1: Framework, goal and scope definition, inventory analysis and applications.

Suitability of process-based LCA, input-output LCA, MFA and hybrid approaches for policy and decision making support

Kathy Reimann, Technische Universität Berlin (and project partners and coordinators)

1 Introduction

The European Commission (EC) has emphasised the importance of environmental and sustainability oriented policy measures in recent years by introducing specific strategies and regulations. These are, among others, the Sustainable Development Strategy [European Commission 2006], the Thematic Strategy on the Sustainable Use of Natural Resources [European Commission 2005] or the Eco-label Regulation [European Commission 2000].

The measurement of the progress, effectiveness and efficiency of the policy targets in these strategies and legislations needs reliable and scientifically robust indicators. The range of existing (life-cycle based) sustainability indicators is very broad, depending on the level of policy/decision-making and the type of information needed. Any indicator development and application has to be based on solid methodological foundations to achieve broad acceptance from stakeholders.

Therefore, the project reported in this paper addresses a number of typical scope situations by an analysis of different life-cycle methods and an evaluation of their suitability to each situation. This evaluation contributes to a scientifically sound basis of a methodological framework for building up life-cycle based sustainability indicators.

The following life cycle methods are considered:

- process-based LCA, P-LCA [ISO 14040 2006; ISO 14044 2006]
- sector-based Economic Input-Output LCA (EIO-LCA) [Hendrickson et al. 2006];
- Material flow analysis (MFA) [European Communities 2001];

- Combinations of the above methods: Environmentally weighted material consumption (EMC) and approaches combining process-LCA and EIO-LCA (Hybrid) [Van der Voet 2005; Suh and Nakamura 2007].

To achieve high quality and unbiased results, great care was taken to select an appropriate and representative research team.

2 Methodology

The life cycle methods are evaluated for their applicability for mainly two scopes: a product and process perspective on the micro level and a monitoring perspective on the macro level. However, the life cycle stage waste treatment is evaluated separately at both macro and micro level. If for a method further relevant differences are detected in other life cycle phases or criteria, these differences are discussed separately as well. In addition the evaluation encompasses the present situation and a long-term future scenario of 10 years time, again separately for the life cycle stage of waste treatment.

The evaluation method uses a quantitative scoring, applying a scoring system consisting of 11 criteria covering the following issues:

- General criteria (Method documentation and transparency, Applicability, Stakeholder acceptance, Objectivity in application, Communicability of method)
- Methodolgical criteria (Scientific soundness, Methodological completeness)
- Technical criteria (Availability of software tools, Suitability for time dependent models)
- Data criteria (Data availability and accessibility, Data quality)

For the definition of each criterion different sub-criteria were developed and further described by specific aspects which were to be taken into account for the evaluation. Each sub-criterion scores on a scale from 0 to 4; ranging from "no compliance" of the method with the aspect to "complete compliance". An impartial, independently developed weighting system (range 1-5) is applied after the evaluation is carried out and consolidated between the involved experts. Some criteria are defined as knock-out criteria, i.e. if a method scores 0 or 1 on one of these criteria, it is considered unsuitable for the application, irrespective of the total score achieved on the full set of criteria.

3 Results

The final results - consolidated with experts and stakeholders - will be presented at the workshop. Only an exemplary result is given here. As can be seen in Figure 1 the results for the criterion "Method documentation and transparency indicate that process-LCA performs best on the micro level application. On the other hand a similar performance is achieved by process-LCA, EIO-LCA and MFA for the macro level application.

The comprehensive evaluation of life cycle approaches against their suitability for scope situations on different levels of decision making will contribute greatly to the development of the three sets of decoupling indicators, as announced in the EU Thematic Strategy on the Sustainable Use of Natural Resources.

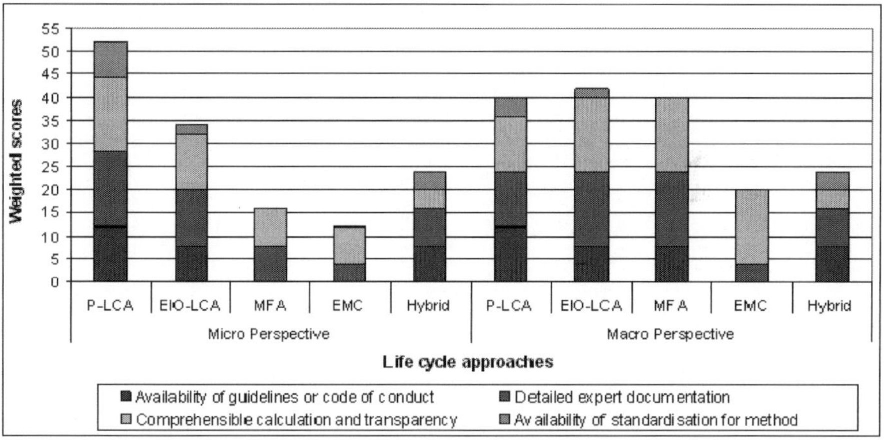

Fig. 1: Exemplary result for „Method documentation and transparency" – total result incl. weighting – macro scale

References

[European Commission 2000] European Commission: Regulation No. 1980/2000 Eco-label, 2000

[European Commission 2005] European Commission: COM(2005) 670: Thematic Strategy on the Sustainable Use of Natural Resources, 2005

[European Commission 2006] European Commission: 10917/06: Renewed EU Sustainable Development Strategy, 2006

[European Communities 2001] European Communities: Economy-wide Material Flow Accounts and Derived Indicators: A Methodological Guide. Luxembourg, Office for Official Publications of the European Communities, 2001

[Hendrickson et al. 2006] Hendrickson, C. T. et al.: Environmental Life Cycle Assessment of Goods and Services: An Input-Output Approach. Washington, DC, Resources for the Future,2006

[ISO 14040 2006] ISO 14040: Environmental management – Life cycle assessment – Principles and framework, 2006

[ISO 14044 2006] ISO 14044: Environmental management – Life cycle assessment – Requirements and guidelines, 2006

[Suh and Nakamura 2007] Suh, S.; S. Nakamura: Five Years in the Area of Input-Output and Hybrid LCA. International Journal of Life Cycle Assessment 12(6): 351 - 352, 2007

[Van der Voet 2005] Van der Voet, E.: Policy Review on Decoupling: Development of indicators to assess decoupling of economic development and environmental pressure in the EU-25 and AC-3 countries. CML report 166, 2005

Lebenszyklusmanagement für KMU der kunststoffverarbeitenden Industrie am Beispiel Holz/Kunststoff-Verbundwerkstoffe

Kyra Seibert, Süddeutsches Kunststoff-Zentrum, Würzburg

1 Motivation und Zielsetzung

Unternehmen sind immer stärker gefordert, einen Beitrag zur nachhaltigen Entwicklung zu leisten. Nachhaltiges Wirtschaften in die tägliche Praxis zu integrieren, stellt jedoch für viele, insbesondere kleine und mittelständische Unternehmen (KMU) eine große Herausforderung dar. Hier lässt sich Nachhaltigkeit nur umsetzen, wenn sie messbar und somit bewertbar ist. Als Lösungsansatz auf der Produktebene kann ein Lebenszyklusmanagement (engl.: Life Cycle Management, LCM) eingesetzt werden. Lebenszyklusmanagement ist nach [Hunkeler et al. 2001] als Rahmen von Konzepten, Techniken und Prozeduren zu verstehen, die Nachhaltigkeitsaspekte einbeziehen. KMU der kunststoffverarbeitenden Industrie nutzen die Möglichkeiten einer Lebenszyklusbetrachtung mangels Wissen und Kapazitäten bislang kaum.

Vor diesem Hintergrund entstand die Idee, kunststoffverarbeitende Unternehmen beim Aufbau eines Lebenszyklusmanagements für ihre Produkte zu unterstützen. Ziel ist es, ein Instrument zu entwickeln, das es ihnen erlaubt, ihre Produkte und Prozesse eigenständig zu bewerten. Dieses Programm soll

- einen praktikablen Einstieg in ein Lebenszyklusmanagement,
- die Identifikation von Stellschrauben für Optimierungen sowie
- einen Vergleich mit Konkurrenzprodukten ermöglichen.

Das Instrument wird am Beispiel der Werkstoffklasse Holz/Kunststoff-Verbundwerkstoffe (engl.: Wood Polymer Composites, WPC) entwickelt. WPC wurden ausgewählt, da sie eine junge, innovative Werkstoffklasse darstellen, die mit petrochemischen Kunststoffen vergleichbare Produkteigenschaften ermöglichen – und dies bei deutlich reduzierten Umweltbelastungen [FNR 2008]. Gerade für solche Werkstoffe lohnt es sich, bei unternehmerischen Entscheidungen Überlegungen zur Nachhaltigkeit der Produkte einzubeziehen. In der ersten Projektphase lag der Schwerpunkt auf der Verarbeitung von WPC-Materialien. Ergebnis dieser Arbeiten ist das Programm *Elwood.*

2 Das Bewertungsinstrument *Elwood*

2.1 Konzept des Bewertungsinstruments *Elwood*

Die Produktbewertung im Rahmen von *Elwood* basiert auf einer Ökobilanz und Lebenszykluskostenrechnung von WPC-Produkten. Das Programm wurde so konzipiert, dass es mit geringen Vorkenntnissen praktikabel bedient werden kann. Alle Daten, die in den Betrieben nicht bekannt sind bzw. dort erhoben werden können, wurden deshalb in einer Datenbank hinterlegt. Alle Berechnungen, d. h. sowohl der Sachbilanz und Wirkungsabschätzung als auch der Lebenszykluskosten, erfolgen automatisiert. Für die beteiligten KMU steht eine Produktions- und Prozessoptimierung im Vordergrund. Deshalb wurde eine Szenarienfunktion in das Programm integriert, um Ergebnisse über den statischen Istzustand hinaus erhalten zu können.

Das Produktsystem wurde bewusst offen definiert. Es beinhaltet alle im Extrusionsverfahren hergestellten Profile aus Holz/Polyproplyen-Verbundwerkstoffen. Diese werden u.a. als Terrassenbeläge, Fassadenelemente, Abdeckleisten, Bauteile für Möbel oder Sichtschutzwände eingesetzt. Damit ist das Programm branchenweit für eine Bandbreite verschiedener WPC-Produkte, die unter unterschiedlichen Randbedingungen hergestellt und genutzt werden, einsetzbar. Welche Funktion ein extrudiertes WPC-Profil explizit erfüllt, bestimmt der Anwender des Programms.

Auch die funktionelle Einheit ist daher nicht vorab festgelegt, sondern wird für jeden Anwendungsfall neu definiert. Vorgegeben ist lediglich, dass die Länge des Profils pro funktioneller Einheit einen Meter beträgt.

Das Produktsystem umfasst die Herstellung der Rohmaterialien (Holzfasern, Kunststoff, Additive), verschiedene Verfahren zur Aufbereitung und Verarbeitung (Trocknung, Compoundieren, Aufbereitung im Heiz-Kühl-Mischer, Extrusion von Compounds/ Aggregaten, Direktextrusion), Logistik (Transport der Rohmaterialien und Fertigteile, Verpackung) sowie die Entsorgung am Ende des Lebenswegs. Eine thermische Verwertung durch Mitverbrennung in einer Hausmüllverbrennungsanlage ist für WPC-Produkte realistisch und wird als Entsorgungsweg für alle Produkte angenommen.

Analog zur ökologischen Bewertung konzentriert sich die ökonomische Bewertung auf die Kosten der Herstellungsphase. Diese werden aus Sicht des WPC-Verarbeiters betrachtet und umfassen Material, Maschinen, Personal und Logistik sowie Zuschläge für

Gemeinkosten. Zusätzlich können die Kosten für die Entsorgung am Ende des Lebenswegs erfasst werden.

2.2 Programmtechnische Umsetzung – Dateneingabe und Berechnung

Das Programm *Elwood* wurde auf Basis von *Microsoft Excel* realisiert, um eine praktikable Anwendung ohne größeren Schulungsaufwand zu ermöglichen. Der Anwender gibt zunächst alle Daten ein, die sein Produkt und die Randbedingungen seiner Produktion beschreiben. Dies sind z.B. Materialzusammensetzung, Maschinen, Produktionsmengen, Personalkosten etc. Anschließend werden Daten für eine Variante des Produkts erfasst, die sich z. B. hinsichtlich Rezeptur oder Verarbeitungsverfahren vom Referenzprodukt unterscheidet. Die Ergebnisse beider Produktvarianten werden graphisch ausgewertet und gegenübergestellt.

Die ökonomische Bewertung erfolgt dabei ausschließlich mittels der individuellen Kennwerte des Unternehmens. Tabelle 1 zeigt alle Positionen, aus denen die Gesamtkosten berechnet werden.

Tab. 1: Im Programm *Elwood* berücksichtigte Kostenpositionen

Material	Polymer, Holzfasern, Additive, Betriebs- und Hilfsstoffe, Verpackungsmaterial
Maschinen	Abschreibung, Instandhaltung und Wartung, Stromkosten, Raumkosten, kalkulatorische Zinskosten
Personal	Maschinenbedienung, Einrichten, Nachbearbeitung, Konfektionierung/Verpackung, Lager, Sonstige
Logistik	Materialanlieferung, Transport Fertigteile, Lagerkosten
Entsorgung	Abfall- und Abwassergebühren, optional Kosten für Entsorgung am Ende des Lebenswegs in Müllverbrennungsanlage
Zuschläge	Gemeinkosten (Vertrieb, Verwaltung, Forschung und Entwicklung)

Die Ökobilanz wird ebenfalls für jeden Anwendungsfall individuell erstellt. Die erforderlichen Sachbilanzdaten sind dabei bereits in das Programm integriert und müssen nicht vom Anwender selbst recherchiert werden (s. Tabelle 2).

Im Anschluss an die Berechnung der Sachbilanz wird automatisch die Wirkungsabschätzung durchgeführt. Dabei werden folgende Umweltindikatoren berücksichtigt: Kumulierter Energieaufwand (KEA), Treibhauspotential (GWP), Ozonzerstörungspotential (ODP), Photochemisches Ozonbildungspotential (POCP), Versauerungspotential (AP), Eutrophierungspotential (Eutrophierung), Abfälle sowie Flächenbedarf.

Tab. 2: Inhalt der Sachbilanzdatenbank im Programm *Elwood*

Datensatz	**Quellen**
Rohmaterial Polypropylen	[Boustead 2005]
Rohmaterial Holzfasern	Eigene Berechnung auf Grundlage von [Hasch 2002]
Rohmaterial Additive	Eigene Berechnung auf Grundlage der Daten für organische Chemikalien in [Gemis 4.42]
Stromerzeugung	[Gemis 4.42], Stromerzeugung in Deutschland
Verpackungsmaterialien	[Simba 1.2]
Transportmittel	[Gemis 4.42], verschiedene LKW, Güterzug, Binnenschiff
Thermische Verwertung	[Gemis 4.42], eigene Berechnung (einfache Abschätzung als Hausmüllverbrennung mit Gutschriften für Strom-, Wärme- und Prozessdampfauskopplung)

2.3 Programmtechnische Umsetzung – Auswertung

Eine Anforderung der beteiligten Unternehmen an das Programm war, dass die Ergebnisse schnell und ohne detaillierte Vorkenntnisse ausgewertet und interpretiert werden können. Die Ergebnisse des Referenzprodukts und der Produktvariante werden deshalb sowohl ausführlich für einzelne Kostenpositionen und Umweltindikatoren als auch in aggregierter Form gegenübergestellt. Während die Zusammenfassung aller Kostenpositionen einfach umzusetzen war, stellte die Aggregation der Ergebnisse der Wirkungsabschätzung eine Herausforderung dar. Folgender Lösungsansatz wurde erarbeitet und in *Elwood* umgesetzt:

Als erstes werden für alle Umweltindikatoren dimensionslose, relative Vergleichswerte berechnet. Hierzu wird das Ergebnis der umweltschädlicheren Produktvariante gleich 1 gesetzt. Das Ergebnis der zweiten, umweltfreundlicheren Produktvariante wird relativ dazu angegeben. Die Ergebnisse werden in einem Diagramm in Anlehnung an [Saling et al. 2002] visualisiert (Abbildung 1).

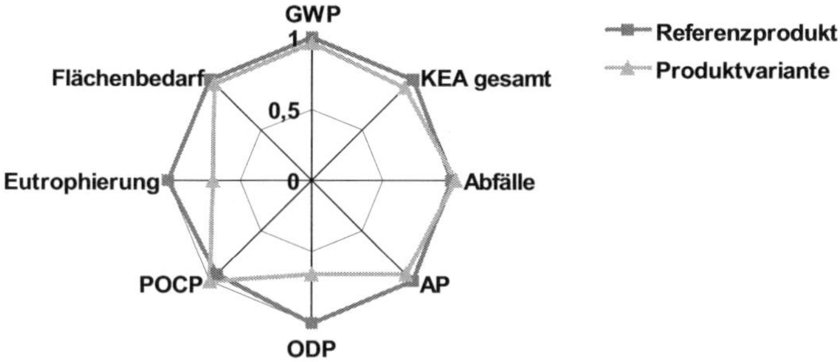

Abb. 1: Ergebnisauswertung in *Elwood* – relativer Vergleich

Aus dieser Darstellung geht nicht hervor, wie relevant die einzelnen Umweltindikatoren im Vergleich zueinander sind, weshalb sie nicht immer eindeutig interpretiert werden kann. Im nächsten Schritt werden deshalb die Ergebnisse nach der Relevanz der Umweltindikatoren gewichtet. Dabei wird derjenige Umweltindikator als der relevanteste betrachtet, in dem das Produkt den größten Anteil an der Gesamtbelastung in Deutschland verursacht. Abbildung 2 zeigt die gewichteten relativen Vergleichswerte des Beispiels aus Abbildung 1.

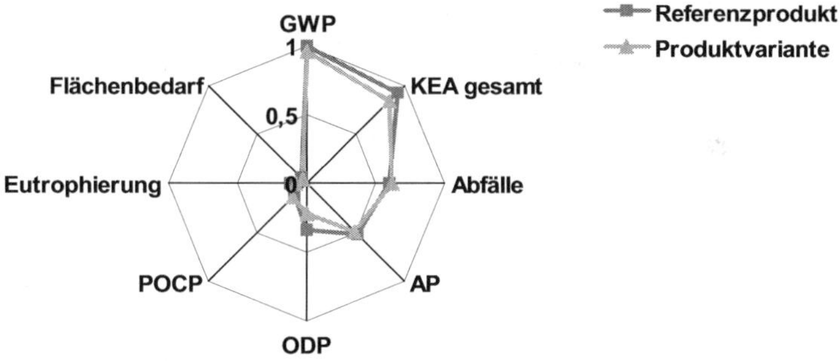

Abb. 2: Ergebnisauswertung in *Elwood* – Gewichtung

Die Ergebnisse werden abschließend zu einem Wert aggregiert, indem der Flächeninhalt der beiden Graphen in Abbildung 2 berechnet und ebenfalls als relativer Vergleich dargestellt wird. Das Referenzprodukt aus diesem Beispiel hat damit den Umweltbelastungswert 1, die Produktvariante den Wert 0,88. Die Produktvariante verursacht nach dieser Berechnung eine um rund 12 % reduzierte Umweltbelastung.

Elwood wurde im Rahmen eines Forschungsvorhabens entwickelt, das im Programm zur Förderung der „Industriellen Gemeinschaftsforschung (IGF)“ vom Bundesministerium für Wirtschaft und Technologie über die AiF finanziert wurde.

3 Weiterentwicklung von *Elwood* zum LCM-Instrument

Mit *Elwood* können die Herstellungs- und Entsorgungsphase von verschiedenen WPC-Produkten bilanziert werden. Welche Funktion diese Produkte erfüllen, ist variabel. Diese Vorgehensweise hat den Vorteil, dass das Programm branchenweit in WPC-verarbeitenden Betrieben einsetzbar ist. Ein entscheidender Nachteil ist, dass die Nutzungsphase nicht berücksichtigt werden kann. Dies entspricht nicht dem angestrebten Ansatz eines Lebenszyklusmanagements. In der zweiten Projektphase erfolgt deshalb eine umfassende Analyse des gesamten Lebenswegs eines Beispielprodukts und die Weiterentwicklung von *Elwood* zu einem LCM-Instrument. Es soll zudem eine Funktion integriert werden, mit der unterschiedliche Werkstoffe verglichen werden können.

Als Beispielprodukt wurden Terrassenbeläge ausgewählt. Sie sind derzeit die häufigste Anwendung von WPC und stehen in Konkurrenz zu reinen Holzprodukten. Aufgrund der Nutzung im Freien, bei der das Material permanent Umwelteinflüssen wie Strahlung und Feuchte ausgesetzt ist, werden an dieser Produktklasse werkstoffspezifische Vor- und Nachteile besonders deutlich. Das Alterungsverhalten und die Resistenz gegenüber Umwelteinflüssen hat großen Einfluss auf die Lebensdauer der Terrassenbeläge und somit auf die Ökobilanz und Lebenszykluskosten. Um die Lebensdauer oder zumindest relative Unterschiede in der Lebensdauer verschiedener Terrassenbeläge realistisch einschätzen zu können, werden Freiland- und Laborbewitterungsversuche durchgeführt. Darauf aufbauend wird eine vergleichende Ökobilanz und Lebenszykluskostenrechnung verschiedener WPC- und Holz-Beläge erstellt. Das LCM-Instrument wird erneut so konzipiert, dass die individuellen Randbedingungen eines Unternehmens in die Bewertung einfließen.

KMU können damit analysieren, wie nachhaltig ihr Produkt im Vergleich zu den wichtigsten Alternativen am Markt ist. Das LCM-Instrument soll den Unternehmen helfen, geeignete Maßnahmen für Verbesserungen zu identifizieren sowie deren Erfolg zu kontrollieren und zu quantifizieren.

Das Projekt wird in Kooperation mit dem Institut für Technikfolgenabschätzung und Systemanalyse – Zentralabteilung Technikbedingte Stoffströme des Karlsruher Institut für Technologie und der Abteilung Holzbiologie und Holzprodukte der Universität Göttingen durchgeführt.

Referenzen

[Boustead 2005] Boustead, I.: Eco-Profiles of the European Plastics Industry – Polypropylene (PP), Stand 2005. http://lca.plasticseurope.org/pp4.htm.

[FNR 2008] Fachagentur Nachwachsende Rohstoffe e.V. (FNR) (Hrsg.): Naturfaserverstärkte Kunststoffe. Gülzow, 2008. www.biowerkstoffe.info/ index.php?id=1252&idtitel=227&idkat=0 &pflanzen=0&verarbeitung=0&gruppen=0&level=0&spezial=0&titelsuche=&PHPSESSID=de4f3 24df9e02e5e5458ee893b4be4c1, abgerufen am 1.9.2009

[Gemis 4.42] Globales Emissions-Modell Integrierter Systeme (GEMIS), Version 4.42. http://www.oeko.de/service/gemis/de/index.htm, abgerufen am 5.11.2008

[Hasch 2002] Hasch, J.: Ökologische Betrachtungen von Holzspan- und Holzfaserplatten. Dissertation am Fachbereich Biologie der Universität Hamburg, 2002.

[Hunkeler et al. 2001] Hunkeler, D. et al.: Life cycle Management: Bridging the Gap between Science and Application - Report from LCM 2001. In: International Journal of LCA, 6(6), 2001, S.384-390.

[Saling et al.2002] Saling, P. et al.: Eco-Efficiency Analysis by BASF : The Method. In: International Journal of LCA, 7(4), 2002, S.203-218.

[Simba 1.2] Software zur vereinfachten Nachhaltigkeitsbewertung beim Spritzgießen (SIMBA), Version 1.20. SKZ, 2006.

Analyse der Umweltauswirkungen der Kaffeezubereitung mittels verschiedener Zubereitungssysteme

Britta Stratmann, Öko-Institut e.V., Freiburg

1 Hintergrund

Die Umweltauswirkungen, die mit der Bereitstellung einer Tasse Kaffee verbunden sind, hängen ganz wesentlich davon ab, wie der Kaffee zubereitet wird. Dies hat nicht zuletzt eine Untersuchung ergeben, die das Öko-Institut im Rahmen des Product Carbon Footprint[14] (PCF) Pilot Project Germany[15] für die Tchibo GmbH durchgeführt hat. Im Fokus stand dabei der Product Carbon Footprint einer Tasse „Privat Kaffee Rarity Machare". Die Untersuchung ergab zum einen, dass die Kaffeezubereitung mit etwa 30 % zu den gesamten klimarelevanten Emissionen beiträgt. Zum anderen ergab sie aber auch, dass die Menge der klimarelevanten Emissionen mit der Art der Kaffeezubereitung beträchtlich variieren kann. Insgesamt wurden verschiedene Systeme untersucht: Die Zubereitung mit einer Filterkaffeemaschine, einem Kaffeevollautomaten und einer Durchdrückkanne[16]. Dabei fielen bei der Zubereitung mit der Durchdrückkanne am wenigsten klimarelevante Emissionen an. Diese Ergebnisse wurden zum Anlass genommen, die verschiedenen Zubereitungssysteme und ihre Umweltauswirkungen – auch im Hinblick auf mögliche Reduktionspotentiale – näher zu analysieren. Der Fokus lag hierbei auf Zubereitungssystemen, die zum Teil schon aktuell (Kapsel- und Padautomaten) und auch zukünftig (Vollautomaten) den Markt dominieren werden[17].

[14] Analog: Kohlendioxid-Fußabdruck bzw. CO2e-Fußabdruck
[15] Weitere Informationen zum PCF-Pilotprojekt sind auf der Internetseite www.pcf-projekt.de zu finden.
[16] Für diese Zubereitungsart werden neben Durchdrückkanne auch die Begriffe Press-Stempelkanne oder Kaffeebereiter verwendet.
[17] Für Deutschland betrugen die Marktanteile (verkaufte Stückzahl, 2007), gemäß Herstellerinformationen und eigenen Informationen für Padautomaten ca. 23 % und für Espressomaschinen (hier: Kaffeevollautomaten, Siebträgermaschinen, Portionsmaschinen für Kapseln) ca. 15 %. Besonders gewachsen ist in Deutschland der Markt für Kapseln und Pads (um 50 % auf 21.000 Tonnen Kaffee, 2007). Gründe sind unter anderem die steigende Anzahl an Single-Haushalten und das zunehmende Bedürfnis nach Kaffee auf Knopfdruck (Deutscher Kaffeeverband, Pressemitteilung 28. März 2008, www.kaffeeverband.de.)

2 Festlegung von Ziel und Untersuchungsrahmen

Folgende Systeme bzw. Zubereitungsarten wurden betrachtet – inklusive der Herstellung der Maschinen, der Herstellung der Kaffeeumverpackungen (Pads, Kapseln, Bohnen), der Nutzungsphase und der Entsorgung:

- Vollautomat
- Padautomat
- Kapselautomat

Für Vollautomaten wurde eine Lebensdauer von 10 Jahren zugrunde gelegt, für Pad- und Kapselgeräte jeweils 6 Jahre. Als Funktionelle Einheit wurde die jährliche Nutzung von je einer der drei Kaffeemaschinen in einem privaten 2-Personen-Haushalt mit der Herstellung von 2.000 Tassen Kaffee[18] angenommen.

Folgende Systemgrenzen wurden festgelegt:

- Herstellung des Kaffeeautomaten
- Jährliche Nutzung des Gerätes im privaten 2-Personen-Haushalt (entspricht in etwa einem deutschen Durchschnittshaushalt)
- Herstellung und Entsorgung der Verpackungen und der Pad-/Kapselsysteme.

Die Herstellung von Kaffee, die Bereitstellung von (kaltem) Leitungswasser sowie der Transport wurden nicht bilanziert, da diese für die untersuchten Maschinen als vergleichbar angenommen werden können. Darüber hinaus wurden für die Nutzungsphase und dem damit einhergehenden Stromverbrauch energieeffiziente Geräte mit automatischer Abschaltfunktion (falls vorhanden) angenommen und mit einem jährlichen Verbrauch von ca. 70 kWh gerechnet[19].

2.1 Modellierungsannahmen

Die für jeden Geräte-Typ spezifischen Kaffeebereitstellungssysteme unterscheiden sich nach Bohnen, Pads und Kapseln. Vor allem Kapseln können sehr unterschiedlich zusammengesetzt sein. So gibt es Kapseln, die ausschließlich aus Aluminium oder Kunststoff bestehen oder auch Kapseln mit Kunststoffgehäuse und Aludeckel. Einige von ihnen haben noch eine Aluschicht am Boden und fast alle haben eine Filtermembran. Ihre Umverpackungen bestehen in der Regel aus Karton, einige von ihnen sind jedoch noch zusätzlich mit einer Kunststoffverpackung umhüllt. Pads variieren hingegen nicht so

[18] Pro Tasse Kaffee = 7 g Kaffeepulver + 125 ml Wasser.

[19] Die Auswirkungen von Standard-Geräten ohne automatische Abschaltfunktion und einem jährlichen Verbrauch von ca. 170 kWh und ineffizienten Geräten ohne automatische Abschaltfunktion (jährlicher Verbrauch ca. 210 kWh) wurden über Sensitivitätsanalysen berücksichtigt.

stark. Sie bestehen aus Filterpapier und unterscheiden sich lediglich minimal in ihrem Gewicht. Ihre Umverpackungen bestehen in der Regel aus mit Aluminium beschichteten Verpackungsfolien, ebenso wie die Umverpackungen loser Espressobohnen. Hieraus ergaben sich für die betrachteten Kaffeebereitstellungssysteme und deren Umverpackungen spezifische Werte, die durchschnittlichen Materialzusammensetzungen von in Deutschland auf dem Markt befindlichen Produkten entsprechen. Die Angaben der durchschnittlichen Gewichte wurden durch eigene Messungen verschiedener Produkte und des daraus gebildeten Mittelwerts ermittelt. Für die Kapseln wurde mit zwei unterschiedlichen Varianten gerechnet, um der stark variierenden Materialzusammensetzung gerecht zu werden.

Für die Entsorgung mussten ebenfalls verschiedene Szenarien berücksichtigt werden. Der aluminiumhaltige Beutel für Kaffeebohnen wurde über die Müllverbrennungsanlage entsorgt, da der Aluminiumgehalt bei nur 0,12 % liegt. Ein mögliches Kunststoffrecycling wurde auf Grund der fehlenden Datenlage nicht berücksichtigt. Für die Entsorgung des Kaffeesatzes (bzw. der Pads) wurden unterschiedliche Annahmen getroffen. Bei Vollautomaten und Padautomaten wurde die Entsorgung über die Biotonne angenommen. Da diese von nur ca. 77 % der Kommunen angeboten wird, wurden 77 % des Kaffeesatzes zum biogenen Siedlungsabfall gezählt, die restlichen 23 % zur Müllverbrennungsanlage. Der Siedlungsabfall wiederum wurde zu ca. 90 % einer Kompostierungsanlage und zu 10 % einer Anlage mit anaerober Stufe (Biogasanlagen) zugeordnet.

Für die Aluminiumkapseln wurde angenommen, dass sie über das Duale System entsorgt werden. Die Entsorgung des Kaffeesatzes wurde über die Müllverbrennungsanlage bilanziert. Eine Auftrennung in Aluminium und weiterverwertbarem Bioabfall wird in Deutschland nicht durchgeführt. Die Gutschrift wurde nach der 50:50 Regelung für Openloop Systeme berechnet. Bei Kapseln aus Polypropylen (PP) und Aluminium (Mischmaterial) ist die Situation komplizierter, da sie innerhalb des Dualen Systems je nach Farbe entweder der Aluminiumfraktion oder der Kunststofffraktion zugeordnet werden. In der Kunststofffraktion werden sie zu 80-85% als PP erkannt und recycelt. Neben der Farbe des Kunststoffs spielt bei der Sortierung auch die Lage des Aluminiumdeckels auf dem Förderband eine Rolle. Je nach Lage wird die Kapsel zur Aluminium- oder Kunststofffraktion sortiert. Da aber keine genauen Daten zum Regranulierungsprozess vorliegen und viele Kapseln aus dunklem Kunststoff bestehen, wurde hier die Entsorgung über eine Müllverbrennungsanlage bilanziert. Die Aluminiumdeckel wurden als Aluminiumrecycling bilanziert. Die Gutschrift wurde nach der 50:50 Regelung für Openloop-Systeme berechnet.

2.2 Ergebnisse

Betrachtet man die Ergebnisse für die Wirkungskategorie „Treibhauspotential" am Beispiel energieeffizienter Geräte, so weisen Voll- und Padautomaten das niedrigste Treibhauspotential auf (55,6–58,6 kg). Die Kapselautomaten liegen auf Grund der hohen Emissionen sowohl bei der Herstellung, als auch bei der Entsorgung der Kapseln bei 75 bis 81 kg CO2-Äquivalente, obwohl hier eher konservative Annahmen für die Entsorgung der Kapseln getroffen wurden. Kapselautomaten, deren Kapseln aus Kunststoff und Aluminium bestehen, weisen demnach das höchste Treibhauspotential auf. Bei allen drei Gerätekategorien werden die Gesamtemissionen von CO2-Äquivalenten durch den Stromverbrauch während der Nutzung dominiert.

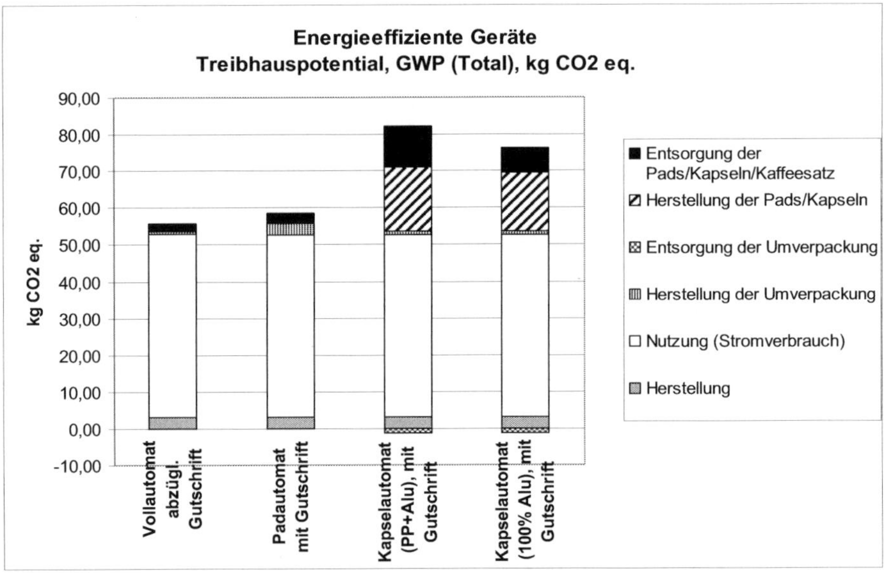

Abb. 1: Treibhauspotential in kg CO2-Äq. pro Jahr bei typischer Nutzung eines energieeffizienten Voll-, Pad- oder Kapselautomaten

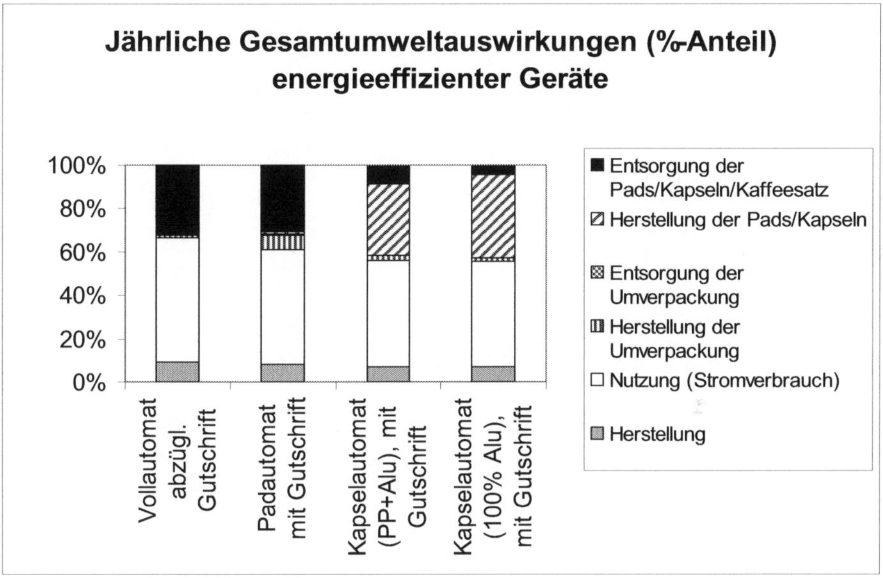

Abb. 2: Jährliche Gesamtumweltauswirkungen nach EcoGrade (Bewertungsmodell des Öko-Instituts) bei typischer Nutzung eines energieeffizienten Voll-, Pad- oder Kapselautomaten

Bei den Gesamtumweltauswirkungen (berechnet nach der EcoGrade-Methode des Öko-Instituts) sind die Unterschiede weniger gravierend. Die Nutzungsphase liegt hier bei 48 % (Kapselautomat) und 57 % (Vollautomat). Bei den Voll- und Padautomaten dominiert die Entsorgung des Kaffeesatzes und der Pads mit 31-32 %, bei den Kapselautomaten hingegen die Herstellung der Kapseln mit 33-38 %. Vergleicht man diese Ergebnisse mit denen energieineffizienter Geräte (durchschnittlicher jährlicher Stromverbrauch ca. 210 kWh), so wird ebenfalls deutlich, dass das größte Einsparpotenzial eindeutig in der Nutzungsphase liegt.

pb2es – Konvertierung von Sachbilanzdaten einer öffentlichen Online-Datenbank in ein übliches Datenaustauschformat

Kristian Jurić, Universität Wien

1 Ausgangssituation

Zur Praxis in der Ökobilanzierung zählt der Einsatz von Sachbilanzdatenbanken, deren Basisprozesse die Modellierung von Produktsystemen durch die Reduktion des Datenerhebungs-Aufwandes vereinfachen, Datengrundlagen vereinheitlichen und Ergebnisse vergleichbar machen sollen. Neben kommerziell vertriebenen Produkten etablieren sich zunehmend verschiedenste nationale und internationale Datenbankinitiativen mit dem Ziel, Sachbilanzbasisdaten über das Internet kostenlos, transparent, zentral gewartet und universell einsetzbar bereitzustellen. Die ProBas-Datenbank des deutschen Umweltbundesamtes [UBA 2009] stellt unter diesen „frei zugänglichen" eine der am längsten kontinuierlich betriebenen und mit mehr als 7000 verfügbaren Datensätzen umfangreichsten Online-Datenbanken dar.

ProBas steht für *Prozessorientierte Basisdaten für Umweltmanagement-Instrumente*, stellt als „virtuelle Bibliothek" Sachbilanzbasisdaten ausschließlich externer Datenquellen bereit [Fritsche 2005] und erarbeitet Prüf- und Qualitätssicherungsmaßnahmen für die inkludierten Inhalte [Ciroth et al. 2005]. Die Online-Präsenz der ProBas-Datenbank besteht seit 2000, wurde 2004 überarbeitet [Fritsche 2005], im Oktober 2008 zuletzt aktualisiert [UBA 2009] und soll insbesondere kleinen und mittleren Unternehmen via XLS- und PDF-Exportmöglichkeit den Zugang zu Datengrundlagen für deren betriebliches Umweltmanagement ermöglichen [Fritsche 2005].

Für einen effektiven Einsatz der ProBas-Datensätze in der Ökobilanzierung sollten diese in einem einheitlichen und maschinenlesbaren Datenformat vorliegen. Derzeit werden die ProBas-Daten in teils unstrukturierter Form als HTML-, PDF- und XLS-Datei zur Verfügung gestellt. Ziel des pb2es-Arbeitsvorhabens ist die Überführung der vorhandenen ProBas-Datensätze in das in der Ökobilanzierung gebräuchliche EcoSpold-

Format. Die Vorteile dieses Formates liegen in dessen Open-Source-Lizenzbestimmungen, umfangreicher Dokumentation, Repräsentanz in sowohl XML als auch XLS und weiten Verbreitung.

2 Das ProBas-Datenformat

Als Ausgangsformat für die Konvertierung der ProBas-Datensätze in das EcoSpold-Format soll das ProBas-eigene XLS-Datenformat dienen.

2.1 ProBas-XLS-Datenstruktur

Die Datenstruktur des ProBas-XLS-Datenformates wird direkt anhand verfügbarer Datensätze [UBA 2009] aus der ProBas-Datenbank ermittelt.

Tablle 1 zeigt einen Überblick der im ProBas-XLS-Datenformat enthaltenen Datenfelder, deren Wiederholbarkeit in den verfügbaren ProBas-Datensätzen sowie deren derzeitige Berücksichtigung innerhalb des pb2es-Projekts.

Die Datenstruktur verfügt über Felder für eine Vielzahl inhaltlicher und qualitativer Metadaten, zur textuellen Beschreibung des Datensatzes (*1.1 Beschreibung*), für Literaturquellen (*1.2 Referenzen*), zum Reviewstatus des Datensatzes (*Datensatzprüfung*), zu dessen Orts- wie Zeitbezug und optional zu technischen Bezugsgrößen wie *Leistung*, *Auslastung* und *Lebensdauer*. Im pb2es-Vorhaben vorerst nicht berücksichtigte (Meta)Datenfelder beziehen sich einerseits auf die externe Quelle des jeweiligen Datensatzes (*1.3 Projektspezifika*, *Quelle*, *Projekte*, *Bearbeitet durch*), andererseits auf Daten zur *Flächeninanspruchnahme* und zu *4. Ökonomischen* *Kenngrößen* des beschriebenen Prozesses.

Produktflüsse werden inputseitig nach *Aufwendungen für den Prozess* und *für Produktionsmittel* sowie nach *Outputs* unterschieden, zu Inputs kann gesondert auch der Vorprozess, aus dem der Produktfluss stammt, angegeben sein. Elementarflüsse werden inputseitig nach *Ressourcen* und outputseitig nach *Luftemissionen*, *Gewässereinleitungen* und *Abfällen* unterschieden. Alle Elementarflüsse können sowohl direkt, als auch inklusive Vorkette, d.h. sowohl als Prozess- als auch als kumulierte Sachbilanzdaten vorliegen. Ressourcen und Luftemissionen können zudem als aggregierte Werte, d.h. als Ergebnis einer Wirkungsabschätzung vorhanden sein. *Aggregierte Werte* der ProBas-Datensätze werden in der Konvertierung durch pb2es vorläufig nicht berücksichtigt.

Tab. 1: Vereinfachte Darstellung der ProBas-XLS-Datenstruktur

ProBas-Excel		pb2es
1. Allgemeine Informationen		
1.1 Beschreibung	1..1	Ja
1.2 Referenzen	0..∞	Ja
1.3 Projektspezifika	1..1	Nein
1.4 Weitere Metadaten		
Quelle	1..1	Nein
Projekte	1..1	Nein
Bearbeitet durch	1..1	Nein
Datensatzprüfung	1..1	Ja
Ortsbezug	1..1	Ja
Zeitbezug	1..1	Ja
1.3 Technische Kennwerte (Wert u. Einheit)		
Funktionelle Einheit	1..1	Ja
Leistung	0..1	Ja
Auslastung	0..1	Ja
Lebensdauer	0..1	Ja
Flächeninanspruchnahme	0..1	Nein
2. Inputs (aus Vorprozess, Menge u. Einheit) und Outputs (Menge u. Einheit)		
Inputs - Aufwendungen für den Prozess	0..∞	Ja
Inputs - Aufwendungen für Produktionsmittel	0..∞	Ja
Outputs	0..∞	Ja
3.1 Ressourcen (direkt, inkl. Vorkette u. Einheit)		
Ressourcen	0..∞	Ja
Ressourcen (Aggregierte Werte)	0..∞	Nein
3.2 Luftemissionen (direkt, inkl. Vorkette u. Einheit)		
Luftemissionen	0..∞	Ja
Luftemissionen (Aggregierte Werte)	0..∞	Nein
3.3 Gewässereinleitungen (direkt, inkl. Vorkette u. Einheit)		
Gewässereinleitungen	0..∞	Ja
3.4 Abfälle (direkt, inkl. Vorkette u. Einheit)		
Abfälle	0..∞	Ja
4. Ökonomische Kenngrößen		
Kosten (Wert u. Einheit)		
Investitionskosten	0..1	Nein
Jährliche Fixkosten	0..1	Nein
Inputkosten	0..1	Nein
Outputkosten	0..1	Nein
Variable Kosten	0..1	Nein
Beschäftigung (direkt, indirekt, Summe und Einheit)	0..1	Nein

2.2 Fehlende Datenfelder

Dem ProBas-HTML- und -PDF-Format gegenübergestellt wird ersichtlich, dass mit dem Export aus der ProBas-Datenbank als XLS nicht alle potenziell verfügbaren Informationen eines Datensatzes abgebildet werden können. Folgende Datenfelder sind in der ProBas-XLS-Datenstruktur nicht berücksichtigt:

- Datensatzname – der Name des Datensatzes.
- Transportaufwändungen – eine Kategorie für inputseitige Produktflüsse.

- Thema – die thematische Kategorie, der ProBas-Datensätze zugeordnet sind.
- Sektor – der Wirtschaftszweig, dem ProBas-Datensätze zugeordnet sind.

3 Konvertierung nach EcoSpold

Anhand der EcoSpold-Dokumentation [ecoinvent Centre 2009] können ProBas-Datensatzinhalte korrespondierenden EcoSpold-Datenfeldern zugeordnet werden. Zuordnungsregeln in pb2es berücksichtigen nicht ausschließlich die lineare Konvertierung von einem Feld in das andere oder von einer Form in die andere, sondern zum Erhalt ursprünglicher Informationen auch deren Überführung in die Semantik des Zielformats.

3.1 Regelwerk für die Konvertierung

Tab. 2: Zentrale Regeln zur Konvertierung von ProBas-Datensätzen in pb2es

ProBas	SpoldID Name	Kommentar
1.1 Beschreibung	492 generalComment	In der Quelldatei über mehrere Zellen verteilt.
1.2 Referenzen	1002 FirstAuthor 1003 AdditionalAuthors 1004 Year 1005 Title	Text-String im Quellformat wird auf entsprechende Zieldatenfelder aufgeteilt; Pflichtfelder 801 Number, 802 SourceType und 1009 PlaceOfPublication werden mit Defaultwerten befüllt.
Datensatzprüfung	5615 ProofReadingDetails	Pflichtfeld 5616 proofReadingValidator referenziert auf Default-mäßig mit Kontaktdaten des UBA befüllte Pflichtfelder: 5800 Number, 5802 Name, 5803 Address, 5804 Telephone, 5807 CompanyCode, 5808 CountryCode.
Ortsbezug	662 location 3703 location	Ortsbezug wird mittels Referenzliste in 7-stelligen Code übersetzt.
Inputs - Aufwendungen für den Prozess Inputs - Aufwendungen für Produktionsmittel Abfälle	3702 name 3706 unit 3707 meanValue	Aufwändungen für Produktionsmittel werden mittels Quellangaben zu Leistung, Auslastung und Lebensdauer rechnerisch auf die funktionelle Einheit bezogen; Outputseitige Abfälle des Quellformats werden wie im ecoinvent quality network [ecoinvent Centre 2009] hier als inputseitige Dienstleistungen übersetzt; Pflichtfelder 3503 inputGroup und 3508 infrastructureProcess werden Default-mäßig befüllt.
Ressourcen	3702 name 3706 unit 3707 meanValue	Pflichtfelder 3503 inputGroup, 3506 category, 3507 subCategory werden Default-mäßig befüllt.
Funktionelle Einheit Outputs	3702 name 3706 unit 3707 meanValue	Pflichtfeld 3504 outputGroup wird mittels Angaben zur funktionellen Einheit befüllt; Inputseitige Reststoffaufkommen als funktionale Einheit von Entsorgungsprozessen werden als outputseitige Dienstleistungen übersetzt; Default-mäßige Befüllung der Pflichtfelder 3508 infrastructureProces, 3703 location, 2404 fraction, 2403 allocationMethod.
Luftemissionen Gewässereinleitungen	3702 name 3706 unit 3707 meanValue	Pflichtfelder 3504 outputGroup, 3506 category, 3507 subCategory werden Default-mäßig befüllt.

Tabelle 2 fasst in einer Gegenüberstellung von korrespondierenden ProBas-Ausgangs- und EcoSpold-Zieldatenfeldern die zentralen Regeln für die Konvertierung von Datensätzen in pb2es zusammen. In den zugehörigen Kommentaren werden semantische Übersetzungsroutinen und fehlende Pflichtangaben erläutert.

3.2 Zuordnungslisten zur Übersetzung der Form eines Datensatzinhalts

Im Falle von unterschiedlichen Nomenklaturen zwischen ProBas und EcoSpold und fehlenden Daten im Quellformat, insbesondere hinsichtlich essentieller Pflichtfelder des Zielformats, kommen in pb2es Listen mit vereinheitlichten Zuordnungen zur Anwendung. Zur Konvertierung der ProBas-Datensätze wurden Zuordnungslisten zu folgenden Übersetzungen angelegt:

- Einheiten in ProBas → Umrechnungsfaktoren und Einheiten in EcoSpold
- Ortsbezüge in ProBas → Regionen-Codes in EcoSpold
- Elementarflüsse in ProBas → EcoSpold-Kategorien für Elementarflüsse
- ProBas-XLS-Dateinamen → Datensatznamen und Sektoren in ProBas

4 Implementierung in pb2es

Die aktuelle, erste Version von pb2es wurde als Excel-Programm umgesetzt. Dieses ermöglicht den Import von ProBas-XLS- und den Export von EcoSpold-XLS-Dateien. Optionen zur Konvertierung lassen zudem einen alternativen Datensatznamen (unter Verwendung verfügbarer Informationen zur Vorkette), alternative Namen für Produktflüsse, die Angabe ob ein Infrastrukturprozess vorliegt, sowie zwischen Prozess- oder kumulierten Sachbilanzdaten wählen.

Mit pb2es erstellte EcoSpold-XLS-Dateien können mittels der Software EcoSpold Access [ecoinvent Centre 2009] in valide EcoSpold-XML-Dateien konvertiert werden.

5 Schlussfolgerung und mögliche Weiterentwicklung

Im nächsten Schritt wären bislang außer Acht gelassene Datenfelder auf ihre mögliche Berücksichtigung in pb2es zu prüfen. Das Inkludieren aggregierter Werte des ProBas-Formates muss hierzu z.B. gegen die potenzielle Verknüpfung der ProBas-Elementarflüsse mit Faktoren zur Wirkungsabschätzung abgewogen werden. Eine Erweiterung der semantischen Konvertierungen, etwa von ProBas-Bezeichnungen für Elementarflüsse zu korrespondierenden EcoSpold-Bezeichnungen, soll das Wiedererkennen der konvertierten Datensätze und die Transparenz des Konvertierungsprozesses weiterhin ermöglichen.

ProBas-XLS-Dateien werden in der letzten aktualisierten ProBas-Online-Anwendung nicht mehr zum Export angeboten [UBA 2009]. Deshalb und auf Grund fehlender Datenfelder, die im ProBas-XLS-Datenformat zu ergänzen wären, stehen weiteren Versionen von pb2es nur HTML oder PDF als potenzielles Quellformat zur Verfügung. Verglichen mit der stand-alone pb2es-Anwendung bietet eine direkte Exportmöglichkeit von Datensätzen aus der ProBas-Online-Anwendung in ein übliches Datenaustauschformat, nicht nur für Ökobilanzstudien mit wissenschaftlichem Hintergrund, sondern insbesondere auch hinsichtlich der Basisdatenbereitstellung für betriebliche Umweltmanagementsysteme jedoch den breitesten Anwendernutzen.

Referenzen

[Ciroth et al. 2005] Ciroth, A.; Köhn, M.; Schmitz, S.: A Quality Enhancement Procedure for a Public Database with Life Cycle Inventory Data – Benefits and Pitfalls. LCM2005 conference proceedings, Vol. 2, S. 504 ff., Barcelona (2005).

[ecoinvent Centre 2009] Swiss Centre for Life Cycle Inventories: EcoSpold Access v1.9.8. http://www.ecoinvent.org/fileadmin/softwaredownload/EcoSpold_Setup.1.9.8.external.exe (letzter Abruf 25.09.2009).

[Fritsche 2005] Fritsche, U.R.: Process-oriented Basic Data for Environmental Management Instruments. International Journal of Life Cycle Assessment, 10 (3), S. 225 (2005).

[UBA 2009] Umweltbundesamt: ProBas – Prozessorientierte Basisdaten für Umweltmanagement-Instrumente. http://www.probas.umweltbundesamt.de (letzter Abruf 25.09.2009).

International Reference Life Cycle Data Format – Stand und Perspektiven für eine verteilte Datenhaltung

Oliver Kusche, Institut für Angewandte Informatik, Karlsruher Institut für Technologie (KIT)

1 Einführung

Im Zuge ihrer Bestrebungen um nachhaltige Entwicklung verfolgt die Europäische Kommission mit ihrer integrierten Produktpolitik das Ziel, die Verbreitung, Akzeptanz und Harmonisierung von Lebenszyklusdaten zu fördern [1]. Zu diesem Zweck wurde 2005 die Europäische Plattform für LCA (EPLCA) [2] initiiert, ein am Institut für Umwelt und Nachhaltigkeit (Institute for Environment and Sustainability, IES) der gemeinsamen Forschungsstelle der Europäischen Kommission (Directorate-General Joint Research Centre, JRC) betriebenes Projekt, das unter anderem den Aufbau einer europäischen Referenzdatenbank für Lebenszyklusdaten (European Reference Life Cycle Database, ELCD) zum Ziel hat. Diese nutzt das im Rahmen der Arbeiten am International Life Cycle Data System (ILCD) [3] neu entwickelte, XML-basierte Referenz- und Datenaustauschformat (ILCD-Format), mit dessen Implementierung das Institut für Angewandte Informatik (IAI) am Forschungszentrum Karlsruhe beauftragt wurde.

Im folgenden soll die aktuelle Generation des Datenformats vorgestellt sowie ein Konzept für die webbasierte, verteilte Datenhaltung ILCD-konformer Daten vorgestellt werden, das den besonderen Anforderungen vor dem Hintergrund des Datenaustausches über nationale und Organisationsgrenzen hinweg Rechnung trägt.

2 ILCD-Datenformat

2.1 Gründe für ein neues Datenformat

Es gibt eine Reihe bereits existierender Datenformate für Lebenszyklusdaten. Neben einer Vielzahl interner Formate in verbreiteter LCA-Software (wie z.B. GaBi, SimaPro, TEAM, UMBERTO) sind zwei Formate zu nennen, die explizit als allgemeine

Austauschformate konzipiert sind: ISO/TS 14048 [4] und EcoSpold [5]. Mit Blick auf den Bedarf verschiedener Anwendergruppen und zur Nutzung als allgemeines Format zum dezentralen Datenaustausch fehlen jedoch auch diesen Formaten bestimmte Funktionen oder Eigenschaften, die für das Vorhaben als notwendig oder sinnvoll erachtet wurden. Dazu gehören unter anderem

- echte Mehrsprachigkeit (d.h. die Möglichkeit, Freitext in beliebig vielen Sprachen dokumentieren zu können),
- parametrisierbare Prozesse,
- eine klare objektorientierte Struktur zur Vermeidung von Redundanz,
- eindeutige Identifizierung von Datensätzen durch global eindeutige Identifizierer, um effiziente Datenmanagement- und Aktualisierungsprozesse und das Verfolgen von Änderungen zu unterstützen [6].

2.2 Historie

Die aktuelle Generation des ILCD-Formats ist eine Weiterentwicklung des ELCD-Formates [7], das im Rahmen der Bereitstellung der ersten ELCD-Datenbank entwickelt wurde und - mit der Versionsnummer 1.0.1 - im Februar 2007 veröffentlicht wurde. Die dafür von JRC und IAI erarbeitete Spezifikation basiert auf ISO/TS 14048 unter Berücksichtung zusätzlicher Erfordernisse und der Rückmeldungen aus öffentlichen Konsultationen mit LCA-Experten und Softwareentwicklern, um eine breite Kompatibilität sicherzustellen. Implementiert wurde das Format auf der Basis von XML am IAI. Die aus dem praktischen Einsatz dieser ersten Generation des Formates gewonnen Erfahrungen flossen neben den Ergebnissen weiterer Konsultationen und Expertentreffen in die Weiterentwicklung ein, als deren Ergebnis im Juni 2009 das ILCD-Format (mit der Versionsnummer 1.1) veröffentlicht wurde. Die in dem Zuge ebenfalls erfolgte Anpassung des Namens („International“ anstelle von „European“) trägt der zwischenzeitlich gewachsenen Kooperation der EPLCA mit internationalen außereuropäischen Partnern wie Brasilien, China, Japan, Malaysia und Thailand Rechnung.

2.3 Grundlegende Konzepte

Das ILCD-Format ist objektorientiert angelegt. Es werden sieben Datensatztypen unterschieden:

- *Process Data Set* beschreibt einen Unit- oder aggregierten Prozeß. Die referenzierten Flüsse (In- und Outputs) werden durch Datensätze vom Typ Flow Data Set beschrieben. Optional können Ergebnisse der Wirkbilanz abgebildet werden, dabei wird auf Datensätze des Typs LCIA Method Data Set verwiesen.

- *Flow Data Set* beschreibt einen Produkt- oder Elementarfluß. Dieser verweist auf ein oder mehrere Datensätze vom Typ Flow Property DataSet, die die Eigenschaften des Flusses beschreiben sowie optional auf solche vom Typ LCIA Method Data Set für die mit diesem Fluß assoziierten Wirkungskategorien.
- *Flow Property Data Set* beschreibt physikalische oder sonstige Eigenschaften eines Flusses, in der dieser quantifiziert werden kann, wie beispielsweise Masse oder unterer Heizwert. Dieser Datensatz verweist auf einen vom Typ Unit Group Data Set, der beschreibt, in welchen Einheiten diese Eigenschaft gemessen wird.
- *Unit Group Data Set* beschreibt eine Gruppe untereinander konvertibler Einheiten derselben Größe, (z.B. „Einheiten von Masse“ mit den Einheiten kg, t, mg, Unzen etc.) und deren Umrechnungsfaktoren auf die Referenzeinheit (in diesem Beispiel kg).
- *LCIA Method Data Set* beschreibt eine Wirkungskategorie wie beispielsweise Treibhauspotential oder Ökotoxizität.
- *Source Data Set* beschreibt eine externe Informationsquelle, dies kann Literatur sein (z.B. Studien), aber auch eine Datenbank oder ein Datenformat. Es können Verweise auf externe Dateien oder Ressourcen eingefügt werden.
- *Contact Data Set* beschreibt eine natürliche Person, Organisation o.ä.

Abbildung 1 zeigt die einzelnen Datensatztypen und deren mögliche Beziehungen untereinander.

Zur eindeutigen Identifizierung erhält jeder Datensatz eine Kennung in Form eines Universally Unique Identifier (UUID, 16stellige Hexadezimalzahl) [8] sowie eine Versionsnummer. Letztere wird bei Änderungen des Datensatzes inkrementiert.

Die Datensätze sind durch Referenzen miteinander verknüpft. Ein referenzierter Datensatz wird dabei durch seine UUID und Versionsnummer oder direkt mittels Uniform Resource Identifier (URI), also einen Identifizierer, der eine logische oder auch physikalische Adresse des Datensatzes angibt, adressiert.

Der objektorientierte Ansatz des Formats ist ein wesentlicher Faktor zur Vermeidung von Redundanz. Darüberhinaus können damit diejenigen Datensätze, die aufgrund ihres Inhalts keinen Änderungen unterliegen, aber regelmäßig referenziert werden (insbesondere Flow, Flow Property und Unit Group Data Sets), an zentraler Stelle vorgehalten werden, so daß Referenzen lediglich dorthin verweisen müssen. Dies ist auch hinsichtlich der Pflege von Daten in einer verteilten Umgebung hilfreich, beispielsweise bei Kontaktdatensätzen, die an einer einzigen Stelle vorgehalten und gepflegt werden und dort referenziert werden können.

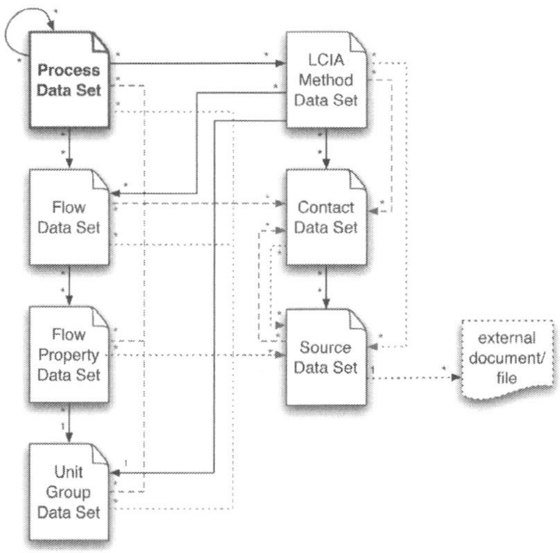

Abb. 1: ILCD-Datensatztypen und ihre Beziehungen

2.4 Verbesserungen in der aktuellen Version

In der aktuellen Version (Release 1.1) des ILCD-Formats wurden gegenüber der Vorgängerversion einige Veränderungen vorgenommen, insbesondere um die Kompatibilität weiter zu verbessern. So wurden zusätzliche Felder ergänzt und teilweise andere, nicht benötigte Felder entfernt. Für Prozeßdatensätze wurde die Möglichkeit geschaffen, Allokationen sowie LCIA-Ergebnisse zu dokumentieren. Darüberhinaus wurde die Eingliederung von Datensätzen in beliebige und benutzerdefinierbare Kategoriesysteme ermöglicht und die Erweiterbarkeit des Formats erheblich vereinfacht. Auf technischer Ebene wurden Optimierungen an den beschreibenden XML-Schemata vorgenommen, inbesondere um die Entwicklung von auf diesen aufbauender Software zu vereinfachen. Dazu zählen die Wiederverwendung von Typen, kürzere Bezeichner und vereinfachte Schemata.

3 Internetbasierte Dateninfrastruktur

3.1 Motivation - ILCD Data Network

Neben der Bereitstellung der ELCD-Datenbank ist die Schaffung des ILCD Data Network eines der Kernanliegen der EPLCA. Dieses ist als Netzwerk in Form eines losen Verbunds einer Vielzahl von Datenbereitstellern konzipiert, die konsistente und qualitätsgesicherte LCA-Daten bereitstellen, welche den im ILCD Handbook formulierten Kriterien genügen. Dabei soll dies nicht in Konkurrenz zu anderen Datenbanken geschehen, vielmehr soll jeder Datenanbieter selbst über die Nutzungsbedingungen der angebotenen Daten entscheiden. Die Daten sollen also dezentral vorgehalten werden, die einzelnen Anbieter aber untereinander verbunden sein, so daß der Zugriff auf den gesamten Bestand für den Benutzer transparent erfolgen kann (Abbildung 2).

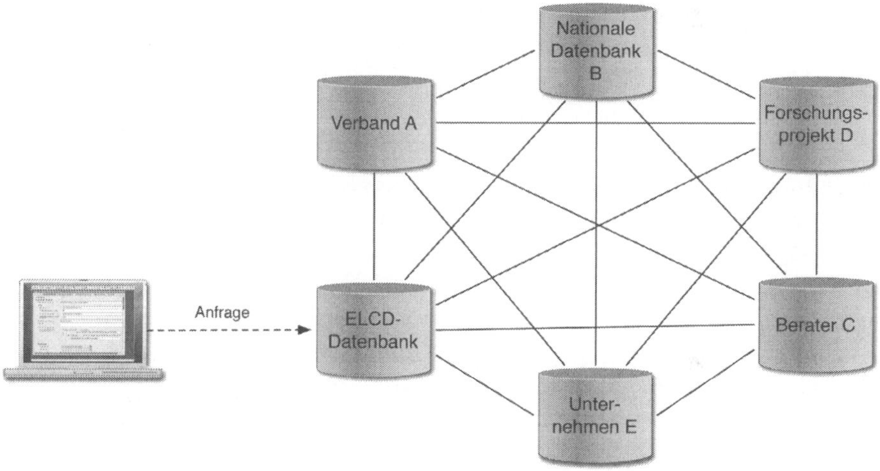

Abb. 2: ILCD Data Network

Hierfür wird eine - idealerweise internetbasierte - Datenmanagementinfrastruktur benötigt, die als Knoten des Netzwerks von den einzelnen Anbietern betrieben werden und somit auch als technische Plattform für die ELCD-Datenbank dienen kann.

3.2 Technische Infrastruktur

Im Folgenden soll ein Konzept für eine technische Infrastruktur beschrieben werden, das für eine dezentrale Datenhaltung im ILCD Data Network geeignet ist. In diesem Anwendungsfeld sollen Daten einer Vielzahl von Nutzern mit unterschiedlichen Rollen und Bedürfnissen zugänglich gemacht werden. Die Anwendungsfälle reichen hier von der Datenerfassung und -bearbeitung über Reviews bis hin zur Bereitstellung für die allgemeine Öffentlichkeit. Dabei soll jeder Anbieter entscheiden können, welcher Teil der Daten für welches Publikum zugänglich sein soll. Um diese breiten Anforderungen abdecken zu können und gleichzeitig Flexibilität hinsichtlich veränderter oder zusätzlicher Anforderungen zu gewährleisten, wird ein dienstorientierter Ansatz verfolgt, bei dem die einzelnen Funktionen als Dienste zur Verfügung gestellt werden. Diese Dienste können dann gemäß der Anforderungen für jeden Anwendungsfall entsprechend orchestriert werden.

Die zentrale Komponente ist die Datenspeicherungskomponente. Sie stellt grundlegende Dienste wie Speichern, Abrufen, Aktualisieren, Löschen, Suchen von Datensätzen über eine wohldefinierte, stabile und öffentliche Schnittstelle zur Verfügung. Über diese Schnittstelle können andere Dienste auf den Datenbestand zugreifen. Intern werden die Daten mit Hilfe eines relationalen Datenbankmanagementssystems (RDBMS) gespeichert.

Um Funktionen wie Einstellen von Datensätzen, Bearbeiten, Suche, Review, Herunterladen etc. benutzergerecht zugänglich zu machen, kann eine weitere Komponente, beispielsweise in Form einer webbasierten Anwendung, entwickelt werden, die über diese Schnittstelle auf die Datenspeicherungskomponente zugreift und diese Funktionen zur Verfügung stellt.

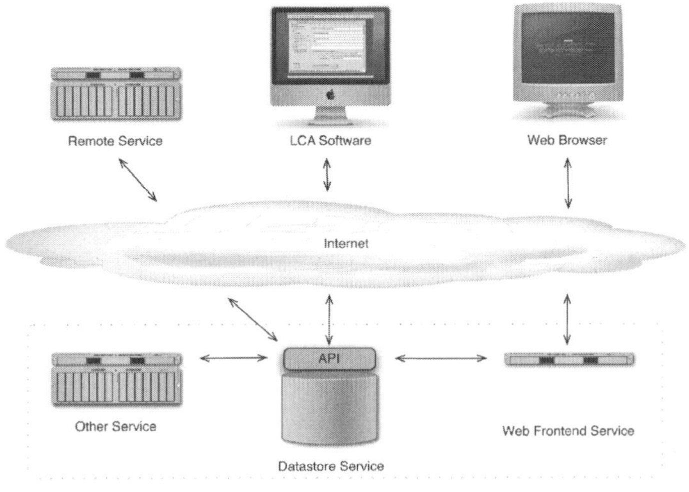

Abb. 3: Speicherkonzept (Schema)

Darüberhinaus können aber auch andere – ggf. entfernte – Anwendungen direkt über diese Schnittstelle mit dem Datenspeicher interagieren. Beispielsweise können ein LCA-Softwarewerkzeug oder der mit dem ILCD-Format bereitgestellte Datensatzeditor direkt über das Internet auf die Datenspeicherungskomponente zugreifen, womit es beispielsweise möglich wird, direkt aus der Anwendung heraus die Datenbank zu durchsuchen und Datensätze zu laden und zu speichern (Abbildung 3).

Auch andere Knoten können über diese Schnittstelle auf die Daten zugreifen. Dadurch beispielsweise eine verteilte Suche ermöglicht, bei der ein Knoten eine Suchanfrage an weitere ihm bekannte Knoten weiterreicht und die Ergebnisse konsolidiert zurückgibt.

4 Ausblick

Auf der Grundlage des in diesem Beitrag vorgestellten Konzepts werden unter Federführung des IAI eine Schnittstellenbeschreibung sowie die beschriebenen Softwarekomponenten entwickelt werden, die erforderlich sind, um einen Knoten im ILCD Data Network zu betreiben. Diese sollen quelloffen sein und allen Interessenten (wie beispielsweise nationalen Netzwerken) kostenlos unter einer geeigneten Lizenz zur Verfügung gestellt werden. Die ELCD-Datenbank soll nach Fertigstellung einer für den Produktionseinsatz geeigneten Version ebenfalls auf dieser Plattform zur Verfügung gestellt werden.

Referenzen

[1] Commission of the European Communities: Green Paper on Integrated Product Policy. Brussels, 2001.

[2] European Communities: European Platform on Life Cycle Assessment. http://lct.jrc.ec.europa.eu/eplca/

[3] International Reference Life Cycle Data System (ILCD) Handbook and Data Network. http://lct.jrc.ec.europa.eu/eplca/deliverables/international-reference-life-cycle-data-system-ilcd-handbook

[4] ISO/TS 14048 (2002): Environmental management - Life cycle assessment - Data documentation format. International Organisation for Standardisation (ISO), Geneve

[5] Hedemann J., Meinshausen I., Frischknecht R. (2003): ecoinvent 2000 - Documentation EcoSpold; Version 1.2; Swiss Centre for Life Cycle Inventories, Dübendorf / ifu Hamburg GmbH, Hamburg

[6] ILCD format - scope, development, compatibility. M. Wolf, D. Pennington, K.Chomkhamsri, R. Pant, U. Pretato, R. Bersani. Ispra, November 2008.

[7] Wolf, M.; Pennington, D.: LCA data format for the European Life Cycle Assessment Reference Data System (ELCD). Technical Background Report. Ispra, Oktober 2005

[8] A Universally Unique IDentifier (UUID) URN Namespace. Internet Engineering Task Force, 2005. http://www.ietf.org/rfc/rfc4122.txt

Umweltbewertung von Biokraftstoff-Systemen: eine kritische Analyse von Annahmen und Systemgrenzen

Elisa Dunkelberg, Institut für ökologische Wirtschaftsforschung, Berlin

1 Einführung

Zentrales Streitthema in der Debatte um die Sinnhaftigkeit von Biokraftstoffen und die Ausgestaltung der Biokraftstoffpolitik ist die Umweltwirkung dieser Kraftstoffe. Fürsprecher als auch Gegner ziehen Forschungsergebnisse zu Energie- und Treibhausgasbilanzen heran, um ihrem Standpunkt mit Fakten und Zahlen Gewicht zu verleihen. Die Existenz einer Vielzahl an Studien und vor allem die Bandbreite an Ergebnissen weist auf Schwierigkeiten und methodische Unklarheiten bei der Erstellung, aber auch im Umgang mit Umweltbewertungen hin. Das am meisten verbreitete Instrument zur Bewertung von Produkten und Systemen ist die Ökobilanz, auch Lebenszyklusanalyse (Life Cycle Assessment, LCA) genannt, die eine systematische Analyse der Umweltwirkungen über den gesamten Lebensweg ermöglicht. Mit der Formulierung einer internationalen Norm im Jahr 1996 (DIN EN ISO 14040 ff) wurde ein methodischer Rahmen festgelegt und über die Jahre weiterentwickelt, dennoch blieben Freiheiten bei der Ausarbeitung einer Ökobilanz bestehen. Für das Anwendungsbeispiel Biokraftstoffe sollen einige kritische Punkte bei der Erstellung von Ökobilanzen herausgearbeitet, der Stand der Forschung und gesetzlicher Vorgaben dargelegt werden.

2 Kritische Punkte bei der Erstellung von Lebenszyklusanalysen – Biokraftstoffe

(1) Die Untersuchung der Umweltwirkungen soll über den gesamten Lebensweg erfolgen und alle relevanten Prozesse berücksichtigen. Was plausibel und zunächst auch einfach klingt, wirft schnell die Frage nach den notwendigen, aber nicht einfach zu setzenden Systemgrenzen auf. Entstehen während der Produktion von Biokraftstoffen *Koppelprodukte* (Nebenprodukte), die einen Nutzen aufweisen, kann und sollte dieser Nutzen den Biokraftstoffen positiv angerechnet werden. Zur Berücksichtigung von

Koppelprodukten existieren verschiedenen Möglichkeiten, die zu abweichenden Ergebnissen führen können [Majer 2008].

(2) Schwierig zu erfassen und zu kalkulieren sind Umweltwirkungen, die während des Anbaus der Rohstoffe für Biokraftstoffe auftreten (bspw. Biodiversität, Wasserhaushalt, Bodenfruchtbarkeit und -erosion). Zwar existieren methodische Vorschläge zum Umgang mit Auswirkungen auf Biodiversität und Wasserhaushalt, meist zusammengeführt unter der Wirkungskategorie „land use". Diese sind jedoch häufig entweder sehr aufwändig oder stark vereinfachend. In den meisten Ökobilanzen zu Biokraftstoffen werden diese Umweltwirkungen gar nicht betrachtet, in einigen Fällen werden qualitative oder semi(quantitative) Aussagen getroffen. Die Vergleichbarkeit der Ergebnisse ist aufgrund der methodischen Unsicherheit sehr eingeschränkt.

(3) Ebenfalls in der Phase des landwirtschaftlichen Anbaus sind die so genannten direkten und indirekten Landnutzungsänderungen relevant. Beide Begriffe nehmen Bezug auf die vorherige Nutzung der Fläche. Diese ist insofern von Bedeutung, dass die Vegetation einen maßgeblichen Einfluss auf den Kohlenstoffgehalt im Boden hat und durch eine Änderung der Bewirtschaftung entweder mehr Kohlenstoff gebunden oder mehr Kohlenstoff in Form von treibhausgasrelevanten Gasen freigesetzt werden kann. Der Einfluss indirekter Landnutzungsänderungen auf die Treibhausgasbilanz wird bislang selten und nicht einheitlich in LCA integriert.

Im folgenden Text wird ausschließlich auf Punkt 1 und 3 eingegangen, da zu methodischen Fragen zur Berücksichtigung von Biodiversitätsverlusten ein eigener Beitrag in die Ökobilanz-Werkstatt 2009 eingeht.

2.1 Umgang mit Mehrproduktsystemen

Sobald in einem Produktionsprozess mehrere Produkte anfallen, stellt sich die Frage, wie die Umweltwirkungen für das Hauptprodukt kalkuliert werden können. Möglichkeiten zum Umgang mit Mehrproduktsystemen in LCA sind die direkte Verwendung der Koppelprodukte im Prozessnetz, Allokation nach einem Kriterium, Systemraumerweiterung, Substitution sowie die Allokation nach mehreren Kriterium [Baitz 2007], wobei die Wahl der Vorgehensweise das Ergebnis der Umweltbewertung maßgeblich beeinflussen kann [Weidema 2003].

Die direkte Verwendung im Prozessnetz ist der sinnvollste Ansatz, sofern sichergestellt werden kann, dass das Koppelprodukt tatsächlich im System Verwendung findet (beispielsweise Energie, die im Prozess genutzt werden kann). Koppelprodukte können in diesem Fall direkt verrechnet werden. Alternativ kann eine Allokation der Umweltwirkungen auf alle entstehenden Produkte erfolgen, wobei Allokationen nach verschiedenen Kriterien möglich sind (marktwertbasiert, mengenbasiert, heizwertbasiert) [Hochfeld 1998]. Die Art der Allokation beeinflusst das Ergebnis der Bilanz erheblich: Nach [Majer 2008] sind bei massenbasierter Allokation etwa 50 % der Treibhausgase dem Produkt Biodiesel zuzuweisen, bei heizwertbasierter Allokation etwa 60 % und nach der Gutschriftmethode sogar knapp 80 %. Für eine Systemraumerweiterung wird der Untersuchungsrahmen um die alternativen Herstellungspfade der Koppelprodukte erweitert und die damit verbundenen Umweltwirkungen den Ergebnissen gegenübergestellt. Sobald jedoch sehr viele Koppelprodukte entstehen oder mehrere alternative Herstellungspfade für die Koppelprodukte existieren, wird die Erstellung sehr aufwändig und werden die Ergebnisse sehr unübersichtlich [Baitz 2007]. Die Substitution ist ein Spezialfall der Systemraumerweiterung und wird häufig unter dem Überbegriff Systemerweiterung gefasst. Bei einer Substitution wird ein Hauptprodukt definiert (z. B. Bioethanol). Für alle anderen Produkte werden die Umweltwirkungen eines alternativen Herstellungspfads ermittelt und vom Gesamtsystem abgezogen, so dass die Umweltwirkungen des Hauptproduktes um die des Nebenproduktes bereinigt werden. Maßgeblich entscheidend für das Ergebnis ist die Wahl des alternativen Herstellungspfades. Um eine unverhältnismäßig gute Bewertung des Hauptproduktes zu vermeiden, sollten nur sehr repräsentative oder „best avaiblable technology"-Prozesse gewählt werden [Baitz 2007].

Bei der Produktion von Biokraftstoffen fallen in nahezu allen Herstellungspfaden Koppelprodukte an (Bsp.: Glycerin bei der Biodieselproduktion, Schlempe bei der Bioethanolproduktion). Nach DIN EN ISO 14040 ff ist bei der Erstellung von Ökobilanzen sowohl die Verwendung der Allokationsmethoden als auch der Systemraumerweiterung bzw. Gutschriftmethode möglich. Im Entwurf der Biomassenachhaltigkeitsverordnung (BioNachV) vom 5.12.2007 war eine Anrechnung der Koppelprodukte durch eine Allokation nach dem unteren Heizwert vorgesehen [BioNachV 2007]. Dies wurde in der EU-Richtlinie[20] 2009/28/EG vom 5.06.09 als auch der Biomassestrom-Nachhaltigkeitsverordnung (BioSt-NachV) vom 23.07.09 übernommen [BioSt-NachV 2009].

2.2 Umgang mit indirekten Landnutzungsänderungen

Eine direkte Landnutzungsänderung ist wörtlich zu verstehen und meint beispielsweise die Umwandlung einer Grünlandfläche in einen Maisacker. In diesem konkreten Beispiel würde die Landnutzungsänderung mit einer Freisetzung von CO_2 einhergehen. Methodisch kann die direkte Landnutzungsänderung durch die Wahl des Referenzsystems berücksichtigt werden. Sofern die Bilanz nicht für einen konkreten Acker sondern

[20] Richtlinie zur Förderung der Nutzung von Energie aus erneuerbaren Quellen

beispielsweise für die gesamte Ethanolproduktion auf Maisbasis in Deutschland erstellt werden soll, kann die CO_2-Freisetzung auch gemäß des Flächenanteils von Grünland an der gesamten Fläche, die für den Maisanbau in Deutschland bereitgestellt wird, angerechnet werden.

Mit größeren Schwierigkeiten ist der Umgang mit der so genannten indirekten Landnutzungsänderung behaftet. Deren Bedeutung lässt sich am einfachsten an einem Beispiel erläutern: Ölpalmen liefern nicht nur einen geeigneten Rohstoff für Biodiesel sondern auch für chemisch-technische Produkte (Shampoo, Schmieröl) und Nahrungsmittel (Margarine, Schokolade) [Tan 2009]. Nach RSPO-Kriterien erhält Biodiesel auf Basis von Ölpalmen nur dann ein Zertifikat, wenn eine Rodung „besonders erhaltenswerter Wälder“ ausgeschlossen werden kann, da diese Flächen als Kohlenstoffspeicher fungieren. NGOs fürchten jedoch, dass bei steigendem Bedarf nach Biodiesel bestehende Ölpalmplantagen zur Biodieselproduktion genutzt werden. Auf die CO_2-Freisetzung aus dem Boden hat dies keine Auswirkungen, denn die Nutzung ändert sich nicht. Bleibt die Nachfrage nach Rohstoffen für Schmieröle oder Shampoo auf Palmölbasis bestehen, werden jedoch an anderer Stelle neue Ölpalmplantagen entstehen. Solange für diese Produkte keine Nachhaltigkeitsanforderungen bestehen, können für den Anbau von Ölpalmen tropische Regenwälder abgeholzt oder Moore trockengelegt werden. Die damit einhergehenden Treibhausgasemissionen werden durch die Nachfrage und den Anbau von Ölpalmen für die Biodieselproduktion bewirkt und sind deren Treibhausgasbilanz anzurechnen.

Ein Ansatz zur Abschätzung des Umfangs indirekter Landnutzungsänderungen, die durch die Biokraftstoffpolitik verursacht werden, ist die Simulation des Welthandels in ökonometrischen Gleichgewichtsmodellen [Searchinger 2008]. Hauptkritikpunkt an dieser Vorgehensweise ist die fehlende Berücksichtigung von Effizienzsteigerungen in der Landwirtschaft und die fehlende Beantwortung der Frage, welche Regionen von Landnutzungsänderungen besonders betroffen sein werden (RFA 2008). Die Methode wurde bislang für Ethanol aus Getreide und aus Zuckerrohr angewandt. [Searchinger 2008] kommt zu dem Ergebnis, dass durch indirekte Landnutzungsänderungen entstehende Treibhausgas-Emissionen bei Ethanol aus Getreide für 167 Jahre die Einsparungen überwiegen werden, bei Ethanol aus Zuckerrohr sind es zwischen vier und 45 Jahren[21]. Das Öko-Institut stellt eine weitere Möglichkeit vor, wie durch indirekte Landnutzungsänderungen verursachte THG-Emissionen in der Ökobilanz berücksichtigt werden können [Fritsche 2008]. Die Autoren gehen davon aus, dass für die durch Biomasse verdrängte Nahrungs- oder Futtermittelproduktion abhängig von der Region

[21] Das Ergebnis ist abhängig von dem Verhalten vertriebener Kleinbauern, die möglicherweise Regenwald zu Grasland umwandeln (45 Jahre).

Grünland, Savanne oder tropischer Regenwald in landwirtschaftliche Produktionsfläche umgewandelt wird. Der ursprünglichen Nutzung (Vegetation) wird ein flächenbezogenes theoretisches Emissionspotential zugewiesen, das auf einen Zeitraum von 20 Jahren verteilt wird, so dass über die Flächenerträge des Bioenergieanbaus ein energiebezogener Emissionsfaktor für indirekte Landnutzungseffekte bestimmt werden kann [Fritsche 2008].

Die Europäische Kommission soll bis Ende des Jahres 2010 einen Bericht vorlegen, in dem die Auswirkungen der indirekten Landnutzungen auf die Treibhausgasbilanz von Biokraftstoffen sowie Möglichkeiten zu Verringerung dieser Auswirkungen untersucht werden (2009/28/EG).

3 Fazit

Durch die bestehende gesetzliche Vorgabe zum Umgang mit Koppelprodukten werden Treibhausgasbilanzen von Biokraftstoffen vermutlich positiver dargestellt, als dies nach anderen Methoden der Fall wäre. Bei der Erstellung und Beurteilung wissenschaftlicher Studien zu Treibhausgasbilanzen von Biokraftstoffen sollte dies berücksichtigt werden. Indirekte Landnutzungsänderungen beeinflussen die Treibhausgasbilanz von Biokraftstoffen und Energiepflanzen erheblich und müssen in zukünftigen Studien ebenfalls berücksichtigt werden. Eine allgemein anerkannte Methodik existiert bislang noch nicht, insbesondere die differenzierte Betrachtung von verschiedenen Biokraftstofflieferungen ist auf Basis des ökonometrischen Ansatzes nicht möglich. Für die Integration in Zertifizierungsansätze wäre dies jedoch von entscheidender Bedeutung.

Referenzen

[Baitz 2007] Baitz, M.; Kreisig, J.: Allokation des AK Methodik. Hrsg.: Forschungszentrum Karlsruhe (2007). www.netzwerk-lebenszyklusdaten.de (24.09.09).

[BioNachV 2007] BioNachV: Entwurf einer Verordnung über Anforderungen an eine nachhaltige Erzeugung von Biomasse zur Verwendung als Biokraftstoff (Biomasse-Nachhaltigkeitsverordnung – BioNachV) (2007). www.bmu.de (15.12.08).

[BioSt-NachV 2009] BioSt-NachV: Verordnung über Anforderungen an eine nachhaltige Herstellung von flüssiger Biomasse zur Stromerzeugung (Biomassestrom-Nachhaltigkeitsverordnung – BioSt-NachV) (2009). www.biomassestrom-nachhaltigkeitsverordnung.de (25.09.09).

[Fritsche 2008] Fritsche, U.; Wiegmann, K.: Treibhausgasbilanzen und kumulierter Primärenergieverbrauch von Bioenergie-Konversionspfaden unter Berücksichtigung möglicher Landnutzungsänderungen. Hrsg: WBGU (Wissenschaftlicher Beirat der Bundesregierung Globale Umweltveränderungen), Berlin (2008). www.wbgu.de (15.12.08).

[Hochfeld 1998] Hochfeld, C.; Jenseit, W.: Allokation in Ökobilanzen und bei der Berechnung des kumulierten Energieaufwandes (KEA). Darmstadt. www.oeko.de (12.12.08).

[Majer 2008] Majer, S.; Schröder, G.: Biomasse-Nachhaltigkeitsverordnung – Erläuterungspapier zum Entwurf vom 05.12.2007. Hrsg: UFOP (Union zur Förderung von Oel- und Proteinpflanzen e.V.) (2008).

[Searchinger 2008] Searchinger, R. et al.: Use of U.S. Croplands for biofuels increased greenhouse gases through land-use change. Science Express 319, 1238-1240 (2008).

[Tan 2009] Tan, K.T. et al.: Palm Oil: Addressing issues and towards sustainable development. Renewable and Sustainable Energy Reviews 13, 420-427 (2009).

[Weidema 2003] Weidema, B.: Market information in life cycle assessment. (2003). www2.mst.dk (12.12.08).

Treibhausgaspotenzial des Energiepflanzenanbaus für Biogasanlagen

Maria Stenull, IER, Universität Stuttgart

1 Einführung

Der Anbauprozess von Biomasse hat einen entscheidenden Einfluss auf die Klimaeffizienz einer Biogastechnologie, die diese Substrate als Inputstoffe nutzt. Am Beispiel von Mais- und Dauergrünlandanbauverfahren wird in diesem Arbeitspapier der Treibhauseffekt von unterschiedlichen Emissionsfaktoren diskutiert, wobei Arbeitsprozesse wie Eggen, Pflügen, N-Mineraldüngung, Gärrestausbringung u.a. berücksichtigt werden. In der Literatur herrscht Einigkeit darüber, dass die meisten Treibhausgasemissionen dabei durch die Arbeitsprozesse N-Mineraldüngung und Gülle- sowie Gärrestausbringung und -lagerung entstehen. Hierbei hängt die Höhe der Emissionen überwiegend von der verwendeten Düngeart, der Düngeform, der Düngemenge, der Art der Lagerung sowie von den Standortbedingungen des Einsatzortes zusammen. Gerade wegen der starken Abhängigkeit der Emissionen mit den angeführten Randbedingungen, können die in der Literatur angegebenen Emissionsfaktoren sehr voneinander abweichen.

2 Treibhausgasemissionen von Biogasanlagen

2.1 Bilanzierungsrahmen

Die meisten Treibhausgasemissionen, die der Stromerzeugung aus Biogas zugerechnet werden, haben ihren Ursprung im mitbilanzierten Anbauprozess sowie im Düngerkreislauf. Um den Einfluss der Anbauprozesse und der Düngung auf die Bilanz zu verdeutlichen, wurden hier vier unterschiedliche Fälle betrachtet:

- Fall 1: 100 % Silomais,
- Fall 2: 50 % Silomais, 50 % Grassilage,
- Fall 3: 35 % Rindergülle, 65 % Silomais,
- Fall 4: 100 % Rindergülle.

Dabei ist die prozentuale Substratzusammensetzung auf die Feuchtmasse bezogen. Für die Anlagengröße wurde hier eine Durchschnittsgröße von 200 kW ausgewählt. Bei der Stromproduktion aus Biogas wird von der „guten Praxis" ausgegangen. Aus diesem Grund werden hier geschlossene Gärrestlager vorausgesetzt. Ebenso soll die Ausbringung des Gärrests mit Schleppschlauchverteiler erfolgen und eine Einarbeitung in den Boden innerhalb von 4 Stunden durchgeführt werden. Für die diffuse Methanleckage wurde, bei unsicherer Datenlage, ein Wert von 1 % des produzierten Methans angenommen [IFEU 2008]. Nach Auswertung von verschiedenen Literaturdaten fiel die Entscheidung ebenfalls auf den Wert 1 % für den Methanschlupf. Als funktionelle Einheit wurde für die Bilanzierung 1 kWhel ausgewählt, da Biogasanlagen in der Regel in Deutschland stromgeführt sind. Als Referenz für den Strom aus Biogas wurden die Treibhausgasemissionen vom Strommix Deutschland 2007 in Höhe von 0,624 kg CO_2-Äq./kWh_{el} angesetzt [UBA 2009]. Für die reinen nachwachsenden Rohstoffe Anlagen (Nawaro-Anlagen – Fall 1 und Fall 2) wurde als Düngereferenz mineralische Düngung angenommen. Hier wurde dem Mais 200 kg N/ha Düngebedarf und dem intensivem Grasanbau 195 kg N/ha Düngebedarf angerechnet. Im Fall 3 wurde als Düngereferenz Mineral- und Gülledüngung angenommen. Im Fall 4 wurde von unbehandelter Gülle als Düngereferenz ausgegangen.

2.2 Ergebnisse

In der Abbildung 1 sind die Ergebnisse der THG-Bilanz für Strom aus Biogas im Vergleich zum Strommix Deutschland 2007 dargestellt. Die negativen Ergebnisse bedeuten Einsparung von Treibhausgasen im Vergleich zum fossilen Referenzwert Strommix Deutschland, d.h. bei Strom aus einer 100%-Silomais-Anlage werden beispielsweise 0,355 kg CO_2-Äq. pro kWh_{el} eingespart. Für die Bilanzierung des Treibhauseffekts wurden vereinfacht nur die drei üblichen Treibhausgase berücksichtigt: Kohlendioxid (CO_2), Methan (CH_4) und Lachgas (N_2O). Diese Treibhausgase wurden in CO_2-Äquivalente [vgl. IPCC 2007] umgerechnet und als THG-Emissionen zusammengefasst.

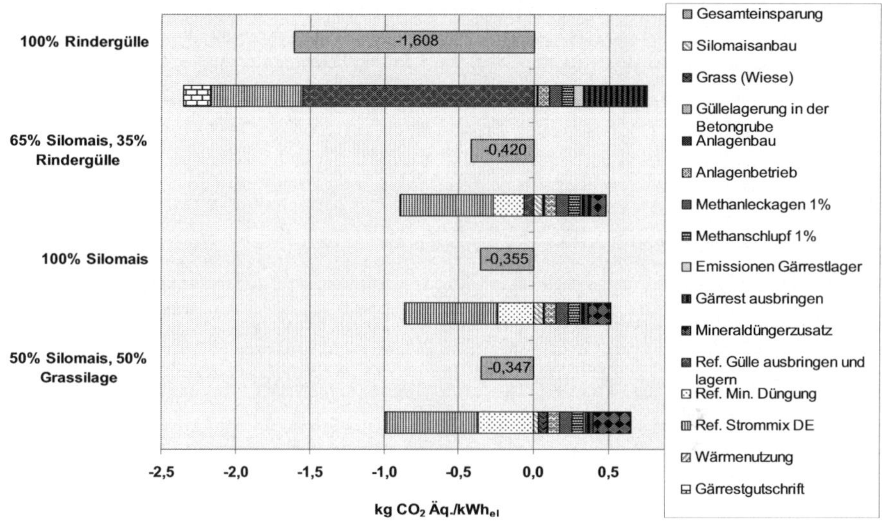

Abb. 1: Treibhauseffekt: Strom aus Biogas

Die wenigsten THG-Emissionen im Vergleich zum Strommix Deutschland (-0,355 kg CO_2-Äq./kWh$_{el}$) werden bei den reinen Nawaro-Anlagen gespart. Dabei tragen Düngeprozesse für den Silomais und die Grassilage die höchsten Lasten, da ihre Anbauflächen neben der Gärrestdüngung, auch die mineralische Düngung benötigen. Falls für den Anbau von Silomais die Grünlandflächen umgebrochen werden, werden zusätzliche Treibhausgasemissionen freigesetzt und als Folge davon, verschlechtert sich die Ökobilanz einer 100 %-Silomais-Anlage noch um das Doppelte. Wesentlich mehr Klimagase werden bei einem Siomais-Gülle-Mischbetrieb gespart. Durch den 35%-igen Gülleeinsatz werden fast 20 % mehr Treibhausgase im Vergleich zur 100%-Silomais-Anlage gespart. Die meisten Treibhausgasemissionen können bei der Stromproduktion aus einer 100%-Gülle-Anlage gespart werden. Mit Abstand am besten, -1,608 kg CO_2-Äq./kWh$_{el}$, schneidet der Strom aus der 100%-Rindergülle-Anlage ab. Die meisten Treibhausgase werden zwar durch die Gärrestausbringung bei reinen Gülleanlagen freigesetzt und die Lasten sind im Vergleich zu reinen Nawaro-Anlagen in diesem Fall höher, jedoch werden diese Lasten durch vermiedene Emissionen bei der Gülleausbringung und -lagerung sowie durch die Gärrest-gutschrift kompensiert.

3 Einfluss der Emissionsfaktoren auf die Ökobilanz

In diesem Kapitel wird der Einfluss von Emissionsfaktoren für die THG-Bilanz dargestellt. Die verwendeten Emissionsfaktoren stammen sowohl aus verschiedenen Literaturquellen, als auch aus veröffentlichten Praxisversuchen. Der Einfluss bestimmter Prozesse auf die THG-Bilanz von Strom aus Biogasanlagen, wird in diesem Kapitel dargestellt:

- Gärrest- und Gülleausbringung – ein Lachgas-intensiver Prozess
- Gärrestlagerung – ein Methan-intensiver Prozess

Um den Einfluss der Emissionsfaktoren zu verdeutlichen, beschränkt sich die Darstellung hier auf zwei extreme Fälle: Treibhauseffekt für Strom aus einer 100%-Silomais-Anlage und aus einer 100%-Rindergülle-Anlage. Den in der Abbildung 1 dargestellten Basis-Bilanzen wurden Literaturangaben zu Grunde gelegt. Für die Min-Bilanzen und Max-Bilanzen wurden Emissionsfaktoren aus den Ergebnissen von Praxisversuchen verwendet. (siehe Tab. 1).

Tab. 1: Emissionsfaktoren für die THG-Bilanzen von Strom aus Biogas

Lachgasemissionen bei der Gärrest- und Gülleausbringung	**Basis-Mean** [IPCC 2007]	**Max** [Dittert et al. 2007]	**Min** [Dittert et al. 2007]
Lachgasemissionen bei der Gärrestausbringung	1% N_2O-N	2,9% N_2O-N	0,6% N_2O-N
Lachgasemissionen bei der Gülleausbringung	1% N_2O-N	4,2% N_2O-N	0,6% N_2O-N
Methanemissionen bei der Gärrestlagerung	**Basis-Min**	**Max**	**Mean**
Restgaspotenzial	2 m^3 CH_4/t oTS [BMVEL/UBA 2002]	40 m^3 CH_4/t oTS [Reinhold 2009]	20 m^3 CH_4/t oTS [Reinhold 2009]
Ammoniak-emissionen	1,5% NH_4-N [BMVEL/UBA 2002]	15% NH_4-N [BMVEL/UBA 2002]	15% NH_4-N [BMVEL/UBA 2002]
Lachgasemissionen	0,01% N_2O-N [BMVEL/UBA 2002]	1% N_2O-N [BMVEL/UBA 2002]	1% N_2O-N [BMVEL/UBA 2002]

3.1 Gärrest- und Gülleausbringung

In der ökobilanziellen Analyse werden Lachgasemissionen hauptsächlich in den folgenden Prozessen freigesetzt: Gülle- und Gärrestlagerung und -ausbringung sowie Mineraldüngerausbringung. Da die Lachgasemissionen von verschiedenen Faktoren wie Standortbedingungen, Kulturart, N-Düngemenge sowie -form [Hartmann 2008] abhängig sind, findet man in der Literatur verschiedene Angaben zur Höhe dieser Emissionen. In den Literaturquellen wird diese Datengrundlage für Gärreste aus Energiepflanzen als mangelhaft eingestuft [IFEU 2008], da noch wenig Unterschungen zu reinen Gärresten aus Energiepflanzen vorliegen. Dem IPCC zufolge, wird pauschal 1 % des ausgebrachten Stickstoffs als Lachgas-Stickstoff (N_2O-N) bei der Gülle- und Gärrestausbringung freigesetzt [IPCC 2006]. Dieser Faktor wurde für die Basis-Bilanz von 100%-Silomais-Anlage und 100%-Rindergülle-Anlage angenommen. In den publizierten Feldmessungen sind jedoch deutliche Spannbreiten in der Höhe der Lachgas-Emissionen bei der Düngeausbringung zu erkennen, die sich je nach Standort und ausgebrachter Düngemenge voneinander unterscheiden. Diese betragen für Rohgülle 0,6 % und 4,2 % N_2O-N und für Biogasgülle zwischen 0,6 % und 2,9 % N_2O-N des ausgebrachten Stickstoffs [Dittert et al. 2007].

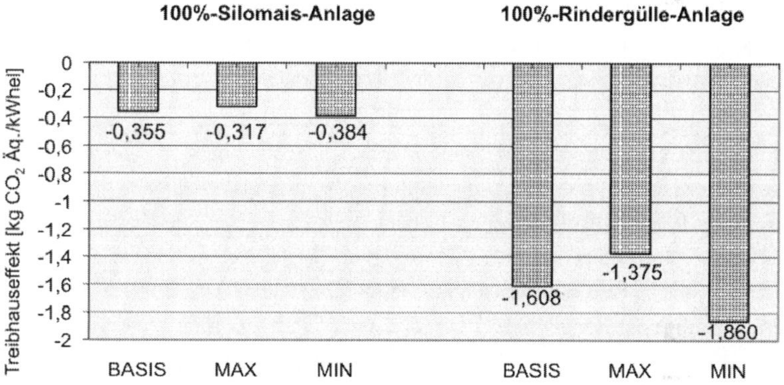

Abb. 2: Einfluss der Lachgasemissionen durch Gärrest- und Gülleausbringung auf den Treibhauseffekt von Strom aus Biogas

Die Abbildung 2 zeigt, dass eine Variation des Lachgases, die Treibhausbilanz einer 100%-Silomais-Anlage um ca. 10 % verschlechtern oder verbessern kann. Bei der Gülle-Anlage verschlechtert oder verbessert sich die Ökobilanz um ca. 15 % [Dittert et al. 2007]. Der Einfluss von Lachgas-Emissionen durch die Gärrest- und Gülleausbringung auf die THG-Bilanz der Stromerzeugung aus Biogas, ist für die 100%-Gülle-Anlage im Vergleich zur reinen Silomais-Anlage deutlich höher. Dies hängt damit zusammen, dass viel mehr Gärrest in einer reinen Gülle-Anlage im Vergleich zur reinen Silomais-Anlage anfällt.

3.2 Gärrestlagerung

Die Methanemissionen von Gärrestlagern sind vor allem davon abhängig, ob die Gärrestlager gasdicht oder offen sind. Wenn die Gärrestlager offen bleiben, ist das Restgaspotenzial des Gärrests entscheidend. In der in Kapitel 2 dargestellten THG-Bilanz für Strom aus Biogas, wurde von einer guten fachlichen Praxis ausgegangen. Aus diesem Grund wurde in den Basisfällen angenommen, dass die Gärrestlager geschlossen sind und die Gärreste ein Restgaspotenzial von 2 m^3 CH_4/ t $oTS_{Gärrest}$ aufweisen. In den baden-württembergischen Biogasanlagen ist jedoch ein offenes Gärrestlager meist der Fall [Stenull et al. 2009]. Hier kann von höheren Restgaspotenzialen ausgegangen werden. Deshalb wurden für das Restgaspotenzial 20 und 40 m^3 CH_4/ t $oTS_{Gärrest}$ für jeweils durchschnittliche und schlecht-betriebene Anlage mit offenem Gärrestlager angenommen [Reinhold 2009].

In der Abbildung 3 wird deutlich, dass offene Gärrestlager die THG-Bilanz von Strom aus Biogas sehr stark verschlechtern. Wenn nicht vollständig vergorenes Substrat in die offenen Gärrestlager gelangt, wird von einem Restgaspotenzial in Höhe von 40 m^3 CH_4/t $oTS_{Gärrest}$ ausgegangen. In diesem Fall verschlechtert sich die Ökobilanz von Strom aus einer Silomais-Anlage um 44 % und bei einer reinen Gülleanlage um 72 % im Vergleich zur Basis-Bilanz. Bei hohen Emissionen durch offene Gärrestlager einer 100%-Gülle-Anlage, liegt der Treibhauseffekt für Strom aus Biogas in der Größenordnung wie bei einer 35%-Gülle- und 65%-Silomais-Anlage. Beim Restgaspotenzial in Höhe von 91 m^3 CH_4/t $oTS_{Gärrest}$ wären die THG-Emissionen vom Strom aus einer 100%-Silomais-Anlage gleich dem Strommix Deutschland. Bei der Gülle-Anlage werden keine Emissionen gespart, wenn das Restpotenzial von 54 m^3 CH_4/t $oTS_{Gärrest}$ zugrunde gelegt wird, wobei dies als hypothetischer Fall anzusehen ist, da das Güllesubstrat eine viel niedrigere Biogasausbeute im Vergleich zu Silomais und in der Regel lange Verweilzeiten im Fermenter hat. Die 100%-Gülle-Anlage reagiert auf die Variation des Parameters Restgaspotential (ähnlich wie oben bei Lachgas), deutlich sensibler als die 100%-Silomais-Anlage, wie in der unteren Abbildung deutlich wird.

Abb. 3: Einfluss des Restgaspotenzials auf den Treibhauseffekt von Strom aus Biogas

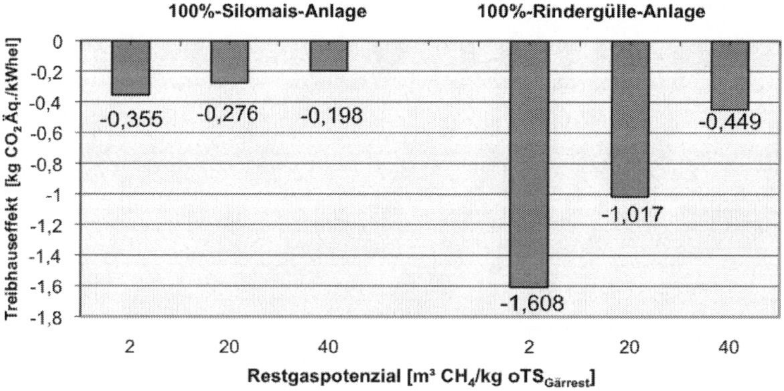

4 Schlussfolgerungen

Vor allem Methanemissionen von Gärrestlagern haben einen sehr hohen Einfluss auf den Treibhauseffekt von Strom aus Biogas. Die offenen Gärrestlager verschlechtern den Treibhauseffekt in den dargestellten Bilanzen bis zu 72 %. Die Lachgasemissionen der Gärrestausbringung, können die Ergebnisse der THG-Bilanzen von 10 % bis 15 % beeinträchtigen. Sowohl bei der Gärrestausbringung, als auch -lagerung reagiert die reine Gülle-Anlage viel stärker auf die Veränderung von Emissionsfaktoren. Dies hängt damit zusammen, dass in einer reinen Gülle-Anlage viel mehr Gärrest im Vergleich zur Silomais-Anlage entsteht. Das bedeutet: Je mehr Gülle in die Anlage eingebracht wird, desto höher wird der Einfluss der Emissionsfaktoren auf die THG-Bilanz des Stroms aus Biogas. Durch die dargestellten Variationen wird deutlich, dass diese Emissionsfaktoren besonders standort- und prozessspezifisch sind.

Zu den weiteren THG-Emissionen, die mit Unsicherheiten gekennzeichnet sind, gehören Methanemissionen bei der Gülle- und Gärrestlagerung und -ausbringung sowie Lachgasemissionen bei der Mineraldüngerausbringung. Bei der Gülleausbringung und -lagerung geht Amon [Amon et al. 2002] von viel höheren Emissionsfaktoren als Schäfer [Schäfer 2006] aus. Diese Datengrundlage ist vor allem für die reine Gülle-Anlage von entscheidender Bedeutung. Weiterhin spielen die Lachgasemissionen bei der mineralischen Düngung von Energiepflanzen eine große Rolle. Denn je höher diese Emissionen angesetzt werden, desto mehr kann durch die Gärrestausbringung eingespart werden. In den Basisbilanzen wird der Emissionsfaktor 1+ 1,25 % des ausgebrachten Stickstoffs verwendet [Bouwman 1996], bei den Feldversuchen variieren jedoch die Lachgasemissionen durch die Ausbringung von 200 kg Stickstoff pro Hektar Silomais zwischen 0,6 % N_2O-N und 2,9 % N_2O-N je nach Standort [Dittert et al. 2007].

Bei der Bilanzierung dieser standortabhängigen und betriebspezifischen Anbauprozesse (Düngerlagerung und -ausbringung) wäre es von Vorteil, die Ergebnisse im Form von Spannbreiten anzugeben, oder diese als „prozessvariabel" einzustufen, da sie nur für bestimmte Fälle gelten.

Referenzen

[Amon et al. 2002] Amon, B. et al.: Methane, Nitrous Oxide and Ammonia Emissions from Management of Liquid Manures. Final Report. November 2002. Research projekt no. 1107; BMLF GZ 24.002/24-IIA1a/98 and extension GZ 24.002/33-IIA1a/00. On behalf of Federal Ministry of Agriculture, Forestry, Environment and Water Management and Federal Ministry for Education, Science and Culture (2002).

[Bouwman 1996] Bouwman A.F.: Direct emission of nitrous oxide from agricultural soils, Nutrient Cycling in Agroecosystems No 1/1996, Vol.46, The Netherlands (1996).

[IFEU 2008] IFEU: Optimierungen für einen nachhaltigen Ausbau der Biogas-erzeugung und -nutzung in Deutschland. Verbundprojekt gefördert vom Bundesministerium für Umwelt, Naturschutz und Reaktorsicherheit (BMU), Projektträger: Forschungszentrum Jülich, F&E-Vorhaben, FKZ: 0327544, Heidelberg, Leipzig, Berlin, Darmstadt (2008).

[IPCC 2006] IPCC: Guidelines for National Greenhouse Gas Inventories. Institute for Global Environmental Strategies (IGES), Hayama, Japan (2006).

[IPCC 2007] IPCC: Fourth Assessment Report, Chapter 2, Changes in Atmospheric Constituents and Radiative Forcing. Cambridge UP: Cambridge, United Kingdom and New York, NY, USA, (2007).

[Hermann 2008] Hermann, A.: Wie sind Gärrestsubstrate hinsichtlich ihrer Dünge- und Umweltwirkungen zu bewerten? Christian-Albrechts-Universität, Kiel (2008).

[Reinhold 2009] Reinhold, G.: Einfluss der Biogaserzeugung auf das Restgaspotenzial und Eigenschaften der Gärreste sowie die Anforderungen an Gärrestlager, Internationale Bio- und Deponiegas Fachtagung „Synergien nutzen und voneinander lernen II". Weimar (2009).

[BMVEL/UBA 2002] BMVEL/UBA: Ammoniak-Emissionsinventar der deutschen Landwirtschaft und Minderungsszenarien bis zum Jahr 2010. UBA-Texte 05/02, FKZ 299 42 245/02. Berlin (2002).

[UBA 2009] UBA: Entwicklung der spezifischen Kohlendioxid-Emissionen des deutschen Strommix 1990-2007, FG I 2.5., Stand: April 2009.

[EMEP/CORINAIR 2007] EMEP/CORINAIR: Joint EMEP/CORINAIR Atmospheric Emission Inventory Guidebook, Update on Third Edition. Group 10 Agriculture, Copenhagen (2007).

[Stenull et al. 2009] Stenull, M. et al.: Fragebogen Biogasanlagen in Baden-Württemberg im Jahre 2008. Unveröffentlichter Bericht (2009).

[Dittert et al. 2007] Dittert, K. et al.: BIOGAS-EXPERT Modellgestütztes Stoffstrommanagement im System Boden-Pflanze-Fermenter, Christian Albrechts-Universität, Kiel (2007).

[Schäfer 2006] Schäfer, M.: Abschätzung der Emissionen klimarelevanter Gase aus der Landwirtschaft Baden-Württembergs und Bewertung von Minderungsstrategien unter Nutzung eines ökonomisch-ökologischen Regionalmodells. Shaker Verlag, Aachen (2006).

Der Baustoff Holz als CO_2-Senke. Ist das möglich?

Torsten Mielecke, Institut für Massivbau, TU Darmstadt

1 Bedeutung des nachhaltigen Bauens

Durch die Einführung des nationalen Nachhaltigkeitszertifizierungssystems für Bauwerke beginnt das Bauwesen sich zu verändern. Mehr als jemals zuvor rückt die Thematik der ganzheitlichen Lebenszyklusbetrachtung in den Mittelpunkt der Planungs- und Bautätigkeiten. Nicht mehr nur die energetische Effizienz ist von Bedeutung, sondern seine Qualitäten in ökologischer, ökonomischer, soziokultureller und technischer Hinsicht. Ebenso gewinnt die Qualität der Planungs-, Erstellungs- und Betriebsprozesse an Bedeutung. Erfolgreiche Investoren haben erkannt, dass nachhaltige Gebäude dem Puls der Zeit entsprechen. Sie weisen eine höhere Marktfähigkeit und Wertstabilität auf. Durch einen weitergehenden Einbezug von nutzungsökologischen Parametern bieten sie einen entscheidenden Mehrwert für Investoren und Nutzer. Durch eine transparente Darlegung der Nachhaltigkeitsperformance, lassen sich Wartungs- und Instandhaltungsnotwendigkeiten, sowie das voraussichtliche Kostenaufkommen in der Betriebsphase erkennen. Hierdurch wird das Investitionsrisiko für den Bauherrn bzw. Investor deutlich reduziert.

Um die Nachhaltigkeit eines Einzelgebäudes messbar zu machen, wurden auf dem nationalen und internationalen Markt eine Vielzahl von Zertifizierungssystemen entwickelt. Zu den in Deutschland verbreitesten Systemen zählen das britische „BREEAM“, das amerikanische „LEED“ und das seit rund einem Jahr verfügbare „Deutsche Gütesiegel Nachhaltiges Bauen“ (DGNB). [Graubner et al. 2009] Diese Bewertungssysteme bieten den Investoren die Möglichkeit seine Planungs- und Bauqualität zu messen und zu vergleichen sowie der Öffentlichkeit mit Hilfe eines Siegels deutlich zu machen.

2 Ökobilanzierung als Instrument im Nachhaltigen Bauen

Das Deutsche Gütesiegel Nachhaltiges Bauen ist das erste ganzheitliche Nachhaltigkeitszertifikat am Markt. [Graubner et al. 2008] Betrachtet wird die ökologische, ökonomische, soziokulturelle, technische und Prozessqualität eines Bauwerkes. In einer gesonderten Betrachtung wird zusätzlich die Standortqualität des Bauwerkes bewertet. Zu diesen sechs Hauptkriteriengruppen sind ca. 50 Einzelkriterien zu geordnet, die die Bewertung unterschiedlichster Aspekte ermöglichen. Im Sinne einer guten Handhabbarkeit des Systems werden die Einzelbeurteilungen zu Teilnoten auf Hauptkriterienebene zusammengefasst und in eine Gesamtbeurteilung für das Gebäude überführt. Dabei wird eine Gewichtung der erreichten Kriterienbewertungen mit Hilfe eines Satzes nationaler Bedeutungszahlen, die sich nach der gesellschaftspolitischen Relevanz des Kriteriums richten, vorgenommen. Die auf Hauptkriterienebene erreichten Teilnoten der ökologischen, ökonomischen, sozialen und funktionalen sowie der technischen Qualität gehen gleichwertig zu jeweils 22,5 % in die Endnote des Gebäudes ein. Die Note der Prozessqualität wird mit 10 % Einfluss in der Gesamtnote berücksichtigt. Die Bewertung der Standortqualität, die nicht vom Bauwerk selbst abhängt, erfolgt mit einer gesonderten Note.

Die Bewertung der ökologischen Qualität erfolgt im Deutschen Gütesiegel anhand von zwölf Kriterien. Dies sind im Einzelnen:

- Nr. 1: Treibhauspotential (GWP)
- Nr. 2: Ozonschichtzerstörungspotential (ODP)
- Nr. 3: Ozonbildungspotenzial (POCP)
- Nr. 4: Versauerungspotential (AP)
- Nr. 5: Überdüngungspotenzial (EP)
- Nr. 6: Risiken für die lokale Umwelt (Grundwasser, Luft, Oberflächenwasser und Boden)
- Nr. 8: Sonstige Wirkung auf die globale Umwelt (Tropenholz)
- Nr. 9: Mikroklima
- Nr. 10: Primärenergiebedarf nicht erneuerbar (PEne)
- Nr. 11: Gesamteinsatz Energie/ Primärenergie (PEgesG) und Anteil erneuerbarer Primärenergie (PEe)
- Nr. 14: Frischwasserverbrauch Nutzungsphase
- Nr. 15: Flächeninanspruchnahme

Diese zwölf Einzelkriterien haben einen Anteil an der Endnote der Gebäudebewertung von 22,5 %. Eine detailliertere Betrachtung der Bewertungsregeln innerhalb der Kriterien zeigt, dass die Kriterien Nummer 1, 2, 3, 4, 5 sowie 10 und 11 über eine Ökobilanz nach DIN EN ISO 14040 und 44 abgeprüft werden. Damit werden über die Ergebnisse der

Ökobilanz rund 12,5 % der Gesamtnote des DGNB ermittelt. Eine ähnlich hohe Bedeutung hat als einzelnes Bewertungsverfahren nur noch die Lebenszykluskostenberechnung mit einem Anteil an der Endnote von 13,5 %.

Aufgrund der hohen Bedeutung der Ergebnisse der Ökobilanz ist es wichtig, eine verlässliche und einheitliche Datenbasis für die ökologische Bewertung von Gebäuden zu haben. Nur dadurch kann die Vergleichbarkeit zwischen den Ergebnissen verschiedener Berechnungen abgesichert werden. Das Bundesministerium für Verkehr, Bau und Stadtentwicklung (BMVBS) hat aus diesem Grund die Erstellung einer Datenbank für Umweltprofile von Baustoffen und Komponenten in Auftrag gegeben. In der Ökobau.dat genannten Datenbank sind für 630 Baustoffe und Komponenten jeweils sieben Wirkungsindikatoren verzeichnet. Dazu werden die Produkte in die folgende Gliederung eingeteilt:

- Mineralische Baustoffe
- Dämmstoffe
- Holzprodukte
- Metalle
- Anstriche und Dichtmassen
- Bauprodukte aus Kunststoffen
- Komponenten von Fenster, Türen und Vorhangfassaden
- Gebäudetechnik
- Sonstiges

Erste Ergebnisse der Ökobau.dat werden der Öffentlichkeit über das Informationsportal Nachhaltiges Bauen des BMVBS zur Verfügung gestellt [BMVBS (Hrsg.) (2009)].

3 Der Baustoff Holz in der Ökobilanzierung

Die erste Anwendung der Ökobau.dat hat gezeigt, dass teilweise negative Umweltwirkungen für bestimmte Bauteile errechnet werden. Ein Beispiel dafür ist in Abb. 1 dargestellt. In der Grafik ist das Treibhauspotential für zwei Deckenkonstruktionen über einen Betrachtungszeitraum von 100 Jahren aufgetragen. In der Betrachtung ist der gesamte Lebenszyklus von der Herstellung über den Einbau und die Wartung bis hin zum Rückbau berücksichtigt. Es ist zu erkennen, dass für die Baustoffe Parkett und Trittschalldämmung aus Kork eine negative Treibhausgasemissionen errechnet werden. Das bedeutet, dass Holzwerkstoffe über den gesamten Lebenszyklus als CO_2-Senke wirken. Die nachfolgenden Analysen sollen zeigen, welche Annahmen zu dieser Bewertung führen.

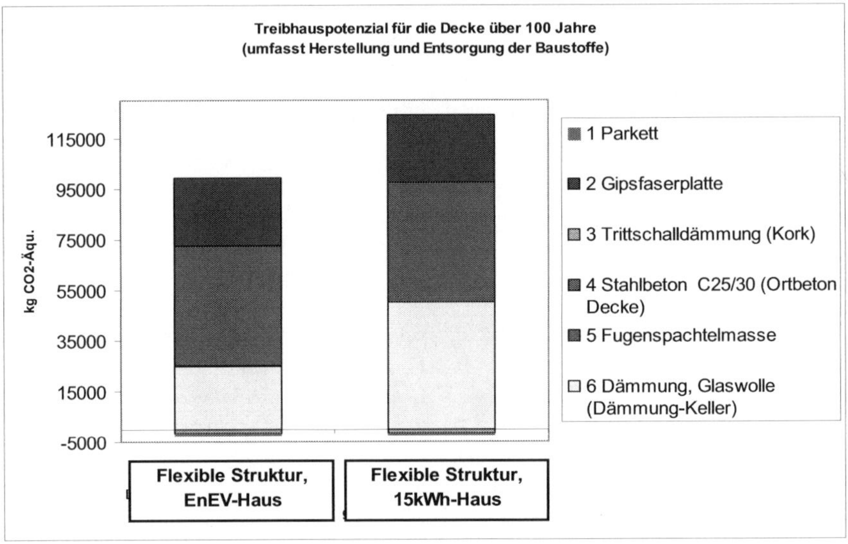

Abb. 1: Treibhauspotential zweier Deckenkonstruktionen über einen Betrachtungszeitraum von 100 Jahren

Abb. 2 stellt die Ergebnisse der Ökobilanz für eine Decke im Detail dar. In der Herstellung werden das Parkett aus Holz sowie die Trittschalldämmung aus Kork mit einem negativen Beitrag zum Treibhauspotential angesetzt. Hiermit wird die Speicherung von CO_2 beim Wachstumsprozess der natürlichen Baustoffe abgebildet. Während der Entsorgung der Baustoffe Holz und Kork wird jedoch nicht das gesamte gespeicherte CO_2 wieder freigesetzt, sondern nur ein geringerer Anteil.

In Abb. 3 wird dies anhand des Beispiels Parkettboden noch einmal verdeutlicht. Für die Herstellung 1 m² Parketts werden rund 5 kg Holz benötigt. Diese 5 kg Holz speichern, entsprechend den Angaben der Ökobau.dat, rund 7,2 kg CO_2-Äquivalente während der Herstellung. Für die Entsorgung empfiehlt die Ökobau.dat den Prozess „Verbrennung von Spanplatte in der Müllverbrennungsanlage“. Dieser Prozess weist für 5 kg Abfall eine Umweltwirkung von 5,9 kg CO_2-Äquivalente aus. Daraus folgt, dass bei der Verwendung von 1 m² Parkett das Treibhauspotential des Bauteils um 1,3 kg CO_2-Äquivalente reduziert wird. Holzbaustoffe damit als CO_2-Senke wirken.

Decke Typ I-4-UG: 468m² Bauteil über 100 Jahre						
GWP [kgCO2-Äqu.]	1 Parkett	2 Gips-faser-platte	3 Tritt-schall (Kork)	4 C25/30 (Ort-beton)	5 Fugen-spach-tel	6 Glas-wolle
Herstellung	-6729	24177	-3922	37795	213	23826
Entsorgung	5507	2736	2478	9365	46	1137
Summe	-1223	26913	-1444	47160	259	24963

Abb. 2: Umweltwirkung der einzelnen Bauteilschichten getrennt nach Herstellung und Entsorgung

1m² Parkett (entspricht 5kg), Herstellung und Entsorgung							
	PE ne	PE ern	GWP	ODP	AP	EP	POCP
	MJ	MJ	kg CO2-Äqu.	kg R11-Äqu.	kgSO2-Äqu.	kgPO4-Äqu.	kgC2H4-Äqu.
Herstellung: Parkett	150	251	-7,2	7,1E-7	3,2E-2	4,8E-3	5,8E-3
Verbrennung in MVA	-51	-1	5,9	-1,1E-7	4,1E-3	1,1E-3	1,7E-5
Summe Life Cycle	99	251	-1,3	6,0E-7	3,6E-2	5,8E-3	5,8E-3

Abb. 3: Ökobilanz eines m² Parkett getrennt nach Herstellung und Entsorgung

1m² Parkett (entspricht 5kg), Herstellung und Entsorgung							
	PE ne	PE ern	GWP	ODP	AP	EP	POCP
	MJ	MJ	kg CO2-Äqu.	kg R11-Äqu.	kgSO2-Äqu.	kgPO4-Äqu.	kgC2H4-Äqu.
Verbrennung in MVA	-51	-1	5,9	-1,1E-7	4,1E-3	1,1E-3	1,7E-5
Gutschrift Strom	11	1	0,7	1,1E-7	1,2E-3	8,9E-5	7,8E-5
Gutschrift Dampf	46	0	2,7	3,9E-9	2,3E-3	3,1E-4	2,8E-4
Verbrennung: Summe	5	0	9,3	3,3E-9	7,6E-3	1,5E-3	3,8E-4
Herstellung: Parkett	150	251	-7,2	7,1E-7	3,2E-2	4,8E-3	5,8E-3
Life Cycle Alternativ	155	251	2,1	7,1E-7	3,9E-2	6,2E-3	6,2E-3

Abb. 4: Ökologische Wirkung unter Rückrechnung der Gutschriften für Strom und Dampf in der MVA

Die Schlussfolgerung aus dieser Erkenntnis ist, dass nur noch Holzprodukte verwendet werden dürfen und somit das Klima von Treibhausgasen entlastet wird.

Ursache für dieses Ergebnis ist, dass bei der Verbrennung von Holz in der Müllverbrennungsanlage (MVA) eine Gutschrift für den erzeugten Strom und die erzeugte

Wärme bei vorhandener Kraft-Wärme-Kopplung berücksichtigt wird. Die Gutschriften beschreiben die Emissionen, die substituiert werden, weil keine fossilen Energieträger verbrannt werden müssen. Abb. 4 stellt die um die Gutschriften korrigierte Bilanz für 1 m^2 Parkett dar. Bei dieser alternativen Lebenszyklusbetrachtung tritt das Holz nicht als CO_2-Senke auf, sondern verursacht einen Beitrag zum Treibhauseffekt von 2,1 kg CO_2-Äquivalente.

4 Schlussfolgerung

Wie gezeigt werden konnte, werden bei der Verwendung der Ökobau.dat als Datengrundlage für die Ökobilanzierung von Bauwerken Holzprodukte als CO_2-Senke bilanziert. Aus Sicht des Autors ist hierfür jedoch ein Bruch in der Systemgrenze der Betrachtung verantwortlich. Die Gutschriften der substituierten Emissionen für fossile Energieträger dürfen bei der Betrachtung des Verbrennungsprozesses nicht dem Holz zugeschrieben werden, sondern müssen als gesonderter Prozess betrachtet werden. Daraus leitet sich die Notwendigkeit ab, die Datenbank Ökobau.dat für den Baustoff Holz zu überarbeiten.

Aus der fehlerhaften Bewertung des Baustoffes Holz ergeben sich zum Beispiel in der Bewertung mit dem Deutschen Gütesiegel Nachhaltiges Bauen unberechtigte Vorteile für die Holzbauweise. Das Ziel des Bundesministeriums für Verkehr, Bau und Stadtentwicklung eine neutrale, einheitliche Datengrundlage für vergleichende Ökobilanzen zwischen verschiedenen Gebäuden zu erstellen, wird damit nicht erreicht.

Referenzen

[Graubner et al. 2009] Graubner, C.-A.: Umwelt- und Nachhaltigkeitszertifizierungssysteme für Gebäude im Vergleich. In: Bauingenieur Heft 7/8, Band 84, Springer-VDI-Verlag, Düsseldorf (2009).

[Graubner et al. 2008] Graubner, C.-A. et al: Erstellung von Kriteriensteckbriefen für ausgewählte Kriterien. Erarbeitung von Grundlagen für die Wichtung der Einzelkriterien. Endbericht des BBR Forschungsvorhabens. Berlin (2008).

[BMVBS (Hrsg.) (2009)] Bundesministerium für Verkehr, Bau und Stadtentwicklung, Referat Nachhaltiges Bauen (Hrsg.): Ökobau.dat. Online im Internet: http://www.nachhaltigesbauen.de/baustoff-und-gebaeudedaten/oekobaudat.html , Abgerufen am: 26.09.2009

Vergleichende Ökobilanz eines fermentativ produzierten Chemie-Rohstoffes aus verschiedenen Biomassen

Katharina Edler, Frank Schuchardt und Ulf Prüße, von Thünen-Institut, Institut für Agrartechnologie und Biosystemtechnik, Braunschweig

1 Projektkonzept

Dieser Bericht beinhaltet das Konzept zur Erstellung einer Produktökobilanz im Rahmen einer umfassenden Projektarbeit. Hintergrund zu diesem Projekt ist die Herstellung eines Produktes aus nachwachsenden Rohstoffen, das wiederum einen Rohstoff für die chemische Industrie darstellt, sowie die Erstellung der Produktökobilanz.

Ziele sind die wirtschaftliche und ökologische Bewertung des Produktes auf der Grundlage von verschiedenen Rohstoffen und der Vergleich der Rohstoffe untereinander sowie Herstellung im Vergleich zur petrochemischen Herstellungsvariante. Diese Analyse der Wirtschaftlichkeit und ökologischen Nachhaltigkeit ist eine essentielle Komponente der Machbarkeitsstudie für eine Praxisanlage zur Produktion des Chemie-Rohstoffes auf Basis nachwachsender Rohstoffe. Bei der Ökobilanz wird mit der Methode zur Bewertung der ökologischen Nachhaltigkeit nach DIN EN ISO 14040, 14044 [DIN 2006] vorgegangen. Als Werkzeuge dienen die Software Umberto® und die Datenbanken Ecoinvent, Gemis und ProBas.

Die Projektarbeit umfasst die gesamte Herstellung des Rohstoffes 2,3-Butandiol und dessen Veredelung zu 1,3-Butadien aus verschiedenen Biomassen. Aufgrund der Komplexität des zu betrachtenden Gesamtprozesses wird dieser in sechs Module gemäß den maßgeblichen Prozessschritten zerlegt. Des Weiteren werden vorerst einzelne Ökobilanzen anhand der Module erstellt, die dann abschließend zu der Gesamt-Produkt-Ökobilanz zusammengefasst werden sollen. Das grobe Projektschema mit Auflistung der sechs Module ist in Abbildung 1 dargestellt. Somit wird die Herstellung von der Bereitstellung der Biomasse über deren Hydrolyse mit anschließender Fermentation, sowohl mit immobilisierten als auch mit freien Mikroorganismen (MO), bis hin zur

Isolierung und Aufreinigung sowie abschließender Veredelung zum Endprodukt betrachtet.

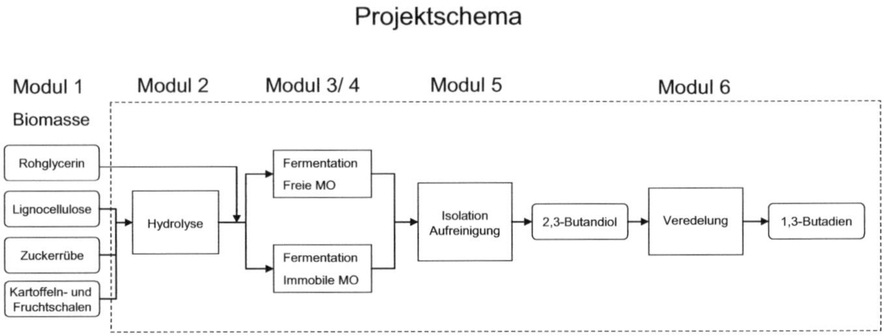

Abb. 1: Fließschema der einzelnen Module im Projektverlauf.

Zu Beginn des Projektes werden den Ökobilanzen Literaturwerte zu Grunde gelegt, so dass erste Aussagen und Annahmen getroffen werden können. Im weiteren Verlauf werden die Daten von den beteiligten Projektpartnern geliefert und nur zusätzlich mit Hilfe der Datenbanken ergänzt. Während der Bearbeitung wird es zu Verfeinerungen in der Bilanzstruktur kommen und es werden sich Möglichkeiten und Grenzen der Prozess-optimierungen aufzeigen.

2 Modulbetrachtung

Die einzelnen Module werden vorerst getrennt voneinander betrachtet. Somit werden für jeden Schritt unabhängig voneinander Systemgrenzen definiert, die dann im weiteren Verlauf aufeinander abgestimmt werden, so dass letztendlich für das gesamte Projekt klare Systemgrenzen, Wirkungskategorien und Bewertungskriterien definiert werden können.

2.1 Modul 1 – Bereitstellung der Biomasse

Als Rohstoffe für dieses Projekt sind Biomassen aus nachwachsenden Rohstoffen definiert. Unter nachwachsende Rohstoffe fallen land- und forstwirtschaftlich erzeugte Produkte, die nicht als Nahrungs- oder Futtermittel sondern stofflich, aber auch zur Erzeugung von Wärme, Strom oder Kraftstoffen genutzt werden [NawaRo].

Zur Verfügung stehen Rohglycerin, lignocellulose-haltige Biomasse (z.B. Stroh, Holz), Zuckerrüben sowie Kartoffel- und Fruchtschalen. Die funktionelle Einheit im Sinne der Ökobilanzierung ist für das Modul 1 die Bereitstellung von 1 kg Biomasse fertig zur Hydrolyse, somit inklusive Transport und möglicher Lagerung. In allen Fällen werden für die Anlagen und Geräte vorerst nur deren Treibstoff- bzw. Strombedarf mit in die Systemgrenzen aufgenommen. Fertigung, Wartung und weitere diesbezügliche Aspekte werden nicht betrachtet.

Rohglycerin

Im Produktionsprozess des Biodiesels fallen ca. 90 % Biodiesel und ca. 10 % Glycerin als Koppelprodukt an. Rohglycerin kann entweder vollständig (99,7 %) oder partiell (80 %) aufkonzentriert werden und findet technische Anwendung in Pharmaprodukten und als Lebensmittel und Einzelfuttermittel [RH-Agrar]. Biodiesel wird überwiegend aus Rapsöl hergestellt. Pflanzenöle werden im einfachsten Fall durch Zermahlen der Samen und anschließender Kaltpressung gewonnen, wobei Schwebstoffe vom Rohöl durch Sedimentation oder Filtration abgetrennt werden [Energienetz].

Pflanzliche Öle und Fette sind Ester, bei denen ein Glycerinmolekül mit jeweils drei Fettsäuremolekülen verestert ist. Zur Biodieselherstellung werden sie nach erhitzen unter Katalysatorzugabe (Ätznatron) mit Methanol zu Fettsäuremethylestern (Biodiesel) umgeestert. Als Kuppelprodukte entsteht Glycerin, Nebenprodukte sind Natriumsalze der Fettsäuren (Seifen). Das wässrige Gemisch aus Glycerin, Seifen, Methanol, Katalysator und Wasser wird physikalisch vom lipophilen Fettsäuremethylester abgetrennt. Durch Ansäuerung mit Salzsäure entstehen Fettsäuren und Natriumchlorid. Rohglycerin und Fettsäure werden durch Phasentrennung separiert, die Entfernung des Methanols erfolgt destillativ [RH-Agrar].

In den vorliegenden Datenbanken wurde bisher noch kein Datensatz zur Herstellung von Glycerin aus Biomasse angelegt, sondern ausschließlich zur Herstellung aus Erdöl. Somit kann kein Komplettsatz übernommen werden und es erfolgt eine Zusammensetzung einzelner Datensätze der Bereitstellungsschritte.

Lignocellulose-haltige Biomasse

In verschiedenen Projekten wird angestrebt, Lignocellulose aus Getreide, Stroh, Schilfrohr, Holz, Papier und cellulosehaltigen Abfällen, als nachwachsenden Rohstoff für unterschiedliche chemische Grundstoffe zu verwenden [Uihlein 2006].

Für die Bereitstellung dieser Biomasse kann man der ProBas Datenbank die folgenden Datensätze entnehmen: Forst-D&E/Industrie-Fichte-atro, Hacker-gross/Holz-HS-Wald-DE-2000 und Xtra-Rest\Strohballen-DE-2000 [ProBas]. Das Öko-Institut [Öko] hat diese Daten erstellt und bearbeitet. Als Bezüge sind das Jahr 2000 sowie als Region Deutschland zugrunde gelegt. Der erste Datensatz beschreibt die Ernte des Holzes mit den dazugehörigen Arbeiten und der zweite die Verarbeitung zu Hackschnitzeln mittels eines Hackers, da für das Modul 2 diese Biomasse in Form von Hackschnitzeln benötigt wird. Im dritten Datensatz wird der Bearbeitungsaufwand für die Bereitstellung von

Strohballen bis Feldrand aus anfallendem Reststroh aus landwirtschaftlichen Betrieben beschrieben.

Durch die gegebenen Datensätze sind ein Teil der benötigten Werte für die Berechnung bereits vorhanden. Diese müssen noch aneinander angeglichen und mit den restlichen Werten vervollständigt werden, um die Ökobilanz der lignocellulose-haltigen Biomasse bereitstellen zu können.

Zuckerrüben

Die dritte Variante der Biomasse stellen Zuckerrüben dar. Auch hier geht es um die Bereitstellung von 1 kg (zerkleinerter) Zuckerrüben im Lager. Wie auch schon für die lignocellulose-haltige Biomasse kann für diesen Fall ein Datensatz der Datenbank ProBas entnommen werden: Anbau/ Zuckerrüben-öko [ProBas]. Dieser ist ebenfalls vom Öko-Institut [Öko] erstellt und bearbeitet worden und bezieht sich auf das Jahr 2000 und hat als Ortsbezug Deutschland. Somit sind bezüglich dieser Parameter die entnommenen Datensätze vergleichbar.

Für die Zerkleinerung der geernteten Zuckerrüben kann ebenfalls wie bei dem Holz ein Hacker verwendet werden, da die Rüben ebenfalls in Form von Hackschnitzeln benötigt werden. Offen sind hier noch die Lagerdauer der Rüben und die Frage eines Kampagnebetriebs einer 2,3-Butandiolfabrik.

Kartoffelschalen

Die vierte Variante zur Nutzung von Biomasse ist die Verwendung von Kartoffel- bzw. Fruchtschalen. Zur Bereitstellung der Kartoffelschalen kann ebenfalls wieder auf einen Datensatz der Datenbank ProBas zurückgegriffen werden: Anbau/ Kartoffel (als Rohstoff). Dieser Datensatz beschreibt den Kartoffelanbau im konventionellen, mechanisierten Anbau speziell für die Stärkegewinnung. Die Umweltcharakteristika dieses Anbaus sind eine kurze Bodenbedeckungsdauer und folglich ein sehr hohes Erosionsrisiko, ein großes Nitratverlagerungsrisiko. Es besteht ein hoher Pflanzenschutzaufwand und große Bodenverdichtungsgefahr [ProBas]. Hier ist die Frage der Prozessvorbelastung der Kartoffelschalen durch den Anbau zu beantworten.

Damit dieser Datensatz mit den oben verwendeten vergleichbar bleibt, wurden auch hier das Bezugsjahr 2000 und Deutschland als Region gewählt. Diese Daten wurden ebenfalls vom Öko-Institut [Öko] erstellt und bearbeitet.

2.2 Weitere Module

Die folgenden Prozessschritte werden in fünf weitere Module unterteilt und mit dem Fortschreiten des Gesamtprojektes näher betrachtet. Nach der Bereitstellung der Biomasse erfolgt dessen Hydrolyse. Die anschließende Fermentation erfolgt sowohl mit immobilisierten als auch mit freien Mikroorganismen. Nach der Fermentation wird der Chemie-Rohstoff isoliert und aufgereinigt, um schließlich zum gesuchten Produkt veredelt zu werden.

Bei allen Modulen muss ebenfalls der Transport betrachtet werden, wenn vorhanden werden diese Werte den Datenbanken entnommen. Andernfalls werden die für die Berechnung der Transportbelastung nötigen Daten z.B. über den Flächenbedarf, der sich aus der Verbrauchsmenge an Biomasse ergibt, ermittelt.

Für die Module Hydrolyse, Immobilisierung, Fermentation, Aufreinigung und Veredlung stehen in den bekannten Datenbanken bisher nur unvollständige oder keine Daten zur Verfügung. Zudem fehlen noch eine Reihe von Prozessdaten und Parametern, die erst im Projektverlauf von Partnergruppen erarbeitet werden. So muss bei der Erstellung der Ökobilanz zunächst mit einer Reihe von Annahmen gearbeitet werden die, soweit vorhanden, auf Literaturdaten und Informationen aus der Industrie beruhen.

3 Ausblick

Die geplante Ökobilanzierung ist ein Teilabschnitt eines komplexen Gesamtprojektes. Auf Grund dieser Vielschichtigkeit ist auch die Gesamtökobilanz eine umfassende Aufgabe, der sich mittels der Unterteilung in Module langsam genähert wird. Der erste Schritt, die Bereitstellung der Biomasse, gibt einen Eindruck von der Bearbeitung einer Produktökobilanz und welche Herangehensweisen geeignet sind.

Referenzen

[DIN 2006] DIN EN ISO 14040:2006 Umweltmanagement – Ökobilanz – Grundsätze und Rahmenbedingungen, DIN EN ISO 14044:2006:Umweltmgt. – Ökobilanz:Anforderungen und Anleitungen

[Ecoinvent] Ecoinvent, http://www.ecoinvent.org

[Energienetz] http://www.energienetz.de/de/Erneuerbare/Biomasse/Pflanzenoel/site_1107/ (01.09.2009)

[Gemis] http://www.oeko-institut.org/service/gemis/de/index.htm

[Jahrbuch 2007] Statistisches Jahrbuch über Ernährung, Landwirtschaft und Forsten (2007), Landwirtschaftsverlag Münster-Hiltrup 2008; Zahlen für Deutschland 2005/6

[NawaRo] http://www.nachwachsenderohstoffe.de, (24.08.2009)

[RH-Agrar] http://www.rh-agrarhandel.de/rohgl.htm (26.08.2009)

[Öko] Öko-Institut e.V., Postfach 50 02 40, 79028 Freiburg, http://www.oeko.de

[ProBas] http://www.probas.umweltbundesamt.de

[Uihlein 2006] Uihlein, A. (2006): Die Lignocellulose-Bioraffenerie: Eine erste ökologische Bilanzierung, Institut für Technische Chemie, Zentralabteilung Technikbedingte Stoffströme (ITC-ZTS), Forschungszentrum Karlsruhe GmbH

[Umberto] http://www.umberto.de

Generierung von Lebensdauerkennwerten

Frank Ritter, Institut für Massivbau, TU Darmstadt

1 Einleitung

Die Bedeutung der Lebensdauerermittlung im Bauwesen gewinnt im Rahmen des gestiegenen Nachhaltigkeitsbewusstseins immer mehr an Bedeutung. Der Weg eines Gebäudes von der Erstellung über die Nutzung bis zu seiner Beseitigung ist durch unterschiedliche Entwicklungsabschnitte gekennzeichnet. Die Gesamtheit der Entwicklungsabschnitte wird als Lebenszyklus bezeichnet, der in die Phasen Bauwerkserstellung, Bauwerksnutzung und Bauwerksbeseitigung unterteilt werden kann. Für die Beschreibung des Lebenszyklus der Gebäudekonstruktion und die Festlegung des zeitlichen Umfangs der Lebenszyklusanalyse bedarf es des Wissens um deren Gesamtlebensdauer. Darüber hinaus werden Angaben zur Lebenserwartung einzelner Bauteile und Materialschichten benötigt, um das zeitliche Auftreten baulicher Maßnahmen im Bestand bestimmen zu können. Somit ist die technische Lebensdauer der einzelnen Bauteile und Bauelemente im Zusammenhang mit den im Lebenszyklus entstehenden Kosten der Immobilienbewirtschaftung zunehmend wichtiger geworden. Insbesondere Instandhaltung und Instandsetzung sowie ihre Bewertung bedürfen der Information über die Lebensdauer von Gebäuden und ihrer Baustoffe und Bauteile.

2 Problemstellung

Die Lebensdauer von Bauelementen hängt nicht nur von einzelnen Materialien ab, die für sich allein relativ zielsicher bestimmbar sind; sie wird auch von vielfältigen Einsatzrandbedingungen innerhalb eines Bauelementaufbaus beeinflusst, dessen Gesamtlebensdauer nicht mehr zielsicher bestimmbar ist. Die Lebensdauer des Bauelementaufbaus wird von den Lebensdauern derjenigen Komponenten begrenzt, durch dessen Beendigung eine Funktionserfüllung und Sicherheit des Bauelements in der vorliegenden Aufbaukombination nicht mehr gegeben ist. Aus diesem Grund müssen Lebensdauern nicht nur von einzelnen Materialien, sondern auch von kompletten System- und Ausführungsvarianten ermittelt und gegenüber gestellt werden.

Es werden zuverlässige, projekt- und bausystemspezifische Lebensdauern in Abhängigkeit der wesentlichen Einflussgrößen gesucht. Die Lebensdauer von Bauelementen ist jedoch keine deterministische Größe, sondern jeder angegebene Wert ist stets mit einer Eintrittswahrscheinlichkeit verknüpft. Der Nachteil einer derart probabilistischen Definition des Lebensdauerbegriffs liegt darin, dass eine statistisch gesicherte Aussage über die Lebensdauer von Bauelementen und die Häufigkeitsverteilung nur durch eine aufwändige Auswertung von Lebensdauerdaten in Abhängigkeit von klassifizierten Randbedingungen möglich ist. Wie lassen sich solche Lebensdauern generieren? Die wissenschaftlich basierte Auswertung von Langzeitprojekten steht noch am Anfang, Literaturangaben sind häufig veraltet und größtenteils ohne Angabe der notwendigen Randbedingungen. Die Angaben von Herstellern zur Lebensdauer ihrer Produkte sind zwar häufig durch Studien belegt, doch sind sie gleichwohl aus wissenschaftlicher Sicht kritisch zu hinterfragen. Echte Erfahrungswerte aus der Praxis werden als sinnvollste Abschätzung angesehen, wobei das Generieren von fundierten Praxisdaten keine einfache Aufgabe darstellt.

3 Grundlagen zur Lebensdauer

Nach Definition wird zwischen der funktionellen, der technischen und der wirtschaftlichen Lebensdauer eines Objektes unterschieden.

- Die funktionelle Lebensdauer kann auch als Nutzungsdauer bezeichnet werden. Sie beschreibt die Zeitspanne, innerhalb der ein Bauteil ordnungsgemäß genutzt werden kann.
- Die wirtschaftliche Lebensdauer unterliegt legislativen, wirtschaftlichen und gesellschaftlichen Einflüssen. Sie ist ein Begriff der wirtschaftlichen Wertermittlung und ist umso größer, je anpassbarer das Gebäude und seine Teile an die geänderten Ansprüche sind. Die wirtschaftliche Lebensdauer ist unabhängig von der technischen Lebensdauer, kann diese jedoch nicht überschreiten.
- Die technische Lebensdauer definiert die Lebenserwartung, in der ein Gebäude, Bauteil oder Material – unter Einbeziehung der notwendigen und üblichen Instandhaltungsmaßnahmen und unter Berücksichtigung der Abnutzung – seinen Funktionen und seinem bestimmungsgemäßen Gebrauch voll genügen kann.

Mit dem Erreichen der technischen Lebensdauer ist die Funktionsfähigkeit des Gebäudes, der Gebäudeteile und Materialien nicht mehr gewährleistet, wohingegen mit dem Erlangen der funktionellen oder wirtschaftlichen Lebensdauer die Qualität nicht mehr den nutzerspezifischen Ansprüchen bzw. dem Stand der Technik genügt. Beides resultiert in dem Austausch oder Abriss von Materialien, einzelner Bauteile oder der Gesamtkonstruktion. Mit Hilfe von Instandhaltung, Instandsetzung und Modernisierung, die auch veränderten Ansprüchen gerecht werden, kann die technische Lebensdauer entsprechend verlängert werden.

4 Verfahren zur Ermittlung von Bauteillebensdauern

Inzwischen gibt es eine Vielzahl von Publikationen mit Angaben zu Lebensdauern von Bauteilen. Meistens basieren diese Angaben auf Schätzdaten und Erfahrungswerten, die aus Befragungen von Fachleuten stammen. Die wenigen wissenschaftlichen Untersuchungen sind häufig veraltet und lassen sich nur bedingt auf aktuelle Bauteile und Entwicklungen übertragen.

Eine Gegenüberstellung der Werte aus der Literatur zeigt, dass die Lebensdauern der verschiedenen Quellen zum Teil erheblich voneinander abweichen (Abbildung 1).

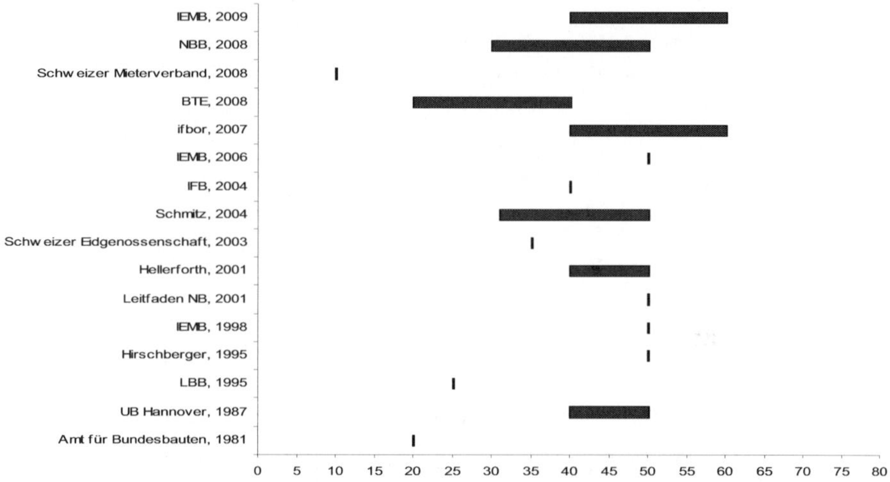

Abb. 1: Lebensdauerschätzungen am Beispiel von Kunststofffenstern

Es ist zu erkennen, dass die verschiedenen Quellen sehr unterschiedliche Angaben zur Lebensdauer eines Bauteils enthalten. Häufig wird eine Lebensdauerspanne, welche die minimale bzw. die maximale durchschnittliche Lebensdauer angibt, genannt. Die beispielhafte Gegenüberstellung verdeutlicht die Problematik hinsichtlich der genauen Angabe von Lebensdauern. Welche Lebensdauer die „richtige" ist, kann nicht beantwortet werden. Aufgrund zahlreicher Faktoren, die auf ein Gebäude einwirken und komplexer Zusammenhänge und Abhängigkeiten verschiedener Parameter, gibt es keine

„genauen“ Werte. Grund für die breite Streuung und die große Abweichung der Angaben voneinander, sind Faktoren, die die Lebensdauer der Bauteile beeinflussen.

5 Faktorenmethode nach ISO 15686

Die Abweichung der angegebenen Kennwerte verdeutlicht, dass zur Ermittlung von Bauteillebensdauern genauere Kenntnisse über das Bauteil vorliegen müssen. Im Jahr 2000 wurde die ISO 15686 mit der sogenannten Faktorenmethode zur Bestimmung von projektspezifischen Lebensdauern veröffentlicht. Diese Methode versucht, die tatsächlichen Umweltbedingungen einzelner Bauteile innerhalb eines Projekts zu berücksichtigen. Die spezifische Bauteillebensdauer wird auf Basis einer Referenzlebensdauer mit Hilfe von modifizierenden Faktoren ermittelt:

$$\boldsymbol{ESCL = RSCL \cdot A \cdot B \cdot C \cdot D \cdot E \cdot F \cdot G}$$

mit: ESCL Spezifische Bauteillebensdauer

RSCL Referenzlebensdauer

Angaben zu Referenzlebensdauern oder zu Grenzwerten der einzelnen Einflüsse lassen sich in der ISO 15686 nicht finden, so dass die Anwendung des Verfahrens in der Praxis bislang sehr schwierig ist. Lediglich zwei Beispielelemente werden gezeigt, bei denen sich die einzelnen Faktorwerte zwischen 0,8 und 1,2 bewegen. Da laut Formel alle Einflussfaktoren gleich gewichtet werden, würden sich Lebenserwartungen im Bereich der 0,2-fachen bis 3,6-fachen Referenzlebensdauer ergeben. Abhängigkeiten der Faktoren oder Wichtungen untereinander werden nicht berücksichtigt und müssen bereits innerhalb der Faktoren eingeflossen sein. Daher werden möglichst viele Einflussgrößen durch Indikatoren messbar gemacht und im Sinne der nationalen/internationalen Normung vereinheitlicht. Trotzdem bleiben viele Einflussgrößen subjektiv und nicht indizierbar, so dass auch weiterhin auf Erfahrungswerte der Praxis Wert gelegt werden muss.

Tab. 1: Einflussfaktoren nach ISO 15686

Bauteilqualität	A	Komponentenqualität	Herstellung, Lagerung, Transport, Material
	B	Konstruktionsqualität	Konstruktiver Schutz
	C	Ausführungsqualität	Einbau, Personal, Klimatische Bedingungen auf der Baustelle
Umgebung	D	Inneneinflüsse	Raumluft, Kondensation
	E	Außeneinflüsse	Standort, Klima, Luftverschmutzung
Gebrauchsbedingungen	F	Nutzungsintensität	Mechanische Einflüsse, Nutzungsart, Verschleiß
	G	Instandhaltungsqualität	Qualität und Häufigkeit, Zugänglichkeit

6 Probabilistik als Lösungsansatz?

Möchte man nun mit einer gewissen Aussagesicherheit aus Umfragedaten zu durchschnittlichen Lebensdauern und Einflussgrößen auf projektspezifische Lebensdauern schließen, können die Einflussgrößen für die einzelnen Bauteile zu einem probabilistischen Modell zusammengefügt werden. Gleiches gilt für einzelne Bauteile oder Bauelemente, für die bislang noch zu wenige Informationen für eine statistisch abgesicherte Aussage vorhanden sind.

Die Probabilistik stellt ein Prinzip in der Statistik dar, um das wahrscheinliche Verhalten eines Problems zu untersuchen. Im Wesentlichen kann gesagt werden, dass die Wahrscheinlichkeit einer Größe berechnet wird, indem die Streuungen beeinflussender Werte berücksichtigt werden. Sie ist hilfreich bei großen Datenmengen mit wenig Wissen über die Details der Vorgänge, aus denen diese Daten entstehen. Generell soll aus den lücken- und fehlerhaften Daten das zugrunde liegende Modell abgeleitet werden.

Es gibt verschiedene probabilistische Methoden, die, bezogen auf die Problematik der Ermittlung von Lebensdauern, in ihrer Vorgehensweise gemäß den folgenden Schritten ähnlich sind:

- Aufstellen einer Grenzzustandsfunktion
- Stochastische Modellierung der Basisvariablen (Einflussgrößen)
- Stochastisches Modell zur Prognose (der Lebensdauern)
- Zuverlässigkeitsanalyse und evtl. Optimierung nach Bedarf

Ziel ist es, die aus den Umfragen gewonnenen Einflussgrößen zusammen mit den nachgewiesenen Schädigungsmechanismen als Randbedingungen in das Prognosemodell einfließen zu lassen. Dazu kann eine Ziellebensdauer bestimmt werden (z.B. Lebensdauerbasiswert aus Umfragen oder Literatur), um dann anhand von Simulationsrechnungen die Versagenswahrscheinlichkeit und damit ein optimales Wartungsintervall zu ermitteln.

Referenzen

[Amt für Bundesbauten, 1981] aus Impulsprogramm IP Bau: Alterungsverhalten von Bauteilen und Unterhaltskosten: Grundlagendaten für den Unterhalt und die Erneuerung von Wohnbauten. Bern: Bundesamt für Konjunkturfragen (1994)

[Bahr 2009] Bahr, C.: Lebens- und Nutzungsdauer von Bauteilen, 1. Zwischenbericht zum Forschungsvorhaben des BBR, Karlsruhe (2009)

[BTE, 2008] BTE-Arbeitsgruppe: Lebensdauer von Bauteilen, Zeitwerte. Arbeitsblatt, Bund Technischer Experten e.V. Essen (2008)

[Diekmann 2002] Diekmann, A.: Diagnose von Fehlerquellen und methodische Qualität in der sozialwissenschaftlichen Forschung, Österreichische Akademie der Wissenschaften, Wien (2002), ISSN 1681-9187

[Hellerforth, 2001] Hellerforth, Michaela: Handbuch Facility Mangement für Immobilienunternehmen. Springer Verlag, Berlin Heidelberg New York (2006)

[Herzog 2005] Herzog, K.: Lebenszykluskosten von Baukonstruktionen, Dissertation im Fachgebiet Massivbau der TU Darmstadt, Darmstadt (2005)

[Hirschberger, 1995] Hirschberger, H.; Schween, R.; Schwarte, J.: Senkung der Baufolgekosten durch systematische und zustandsabhängige Erhaltung von Gebäuden und langzeitkostenoptimale Baustoffwahl, Schriftenreihe „Bau- und Wohnforschung", Fraunhofer IRB Verlag, Stuttgart (1995)

[IEMB, 2009] Kompetenzzentrum „Kostengünstig qualitätsbewusst Bauen": Lebensdauer von Bauteilen und Bauteilschichten. Info-Blatt Nr. 4.2 IEMB Institut für Erhaltung und Modernisierung von Bauwerken e.V. an der TU Berlin, Berlin (2009)

[IEMB, 2006] Kompetenzzentrum „Kostengünstig qualitätsbewusst Bauen": Lebensdauer von Bauteilen und Bauteilschichten. Info-Blatt Nr. 4.2 IEMB Institut für Erhaltung und Modernisierung von Bauwerken e.V. an der TU Berlin, Berlin (2006)

[IEMB, 1998] Kompetenzzentrum „Kostengünstig qualitätsbewusst Bauen": Lebensdauer von Bauteilen und Bauteilschichten. IEMB Institut für Erhaltung und Modernisierung von Bauwerken e.V. an der TU Berlin, Berlin (1998)

[IFB, 2004] Institut für Bauforschung e.V.: Lebensdauer der Baustoffe und Bauteile zur Harmonisierung der wirtschaftlichen Nutzungsdauer im Wohnungsbau; Forschungsbericht, Hannover (2004)

[Ifbor, 2007] Bogenstätter, Ulrich: Technische Lebensdauern - Synopse, Institute for Building Operations Research at Nürtingen-Geislingen University (2007)

[ISO 2000] ISO 15686-1: Buildings and Constructed Assets – Service Life Planning – Part 1: General Principles. ISO Copy Right Office, Geneva (CH) (2000)

[LBB, 1995] LBB Landesinstitut für Bauwesen und angewandte Bauschadensforschung NRW: Geplante Instandhaltung. Ein Verfahren zur systematischen Instandhaltung von Gebäuden. Aachen (1995)

[Leitfaden NB, 2001] Bundesministerium für Verkehr, Bau und Wohnungswesen: Leitfaden Nachhaltiges Bauen; Bundesamt für Bauwesen und Raumordnung (2001)

[NBB, 2008] Bundesministerium für Verkehr, Bau und Wohnungswesen: Überarbeitung der Nutzungsdauerangaben für den Leitfaden Nachhaltiges Bauen; Zwischenauswertung, Bundesamt für Bauwesen und Raumordnung (2008)

[Schmitz, 2004] Schmitz, H.; Krings, E.; Dahlhaus, U.; Meisel, U.: Baukosten 2004. Instandsetzung / Sanierung / Modernisierung / Umnutzung. Verlag Hubert Wingen Essen (2004)

[Schweizer Eidgenossenschaft, 2003] Eidgenössisches Departement für Verteidigung, Bevölkerungsschutz und Sport VBS: Technische Weisung Beurteilung von Energiesystemen und Energiesparmassnahmen; Einführung/Programmbeschreibung und standardisierte Nutzungszeiten von Gebäuden/Bauteilen, armasuisse Immobilien, Bern (2003)

[Schweizer Mieterverband, 2008] Schweizer Mieterverband: Lebensdauertabellen unter „www.sauberkeit.ch", Bern (2008)

[UB Hannover, 1987] aus Impulsprogramm IP Bau: Alterungsverhalten von Bauteilen und Unterhaltskosten: Grundlagendaten für den Unterhalt und die Erneuerung von Wohnbauten. Bern: Bundesamt für Konjunkturfragen (1994)

Nutzung von EPER Daten für die produktbezogene Umweltbewertung

Sibylle Wursthorn, Karlsruher Institut für Technologie (KIT)

1 Einleitung

Essentielle Voraussetzung für die Erstellung von Ökobilanzen ist die Verfügbarkeit von zuverlässigen und aktuellen Sachbilanzdaten. Derzeit werden bei der Erstellung von Ökobilanzen für sogenannte Hintergrundprozesse als Datengrundlage üblicherweise Daten aus spezifischen Sachbilanz-Datenbanken angewendet. Diese Daten wurden teilweise vor einiger Zeit erhoben und können dadurch veraltet sein bzw. beruhen teilweise auf einzelnen Anlagen und sind für den entsprechenden Prozess möglicherweise nicht repräsentativ. In manchen Bereichen bestehen außerdem Lücken hinsichtlich existierender Sachbilanzdaten.

Demgegenüber stehen Daten, die im Rahmen von internationalen Berichtspflichten von Firmen erhoben und die durch die gesetzlichen Rahmenbedingungen regelmäßig aktualisiert werden müssen. Zu diesen Berichtspflichten gehört das Europäische Schadstoffemissionsregister, EPER.

Im Rahmen dieses Beitrags sollen gezeigt werden, welche Herausforderungen mit der Nutzung von EPER-Daten für die produktbezogene Umweltbewertung, im Sinne der Ökobilanz, verbunden sind.

2 Produktbezogene Umweltbewertung

Nach der Definition von [Wenzel 1997, S. 25] bewertet die produktbezogene Umweltbewertung die Umweltfreundlichkeit eines Produktes, durch die Definition und Quantifizierung der Dienstleistung, welche durch ein Produkt bereitgestellt wird, sowie die damit verbundene Umweltveränderung. Diese Umweltveränderung wird durch die Art, wie diese Dienstleistung bereitgestellt und genutzt wird, verursacht. Die Beschreibung dieser Veränderungen und deren potenzielle Wirkungen sind Teil der Umweltproduktbewertung.

Es stehen unterschiedliche Instrumente zur Verfügung, mit denen die Umweltbewertung von Produkten vorgenommen wird. Die Ökobilanz, welche nach der ISO 14040 [DIN 2006] genormt ist, stellt ein etabliertes Instrument zur Umweltproduktbewertung dar.

Für die Erstellung der Sachbilanz der Ökobilanz werden Daten benötigt. Obwohl die Verfügbarkeit von Sachbilanzdaten durch Datenbanken und öffentlich zugängliche Daten deutlich gestiegen ist, bestehen in einigen Bereichen Datenlücken. Eine Studie [Swedish Environmental Protection Agency 2003, S.123] ist zu dem Ergebnis gekommen, dass die offiziellen Datenquellen nicht umfassend sind, sondern dass vielmehr für viele Produktgruppen keine Sachbilanzdaten existieren. Zusätzlich werden erhobene Sachbilanzdaten für generische Daten nicht regelmäßig aktualisiert und vorhandene Sachbilanzdaten weisen nicht die entsprechende Repräsentativität auf, die für generische Daten notwendig ist. Nach [Klöpffer 2009, S. 133 ff.] sind generische Daten Mittelwerte oder repräsentative Einzelwerte und werden oft für Hintergrundsysteme verwendet.

3 Datengrundlagen

Im Rahmen dieses Beitrages soll gezeigt werden, inwieweit öffentlich zugängliche Daten aus der Umweltberichterstattung herangezogen werden können, um eine Verbesserung von Sachbilanzdaten für generische Daten zu erreichen bzw. welche Herausforderungen damit verbunden sind.

Das Europäische Schadstoffemissionsregister (EPER) [UBA 2008a] bzw. das Schadstofffreisetzungs- und -verbringungsregister (PRTR) [UBA 2008b] werden als vielversprechende öffentliche Datenquellen für diese Fragestellung identifiziert. EPER hat seine gesetzliche Grundlage in der IVU-Richtlinie [Europäische Kommission 2000] der Europäischen Union und stellt entsprechend eine europäische Berichterstattung dar. Es handelt sich dabei um eine Informationspflicht für Firmen: alle 3 Jahre müssen diese die Jahresemissionen für definierte Schadstoffe in Wasser und Luft berichten. Erfasst werden in EPER alle Kategorien von industriellen Tätigkeiten, die im Anhang I der IVU-Richtlinie benannt werden, wenn Schwellenwerte für die einzelnen Schadstoffe überschritten werden. In EPER werden Emissionsmengen zu 50 Schadstoffe (37 in Luft und 26 in Wasser) berichtet. EPER läuft jedoch mit dem Berichtsjahr 2004 aus und wird durch das PRTR ersetzt, was in verschiedenster Hinsicht (z.B. berichtete Schadstoffe, Häufigkeit der Berichtspflicht) eine Erweiterung von EPER darstellt. Die im Folgenden beschriebene Vorgehensweise ist auf die PRTR-Daten übertragbar.

4 Bestimmung relevanter Wirtschaftszweige bzw. -klassen hinsichtlich der Umweltwirkungen

Im Rahmen der Prüfung einer Nutzbarkeit der EPER-Daten für die produktbezogene Umweltbewertung soll gewährleistet werden, dass den Anwendern Daten zur Verfügung stehen bzw. Daten in Bereichen ermittelt werden, die hinsichtlich der Umweltbelastung der Produktion, d.h. des produzierenden Gewerbes, in Deutschland relevant sind. Relevante Wirtschaftsbereiche hinsichtlich der Umweltwirkungen werden im Folgenden identifiziert.

Für die Bestimmung der relevanten Wirtschaftszweige werden die relativen Umweltwirkungen durch das Verhältnis von Umweltwirkungen zu ökonomischer Performance ermittelt. Die Umweltwirkungen werden basierend auf den EPER-Daten [UBA 2008a] bestimmt; diese werden mit Hilfe der Wirkungsabschätzungsmethode Eco-indicator 99 [Goedkoop 2001] aggregiert und bewertet. Als ökonomischer Parameter werden Daten zum Umsatz [Statistisches Bundesamt 2002] genutzt. Für einige dieser als relevant identifizierten Wirtschaftsklassen (siehe Tabelle 1) soll geprüft werden, ob mit Hilfe von EPER-Daten Verbesserung im Rahmen der Sachbilanz erarbeitet werden können.

		NACE	
90%	80%	26.51	Herstellung von Zement
		26.52	Herstellung von Kalk
		40.30	Wärmeversorgung
		27.43	Erzeugung und erste Bearbeitung von Blei, Zink, Zinn
		01.23	Haltung von Schweinen
		40.11	Elektrizitätserzeugung
		26.11	Herstellung von Flachglas
		21.11	Herstellung von Holz- und Zellstoff
		24.15	Herstellung von Düngemitteln, Stickstoffverb.
		24.13	Herstellung von sonst. Anorg. Grundstoffen, Chemikalien
		01.24	Haltung von Geflügel
		23.10	Kokerei
		14.12	Gewinnung Kalk-, Gipsstein, Anhydrit, Dolomit, Kreide
		26.53	Herstellung von gebranntem Gips
		26.13	Herstellung von Hohlglas
		27.10	Erzeugung von Roheisen, Stahl und Ferrolegierungen
		24.11	Herstellung von Industriegasen
		24.12	Herstellung von Farbstoffen und Pigmenten
		90.02	Abfallbeseitigung
		11.20	Erbringung Dienstleistungen für Erdöl-, Erdgasbergbau
		26.82	Herstellung sonst. Erzeug. nichtmetallischen Mineralien
		15.83	Herstellung von Zucker
		27.44	Erzeugung und erste Bearbeitung von Kupfer

Tab. 1: Bestimmung relevanter Wirtschaftsklassen

5 Produktzuordnung und Generieren von Emissionsfaktoren

Um Daten aus dem Europäischen Schadstoffemissionsregister (EPER) für die Ökobilanzierung nutzen zu können, müssen die Rahmenbedingungen unter denen diese Daten bzw. für welchen Zweck sie erhoben werden, berücksichtigt werden. Hierfür ist zu beachten, dass Daten aus dem Europäischen Schadstoffemissionsregister grundsätzlich andere Systemgrenzen haben als Sachbilanzdaten der Ökobilanz. Folglich müssen Emissionsdaten aus EPER, um sie als Datengrundlage für die Ökobilanzierung heranziehen zu können, an die systemischen Anforderungen der Ökobilanz angepasst werden. Dabei liegt die grundsätzliche Herausforderung in der Tatsache begründet, dass in EPER die Emissionsdaten von Anlagen bzw. Firmen standortbezogen erhoben und bereitgestellt werden, während die Ökobilanz als produktbezogenes Bewertungsinstrument produktbezogene Daten benötigt. Die Emissionsdaten in EPER sind nach der wirtschaftszweigbezogenen Systematik der NACE Klassifizierung [Rat der Europäischen Gemeinschaften 1990, Europäisches Parlament 2006] geordnet. Um EPER-Daten für eine produktbezogene Umweltbewertung nutzen zu können, sind die im Folgenden genannten Herausforderungen zu beachten.

Die EPER-Daten sind hinsichtlich der Zuordnung der Emissionen zu Wirtschaftsklassen nach Haupttätigkeiten geordnet, d.h. entsprechend der Fachterminologie wird eine institutionelle Zuordnung vorgenommen. Damit werden die standortbezogenen Emissionen in EPER der wirtschaftlichen Haupttätigkeit zugeordnet, unabhängig davon ob die produzierten Produkte dieser wirtschaftlichen Haupttätigkeit angehören. Im Unterschied dazu wird für die Sachbilanz eine funktionelle Zuordnung der Emissionen nach Produkten, Produkt- oder Gütergruppen benötigt.

Eine weitere Herausforderung einer Nutzung der EPER-Daten für die Sachbilanz ist die fehlende funktionelle Einheit bzw. der fehlende Referenzfluss zu den Emissionsdaten, da in EPER ausschließlich Emissionsmengen berichtet werden. Ein für die Ökobilanz benötigter Bezug zu einer funktionellen Einheit, wie beispielsweise produzierte Mengen, Wert der produzierten Ware, Betriebgröße, Kapazitäten bzw. Auslastung wird in EPER nicht gegeben.

Im Folgenden sollen erste Ansätze diskutiert werden, wie mit diesen Herausforderungen umgegangen werden kann.

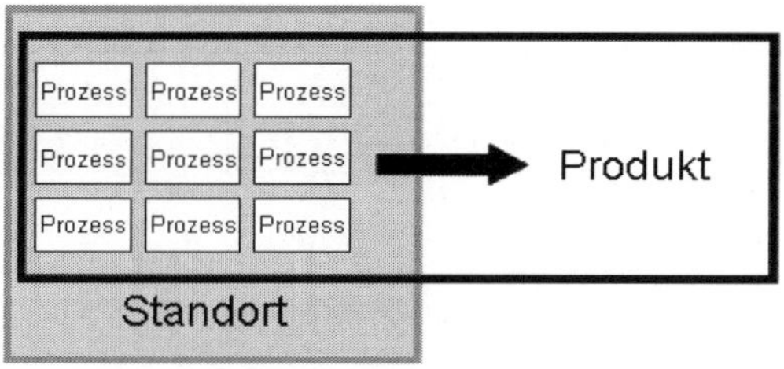

Abb. 1: Herstellen eines Produktbezuges durch Allokation der wirtschaftlichen Haupttätigkeit zu dem Hauptprodukt eines Standortes

Da für die EPER-Daten kein Produktbezug bzw. keine funktionelle Einheit vorhanden ist, muss dieser für eine Nutzung der Daten im Rahmen der Umweltproduktbewertung erarbeitet werden. Um einen Produktbezug herzustellen wird mit Hilfe der zur Verfügung gestellten Wirtschaftklassifikation eine Produktzuordnung zum Hauptprodukt der Wirtschaftsklasse vorgenommen. Damit werden alle an dem Standort anfallenden Emissionen diesem Hauptprodukt zugeordnet (siehe Abb. 1). Um generische Daten zu ermitteln werden die Emissionsmengen der Hauptprodukte einer Güterklasse aufsummiert und auf die gesamte Produktionsmenge der entsprechenden Güterklasse bezogen. Somit kann ein Emissionsfaktor für die Güterklasse ermittelt werden. Diese Emissionsfaktoren werden durch einen Vergleich der Ergebnisse mit bestehenden Sachbilanzdaten, beispielsweise aus der Datenbank ecoinvent [Ecoinvent 2008] bzw. in Einzelfällen mit Daten aus den Emissionserklärungen nach der 11. BImSchV [BMU 2007, BMU 2004] entsprechend validiert.

Grundsätzlich wird durch eine Produktzuordnung der EPER-Daten zu dem Hauptprodukt der Wirtschaftsklasse die Problemstellung einer Verzerrung aufgrund der institutionellen Zuordnung der EPER-Daten zu Wirtschaftsklassen nicht beantwortet. Es müsste entsprechend Abb. 2 ein Produktbezug über eine Überleitung von institutioneller zu funktionaler Zuordnung vorgenommen werden. Für diese Überleitung werden zusätzliche Daten benötigt, die derzeit ermittelt werden und eine funktionale Zuordnung der EPER-Daten ermöglichen.

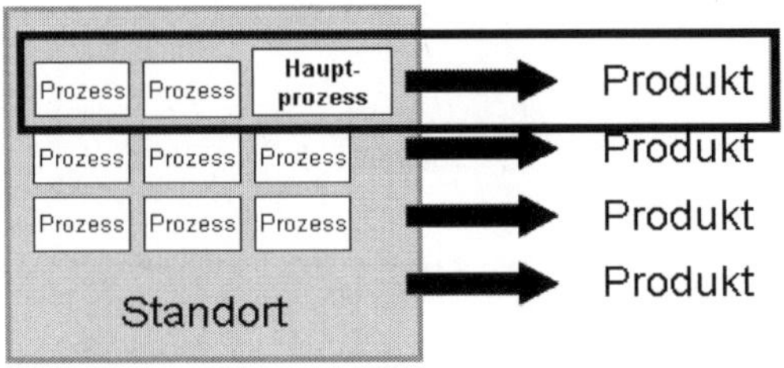

Abb. 2: Herstellen eines Produktbezuges über eine Überleitung von institutioneller zu funktionaler Zuordnung

6 Zusammenfassung und Ausblick

Hinsichtlich der Nutzung von EPER-Daten für die produktbezogene Umweltbewertung besteht die grundsätzliche Herausforderung, dass EPER-Daten einen Standortbezug aufweisen, während die Ökobilanz einen Produktbezug hat. Damit muss eine Überleitung der Daten von institutioneller zu funktionaler Zuordnung erfolgen. Dies ist mit der derzeitigen Datenlage nicht möglich, wird aber durch zusätzliche Daten zukünftig möglich sein. Die Ermittlung von Emissionsfaktoren für generische Produkte, Produkt- bzw. Gütergruppen ist grundsätzlich möglich, mit Hilfe der Produktzuordnung der Emissionsdaten zum Hautprodukt der Wirtschaftsklassen und einer entsprechenden Verbindung mit den entsprechenden produzierten Mengen. Damit können nach den ersten vorliegenden und validierten Ergebnissen Emissionsfaktoren für generische Produkte, d.h. repräsentative regelmäßig aktualisierbare generische Daten bzw. Hintergrunddaten ermittelt werden. Dagegen ist die Ermittlung von Emissionsfaktoren auf der Grundlage von EPER-Daten für spezifische Produkte, sowie von standortspezifischen Emissionsfaktoren ohne Zusatzinformationen nicht möglich.

Hinsichtlich der bisher ermittelten Emissionsfaktoren wurden nach der Terminologie der Ökobilanz „gate-to-gate" Emissionsfaktoren ermittelt, da EPER einen Standortbezug aufweist. Mit Hilfe des Input-Output Ansatzes können mit Hilfe der EPER- Daten auch „cradle-to-gate" Emissionsfaktoren ermittelt werden. Durch die Nutzung der EPER-Daten kann dabei im Vergleich zu anderen Input-Output Ansätzen die Elementarflussbreite erweitert werden.

Referenzen

[BMU 2004] Bundesminister für Umwelt, Naturschutz und Reaktorsicherheit: Elfte Verordnung zur Durchführung des Bundes-Immissionsschutzgesetzes (Verordnung über Emissionserklärungen und

Emissionsberichte – 11. BImSchV) vom 29. April 2004, Bundesgesetzblatt Jahrgang 2004 Teil I Nr. 20, ausgegeben zu Bonn am 5. Mai 2004,

[BMU 2007] Bundesminister für Umwelt, Naturschutz und Reaktorsicherheit: Bekanntmachung der Neufassung der Verordnung über Emissionserklärungen vom 05. März 2007, Bundesgesetzblatt Jahrgang 2007 Teil I Nr.9

[DIN 2006] Deutsches Institut für Normung: Umweltmanagement –Ökobilanz – Grundsätze und Rahmenbedingungen (ISO 14040:2006); Deutsche und Englische Fassung EN ISO 14040:2006

[Ecoinvent 2008] Ecoinvent: http://www.ecoinvent.org/de/

[Europäische Kommission 2000] Europäische Kommission: Entscheidung der Kommission vom 17. Juli 2000 über den Aufbau eines Europäischen Schadstoffemissionsregisters (EPER) gemäß Artikel 15 der Richtlinie 96/61/EG des Rates über die integrierte Vermeidung und Verminderung der Umweltverschmutzung (IPPC), (2000/479/EG), 2000

[Europäisches Parlament 2006] Europäisches Parlament und Rat der Europäischen Union: Verordnung (EG) Nr. 1893/2006 des Europäischen Parlaments und des Rates vom 20. Dezember 2006 zur Aufstellung der statistischen Systematik der Wirtschaftszweige NACE Revision 2 und zur Änderung der Verordnung (EWG) Nr. 3037/90 des Rates, 2006]

[Goedkoop 2001] Goedkoop, M.; Spriensma, R. (2001): The Eco-indicator 99, A damage oriented method for Life Cycle Impact Assessment, Methodology Report, 3. Edition

[Klöpffer 2009] Klöpffer, W. und Grahl, B.: Ökobilanz (LCA). Wiley VCH Verlag, Weinheim (2009). ISBN 978-3-527-32043-1

[Rat der Europäischen Gemeinschaften 1990] Rat der Europäischen Gemeinschaften: Verordnung (EWG) Nr. 3037/90 des Rates vom 9. Oktober 1990 betreffend die statistische Systematik der Wirtschaftszweige in der Europäischen Gemeinschaft, 1990

[Statistisches Bundesamt 2002] Statistisches Bundesamt (2002): Umsatzsteuerstatistik 2002

[Swedish Environmental Protection Agency 2003] Swedish Environmental Protection Agency: Towards Greener Products, Report 5296; 2003

[UBA 2008a] Umweltbundesamt, Landesanstalt für Umwelt, Messungen und Naturschutz Baden-Württemberg: Europäisches Schadstoffemissionsregister (European Pollutant Emission Register, EPER), http://www.eper.de/

[UBA 2008b] Umweltbundesamt, Landesanstalt für Umwelt, Messungen und Naturschutz Baden-Württemberg: Schadstofffreisetzungs- und -verbringungsregister (Pollutant Release and Transfer Register, PRTR), http://www.home.prtr.de

[Wenzel 1997] Wenzel, H., Hauschild, M., Alting, L.(1997): Environmental assessment of products. Vol.I: Methodology, tools, and case studies in product development. London

Die Ökobilanz-Werkstatt 2009 als Diskussionsplattform

*Silke Feifel, Wolfgang Walk und Sibylle Wursthorn unter Mitarbeit der Teilnehmerinnen und Teilnehmer der Ökobilanz-Werkstatt 2009**

Im Rahmen der fünften Ökobilanz-Werkstatt wurden anhand der Vorträge der NachwuchswissenschaftlerInnen und der Expertenreferate die im Folgenden dargestellten Themen diskutiert.

1 Dauerbrenner Allokation und Allokationsvermeidung

Diskussionen um Allokation und Allokationsvermeidung wurden mehrfach während der Veranstaltung geführt. Aus diesem Grund stieß der Plenarvortrag von Prof. Dr. Mario Schmidt (Hochschule Pforzheim) über *Allokationsverfahren und Allokationsvermeidung – Möglichkeiten und Fallstricke* auf reges Interesse. Ausgehend von der Problembeschreibung und unterschiedlichen Lösungsansätzen, besonders aus der Ökonomie, kam Prof. Schmidt zu dem Schluss, dass die über lange Zeit entwickelten und etablierten betriebswirtschaftlichen Allokationsverfahren mehr Beachtung von Seiten der Ökobilanzierer verdienten. Die Sinnhaftigkeit der Präferenzfolge gemäß ISO-Norm 14044, die eine Allokation nach ökonomischen Kriterien erst als drittbeste Lösung einstuft, wurde kritisiert [ISO 14044, Abschnitt 4.3.4.2]. Das warf die Frage eines Teilnehmers auf, ob die teilweise hohe Volatilität von Preisen nicht schwer handhabbar sei bzw. zu einer Beliebigkeit der Allokation führen könne. Prof. Schmidt entgegnete, dass bei einer Gegenüberstellung von zwei oder mehr Produkten das Verhältnis der Preise am Markt zueinander häufig nicht dermaßen schwanke, wie dies bei einem ersten Blick auf die absoluten Preise, jeweils für sich genommen, erscheine. Zudem sind veränderliche Preise ein Abbild schwankender Wertschätzung und Allokation muss einer veränderlichen Situation ebenso dynamisch folgen. Die Gefahr einer unbeabsichtigten

* Die Autoren sind hier als Protokollanten der Diskussionen während der Veranstaltung zu verstehen. Die in diesem Artikel geäußerten Aussagen treffen nicht notwendigerweise die Meinung der Autoren.

Doppelbewertung besteht nicht, denn –so Schmidt– würden die Preise die „ökologische Wahrheit“ wiedergeben, bräuchte man keine Ökobilanz mehr.

Zur Adressierung der drei konkurrierenden Produktschienen Wärme, Kraftstoffe und Elektrizität (*Die Nutzenkorbmethode als Ansatz zum Vergleich der Strom-, Wärme- und Kraftstoffproduktion aus Energiepflanzen*, Maria Bystricky, TU München) wurde die Anwendung der Nutzenkorbmethode auf Anbau und Nutzungsoptionen verschiedener Energiepflanzen diskutiert. Nicht grundsätzlich, aber in Bezug auf den vorgestellten Einzelfall wurde Kritik daran geübt, dass der Nutzenkorb nicht anhand einer Referenzpflanze oder einer Bedarfsdefinition festgelegt wurde, sondern aus den kombinierten Maxima verschiedener Optionen bzgl. der Fläche. Daraus resultiert, dass der untersuchte Nutzenkorb bei gegebener Anbaufläche tatsächlich nicht realisierbar ist. Folgerung aus der Diskussion war, dass der in dieser Studie untersuchte Nutzenkorb klar als hypothetisches Hilfsmittel zur Überwindung der Probleme mit der Produktvielfalt und nicht als real umsetzbare Option dargestellt werden sollte.

Der Vortrag *Entsorgung von Gebäuden und Gebäudekomponenten – Methodische Fragestellungen* (Hildegund Mötzl, IBO / BOKU Wien) illustrierte die Bandbreite an praktischen und methodischen Problemen, die mit einer sauberen Bewertung der Entsorgungsphase so komplexer Produkte wie Gebäude verbunden sind. Eines der vorgestellten Ergebnisse weist aus, dass Rezyklieren von Ziegelsplitt als Betonzuschlag mit höherem Klimaänderungspotenzial (GWP) verbunden sein kann im Vergleich mit konventionellen Ausführungen, u.a. da mehr Zement benötigt wird als in Normalbeton. Im Verlauf der folgenden Diskussion wurde darauf hingewiesen, dass auch eine Studie von Marcel Weil über Recyclingbeton für deutsche Verhältnisse zu ähnlichen Ergebnissen kommt. Die Vorteilhaftigkeit von Recyclingbetonen hängt von Substitutionseffekten auch im Tiefbausektor und von der Gewichtung des GWP im Verhältnis zur lokalen Ressourceninanspruchnahme natürlicher Zuschlagstoffe (v.a. Kies) ab. Eine weitere Frage ging der Bedeutung der Entsorgungsphase gegenüber der Herstellung nach. Hier wurde erklärt, dass die Entsorgung für die großen Massen mineralischer Baustoffe wie Ziegel oder Beton meist geringe Bedeutung hat, sehr wohl aber für brennbare Materialien (u.a. Holzbaustoffe), deren thermische Verwertung durchaus entscheidungsrelevant sein kann. Auch für metallische Baustoffe kann die Entsorgung von Relevanz sein. Die von Hildegund Mötzl (IBO) aufgeworfene Frage nach angemessener Allokation bei Verwertung (cutt off, pauschale anteilige Allokation, Gutschriftenmethode bzw. Substitution von Brennholz) führte weiter zu einer Diskussion der Bewertung von heutigen CO_2-Emissionen im Vergleich zu zukünftigen. Sollte vor diesem Hintergrund die CO_2-Aufnahme aus der Atmosphäre und zeitweilige Bindung in Gebäuden positiv bewertet werden? An diesem Beispiel wurde deutlich, dass die Art der

Wirkungsabschätzung in Rückkopplung wichtig für die Wahl angemessener Allokation auf Sachbilanzebene ist.

Die zugrundeliegende Methodik von Verwertungsgutschriften wurde im Zusammenhang mit dem Vortrag *Softwareunterstützung zur Erteilung von Verwertungs-Gutschriften in „attributiven" Ökobilanzen* (Wolfgang Walk, KIT) kontrovers diskutiert. Der Vortragende erläuterte seinen Standpunkt, nachdem sowohl Koppelprodukte als auch Produkte aus Verwertungsprozessen dem eigentlich untersuchten Produktsystem Zusatznutzen hinzufügen. Die Unterscheidung in Koppel- und Verwertungsprodukte sei hinsichtlich der Frage nach Allokationsvermeidung untergeordnet. Wert wurde darauf gelegt, dass die vorgestellte Lösung auf rein attributiven Ökobilanzen anwendbar ist, andere Konzepte wie beispielsweise „consequential LCA" jedoch andere Allokationslösungen nach sich ziehen müssen. Als Problem beim Erteilen von Gutschriften wurde gesehen, dass die Ermittlung adäquater nutzengleicher Primärprodukte problematisch sein kann, da es selten eindeutige Entsprechungen gibt und ggf. vielfältige Produkteigenschaften abzuwägen sind.

2 Nutzung von Holz und anderen biogenen Rohstoffen als aktueller Diskussionsanlass

Zum Vortrag *Systemanalytische Betrachtung von Holz in Deutschland* (Silke Feifel, KIT) wurde nachgefragt, wie detailliert das große Feld des Holzeinsatzes bilanziert wurde. Silke Feifel erläuterte die modellierte Differenzierung bis hin zu rund 50 Produkten, wobei die Detailtiefe insbesondere für den Bereich der Möbelfertigung als vergleichsweise hoch bezeichnet werden kann. Daneben ergab sich die Frage nach der energetischen Folgenutzung von Holz nach der Erstnutzung. Da die energetische Nutzung jedoch außerhalb der Systemgrenzen liegt, blieb diese Frage offen. Ein weiterer relevanter Punkt betrifft die Handhabung von Gutschriften für die Kohlenstoffaufnahme des Holzes in der Wachstumsphase. Es wurde erklärt, dass die Konsumprodukte in dieser Betrachtung als zeitweilige Kohlenstoffsenke wirken, d.h. die Kohlenstoffaufnahme durch Holz innerhalb der Systemgrenzen liegt. Die Varianten der möglichen Nutzungsformen der im Rahmen des Szenarios frei werdenden Holzmenge muss in weiteren Szenarien untersucht werden. Aus dem Auditorium wurde angemerkt, dass eine anwendungsorientierte Auswertung der Modellierung als sehr wichtig angesehen wird.

Die Diskussionen zu zwei Vorträgen über Holz als Energierohstoff (*Integrierte Nachhaltigkeitsanalyse für Prozessketten ausgewählter Energieholzprodukte*, Janine Fischbach, Uni Freiburg; *Bewirtschaftung von Kurzumtriebsplantagen – eine ökologische und ökonomische Optimierung*, Anne Rödl, vTI Hamburg) wurden aufgrund der Nähe der Themen teilweise zusammengefasst. Hinsichtlich der Handhabung von sozialen

Kriterien in der Ökobilanzierung wurde auf die neu erschienene Veröffentlichung „Guidelines for Social Life Cycle Assessment of Products" der UNEP/SETAC Life Cycle Initiative verwiesen [UNEP SETAC 2009]. Zur weiteren Diskussion insbesondere des Beitrags von Anne Rödl sind folgende wesentlichen Punkte zu nennen:

- Ist eine Variante vorgesehen, in der die Harvesterernte als Lohnleistung bilanziert wird? Dies wurde als reine Verlagerung des Kostenfaktors beurteilt und ist demnach nicht notwendig.
- Wieso wird nicht die t_{atro} Holzmasse als funktionelle Einheit genutzt? Es wurde geklärt, dass sich in diesem Fall die Ergebnisse vergleichbar darstellen, wie beim gewählten energiebezognene Ansatz. Ein Flächenbezug würde dagegen die Aussage der Ergebnisse grundsätzlich ändern.
- Welche Ackerflächen wurden zur Bilanzierung herangezogen, insbesondere vor dem Hintergrund der Bodenkohlenstoffbilanz? Die zugrundeliegende Annahme wurde zu Projektbeginn definiert und demzufolge werden ausschließlich Brachflächen bilanziert.
- Welche Methoden werden künftig in Betracht gezogen, um Ökonomie und Ökologie zusammen zu bringen? Im Moment ist dies noch ungeklärt.

Die Darstellung von Human- und Ökotoxizität wurden als potenziell ergebnisverzerrend bezeichnet, da die Herkunft der hohen TETP-Emissionen im Rahmen der Diskussion nicht abschließend geklärt werden konnte. Hierbei ergab sich ein reger Austausch über die Sicherheit von Wissen über Boden-Kohlenstoffhaushalte bzw. die Mengenveränderungen von Kohlenstoff in agrarwirtschaftlich genutzten Böden über die Zeit.

Während der Diskussion zum Vortrag *Umweltbewertung von Biokraftstoffsystemen: eine kritische Analyse von Annahmen und Systemgrenzen im Hinblick auf Landnutzungsänderungen, Biodiversität und Wasserhaushalt* (Elisa Dunkelberg, IÖW) kam erneut die Forderung nach Einbeziehung indirekter Landnutzungsänderungen auf. Zurückgewiesen wurde dies mit der Gegenfrage, ob man hier über ausreichendes und sicheres Wissen verfüge. Die Frage wurde eingebracht, ob es richtig sei, sich bereits über Erfassung und Wirkung indirekter Landnutzungsänderungen Gedanken zu machen, während die direkte Landnutzung und deren Bewertung noch nicht etabliert sei. Es wurde erörtert, ob sich auf Basis des aktuellen Wissenstandes Defaultwerte im Sinn von 'worst case' Abschätzungen berechnen lassen, die als Grundlage für eine Förderung im politischen Hinblick genutzt werden können. Es bliebe dann Aufgabe des Studienerstellers nachzuweisen, dass die Situation im Einzelfall mit geringeren

Umweltlasten verbunden ist, als durch die Defaultwerte ausgewiesen wird. Dieser Mechanismus würde den Druck zur Verbesserung der Informationslage erhöhen.

Weiterhin ist es auch eine Aufgabe der Politik, Anforderungen zu definieren, deren Erfüllung Fördervoraussetzung für die Herstellung biogener Kraftstoffe sein muss. Abgeleitet daraus wurde das Dilemma formuliert, dass derzeit weitreichende Entscheidungen über Kraftstoffe und Flächennutzung getroffen werden (müssen), wesentliche Erkenntnisse zur Abschätzung der Konsequenzen (darunter auch ökobilanzielle Entscheidungsunterstützung) aber noch nicht belastbar vorliegen. Beispielhaft für das Defizit seien nur die unklaren Punkte des Bodenkohlenstoffs, der Referenzlandnutzung (virtuell naturbelassene Landschaften vs. Ist-Zustand) und die Modellierung der indirekten Landnutzung genannt.

Im Anschluss an den Vortrag *Treibhausgaspotenzial des Energiepflanzenanbaus für Biogasanlagen* (Maria Ewa Stenull, Uni Stuttgart) wurde der Begriff der „Datenunsicherheit“ in diesem Zusammenhang als nicht zutreffend bezeichnet. Es gehe nicht um die Unsicherheit der Datengrundlage, sondern vielmehr um eine Spannweite der Ergebnisse selbst, sodass der Begriff „Variabilität“ wohl treffender sei. Wichtig ist auch – nach Meinung des Auditoriums – mehr Wirkungen als nur den Treibhauseffekt zu betrachten. Entscheidend für die Ergebnisse ist die rein praktische Frage, ob die Gärrestlagerung geschlossen oder offen durchgeführt wird. Eine weitere Untersuchungsreihe wird die Wärmenutzung, die zzt. noch nicht mit bilanziert ist, in die Betrachtung mit einbeziehen.

Beim Vortrag *Ökobilanzierung von Kurzumtriebsplantagen (KUP) im Vergleich zu landwirtschaftlichen Energieplantagen* (Frank Burger, LWF Bayern) wurde klargestellt, dass auch die Vorketten mit in die Bilanz eingerechnet sind. In der präsentierten Untersuchung werden 80 % der Energieaufwendungen für die Ernte notwendig, woraus sich ein Input/Outputverhältnis von 1:70 ergibt; dieses Verhältnis konnte vom Auditorium nicht bestätigt werden. Die Annahme von Umtriebszeiten von 30 Jahren wurde hinterfragt und aus der Praxis heraus als noch nicht belegt bezeichnet, aber als wohl realistisch angenommen. Demnach sei die hier untersuchte Fläche nach 19 Jahren noch sehr vital. Auch in diesem Zusammenhang wurde die Bodenverdichtung als Kriterium angesprochen, da aber diese KUP ausschließlich im Winter bei Bodenfrost geerntet wird, ist die Betrachtung hier nicht notwendig. Für Landwirte ist die Anlage einer KUP langfristig aus finanzieller Sicht grundsätzlich interessant. In der die Praxis zeigen sich ggf. Liquiditätsprobleme und sehr große Vorbehalte. Die Untersuchung soll zukünftig durch die Betrachtung der sich anschließenden Transportprozesse erweitert werden.

Die Vorgehensweise zur Bilanzierung von Holz im Gebäude, wie im Vortrag *Der Baustoff Holz als CO_2-Senke. Ist das möglich?* (Torsten Mielecke, TU Darmstadt) vorgestellt, wurde sehr kontrovers diskutiert. Im Zentrum der Diskussion stand die Wahl der Systemgrenzen, der Begründung und daraus resultierend Gutschriften für Holzbaustoffe begründet durch eine thermische Folgenutzung der Baustoffe nach dem Abriss (EoL-Konzept). Nach Meinung des Referenten ist die Verrechnung der Einsparung von fossilen Energieträgern aufgrund einer thermischen Nutzung des Baustoffs nicht korrekt, da dies nicht mehr Bestandteil des betrachteten Systems sei. Gegenteilige Meinungen aus dem Auditorium wurden deutlich. Eine Einigung konnte im gegebenen Rahmen nicht erreicht werden.

Zum Vortrag *Vergleichende Ökobilanz eines fermentativ produzierten Chemie-Rohstoffs aus verschiedenen Biomassen* (Katharina Edler, vTI Braunschweig) wurde – auch aufgrund des frühen Stadiums der Untersuchung – angemerkt, dass GWP als einzeln betrachtete Wirkungskategorie nicht ausreichend ist. Weitere Wirkungskategorien werden zukünftig in die Ökobilanzstudie aufgenommen.

Im Anschluss an den Vortrag *Aktuelle Anwendungen des LCA – das Beispiel Biomasse* (Prof. Dr, Liselotte Schebek, KIT) wurde über Berechnungsmethoden von indirekten Landnutzungsänderungen und kommende Regelungen der EU zur nachhaltigen Biotreibstofferzeugung diskutiert.

3 Product Carbon Footprint – Ökobilanz für Arme?

Die Vorstellung des britischen PAS 2050-Standards (*Carbon Footprint - Der britische „Standard" PAS 2050 im Spiegel der Ökobilanz-Methodik und weitere Normierungsbestrebungen*, Heinz Stichnothe, vTI Braunschweig) zur Ausarbeitung von Carbon Footprint wurde durch eine vorausgegangene Bemerkung, dass Carbon Footprint ein „LCA für Arme" sei, grundsätzlich kritisiert und resultierte in der Frage, inwieweit die erarbeiteten Informationen zur Verbesserung des Produktionsprozesses herangezogen werden bzw. werden können. Heinz Stichnothe klärte, dass Product Carbon Footprint (PCF) nach PAS 2050 primär ein Instrument des „green marketing" sei und darum eine Momentaufnahme des aktuellen Produktionsprozesses ausweise. Sekundär könne die Ermittlung und Ausweisung von PCF aber dazu führen, dass Produktionssysteme u.a. durch die prozessübergreifende Sichtweise optimiert werden. Wenn dagegen jeder der Akteure sein System separat optimiert, resultiert nicht notwendigerweise ein optimiertes Gesamtsystem im Sinne einer ganzheitlichen Betrachtung. Im Gespräch wurden neben den Stärken des Carbon Footprint auch die Grenzen offenbar: Beispielsweise wurde angeführt, dass bei Nahrungsmittelprodukten vermutlich ein weitaus größeres

Verbesserungspotenzial hinsichtlich klimawirksamer Gasemissionen in der Vermeidung der Entsorgung von ungenutzen Lebensmitteln liege, als durch die Konsumentenwahl zwischen alternativen Produkten erreicht werden kann. Auch wurde die Effektivität von PCF-Produktdeklarationen („Labeling") in Zweifel gezogen – für fundierte Aussagen fehlt jedoch weitgehend die Erfahrung.

Völlig andere Probleme identifizierte Boris Dresen (*Carbon Footprint von Produkten (CFP) – Bilanzierung in kleinen und mittleren Unternehmen,* Fraunhofer UMSICHT) bei seiner Untersuchung der Möglichkeiten der Ausweisung von Product Carbon Footprint (PCF) durch kleine und mittlere Unternehmen (KMU). Die Frage, warum KMU ohne spezifische Kenntnisse der Systemanalyse, ohne Zugang zu ökobilanziellen Datenbeständen und ohne entsprechende Softwareunterstützung selbst PCF Werte ermitteln sollten, statt diese Aufgabe ganz oder teilweise an kompetente Dritte zu vergeben, beantwortete der Vortragende mit dem Verweis auf die Notwendigkeit einer billigen Lösung. In Zweifel gezogen wurde, ob mit einem derart geringen Aufwand überhaupt eine fundierte Ausweisung möglich sei.

Im Rahmen des Vortrags *„LCA Kaffeezubereitung" – Analyse der Umweltauswirkungen der Kaffeezubereitung mittels verschiedener Zubereitungssysteme* (Britta Stratmann, Öko-Institut, Freiburg) wurde die Bereitstellung der gerösteten Kaffeebohnen in Deutschland nicht berücksichtigt, da diese für alle Kaffeezubereitungsprozesse nach Menge und Kaffeeart gleichermaßen notwendig sind. Für einen Produktvergleich alternativer Zubereitungssysteme ist eine derartige Vereinfachung zulässig und angebracht. Das Resultat darf jedoch nicht mit einer absoluten Ausweisung der Klimarelevanz im Sinn eines Product Carbon Footprint verwechselt werden. Innerhalb des Projektes wurde stark diskutiert, ob und wie Kaffeezubereitung in verschiedene Zubereitungssysteme unterteilt werden kann, insbesondere da die Zubereitung als Filterkaffee gegenwärtig die weiteste Verbreitung hat. Als sinnvolle Lösung wurde im Projekt die Trennung in Filter- und Portionsmaschinen beschlossen. Die Präsentation bezog sich auf Zubereitungssysteme für Portionskaffee. Daran knüpfte die kaum lösbare (Geschmacks-)Frage an, ob Kaffee aus verschiedenen Zubereitungssystemen funktionsgleich ist, d.h. Kaffee aus einer Filtermaschine mit Kaffee aus einem Vollautomaten gleich zu setzen ist.

4 Bisherige und weiterführende Entwicklungen der Wirkungsabschätzung

Im Anschluss an den Plenarvortrag *Wirkungsabschätzungsmethoden und Querverbindungen – Unterschiede zum Risk Assessment* von Prof. Dr. Walter Klöpffer, der einzelne Aspekte von ökobilanzieller Wirkungsabschätzung und dem 'risk assessment' diskutierte, wurde das Verhältnis der Kategorisierung in der Wirkungsabschätzung nach 'midpoint' und 'endpoint' angesprochen. Der Vortragende erwähnte, dass das toxikologische Verständnis von Wirkungsendpunkt vom ökobilanziellen abweichend ist. In einer Buchveröffentlichung von Klöpffer und Grahl wird erläutert, dass die Verwendung des Begriffs 'safeguard subject' (Schutzgut) weniger mißverständlich als der Begriff 'endpoint' ist [Klöpffer 2009, S. 221].

In wie weit die klare Benennung der eigentlichen Schutzgüter der Schlüssel zur weiteren Entwicklung von bisher wenig etablierten Wirkungsabschätzungen wie etwa Flächeninanspruchnahme sein kann, wurde nicht ausdiskutiert. Die Frage ist, ob Fläche und damit auch Landschaft an sich schützenswert ist oder nur aufgrund verschiedener Funktionen von Fläche/Landschaft (beispielsweise Erzeugungsfunktion für Nahrungsmittel und nachwachsende Rohstoffe, Rückhaltefunktion hinsichtlich Wasserabfluss, Erholungsfunktion). Die Klärung dieser Frage könnte bei der Festlegung und Quantifizierung der beispielhaft genannten Wirkungsabschätzung 'land use' weiterhelfen.

Heide Hottenroth (*Behandlung von NMVOC-Abgasen in der Halbleiterbauelement- und Solarzellenfertigung – gesamtökologisch sinnvoll?*, HS Pforzheim) zeigte auf, dass die thermische Behandlung VOC-belasteter Abluft aus der Halbleiterproduktion mit höheren Umweltlasten verbunden sein kann als die Ableitung ohne Behandlung. Dass die Erörterung der Datenverfügbarkeit sich nicht nur auf die Sachbilanzebene, sondern auch auf die Wirkungsabschätzung erstreckt, wurde anhand der Darstellung der Fallstudie deutlich. Vier der sechs im Abgas enthaltenen VOC wurden direkt mittels Charakterisierungsfaktoren bewertet, für die anderern beiden VOC-Substanzen wurden mangels vorliegender Faktoren Durchschnittswerte eingesetzt. Aus dem Publikum erging der Hinweis, das Ergebnis durch worst-case-Szenarienrechnung (einerseits VOC-Substanzen hoher Toxizität und geringen Brennwerts, andererseits geringer Toxizität und hohen Brennwerts) abzusichern. Der Aspekt der unsicheren Charakterisierung wurde von der Referentin teilweise anhand hypothetischer Szenarienrechnung mit der Beispielsubstanz Benzol bereits in der Studie adressiert. Von untergeordneter Relevanz sind dagegen die Unsicherheiten der technischen Lebensdauer von eingesetzten Aggregaten aufgrund der geringen Beiträge zum Gesamtresultat.

Zum Vortrag *Implementierung der Bewertung des Wasserverbrauchs in die Ökoeffizienz-Analyse der BASF* (Georg Schöner, BASF) wurden unterschiedliche „Damage-Faktoren“ bezogen auf unterschiedliche Länder angesprochen. Hierbei wurde darauf hingewiesen, dass für die verschiedenen Länder eine größere Anzahl von unterschiedlichen Inputdaten zur Datengenerierung einfließen, wie beispielsweise Daten zur Bevölkerung. Grundsätzlich ist auch zu unterscheiden zwischen dem Wasserverbrauch, der Wasserverfügbarkeit und dem Water Stress Index. Der Ansatz wurde bisher an Beispielen mit cradle-to-gate Systemgrenzen zweier landwirtschaftlicher Produkte angewendet. Hinsichtlich einer Anwendbarkeit von Beispielen aus hauptsächlich industrieller Produktion liegen bisher keine Erfahrungen vor.

Vorgestellt wurde ein Konzept zur Integration von räumlich differenzierten Indikatoren biologischer Vielfalt in die Ökobilanzierung (*Biologische Vielfalt in Ökobilanzen – vom Konzept zur Umsetzung*, Barbara Urban, vTI Braunschweig). Dies ist eine Grundlage zur Bewertung von Landnutzungsänderungen und unterschiedlichen Nutzungsarten. Es wurde thematisiert, inwiefern RAUMIS, das Regionalisierte Agrar- und Umweltinformationssystem, hierfür herangezogen werden könnte. Die Datenlage in anderen EU Ländern bzw. auch in außereuropäischen Ländern bezogen auf die für diesen Ansatz notwendigen Agrardaten sowie Landnutzungsdaten wird als begrenzt angesehen, sodass der vorgestellte Ansatz zunächst ausschließlich auf Deutschland anwendbar ist.

Regionale bzw. lokale Gegebenheiten spielen auch bei der *Entwicklung eines Verfahrens zur ökobilanziellen Bewertung von Adaptationsmaßnahmen an den Klimawandel* (Sebastian Schmuck, Uni DU-Essen) eine Rolle. Ergänzend zum Vortrag wurde dargestellt, dass die ökobilanziellen Verfahren auf Auswertungen von stadtklimatologischen Modellen basieren sollen. Ziel des Projektes ist es, diese als Entscheidungsunterstützung für Städte und Gemeinden, sowie Abwasserverbände, aber auch für Anwohner bereit zu stellen.

5 Horizonterweiterung: LCA und darüber hinaus

Im Rahmen des Vortrages *Sozioökonomische Bewertung von Chemikalien unter REACh* (Daniela Kölsch, BASF) wurde ein Schwerpunkt auf die Gewichtung von unterschiedlichen Umweltwirkungen gelegt. Hierfür wurde die telefonische Umfrage sowie eine Internetumfrage als Instrument genutzt, wobei die Eignung dieser Herangehensweise diskutiert wurde. Ein Ergebnis der Online-Umfrage ist, dass -im Gegensatz zu ökologischen Schadenskategorien- einigen sozialen Schadenskategorien ähnliche Priorität zugeordnet wird. Es wurde erörtert, ob die anscheinend weitgehende Gleichwertigkeit der Kategorien auch auf mangelndem Verständnis beruhen könnte und ein verändertes Umfragedesign ggf. zu anderen Ergebnissen führt. Ebenso wurde darauf verwiesen, dass das Ergebnis der Umfrage dadurch beeinflusst wird, indem entweder Experten oder Laien befragt werden. Das Ergebnis zeige allerdings, dass sowohl bei Expertenbefragungen, als auch bei Befragungen von Laien hinsichtlich der Ergebnisse keine signifikanten Unterschiede auftreten. Insofern widerlegen die Resultate die geäußerte These.

Nachhaltigkeitsbewertungen im Sinne eines Wasserressourcenmanagements wurden im Vortrag *Qualitative und quantitative Indikatoren zur Nachhaltigkeitsbewertung* (Annekatrin Lehmann, TU Berlin) am Beispiel von Karstwasserressourcen in Indonesien diskutiert. Grundsätzlich seien in Karstgebieten die Wasserressourcen unendlich verfügbar. Sie müssen jedoch mit Hilfe von technischen Maßnahmen zugänglich gemacht werden. Problematisch ist die Verschmutzung dieser Gewässer, da Abwässer in dem betrachteten Gebiet unfiltriert in das Karstgebiet versickern und sich in Karsthöhlen mit sauberem Wasser vermischen. Im Rahmen der Nachhaltigkeitsbewertungen sollen die ökologischen und ökonomischen Säulen durch die quantitativen Instrumente der Ökobilanz und des Life Cycle Costing durchgeführt werden. Die sozialen Faktoren sollen dagegen mit einer qualitativen Bewertung ermittelt werden. Nach Auffassung der Vortragenden seien bisherige Ansätze des "social LCA" für diese Fallstudie ungeeignet, weil die eingeführten sozialen Indikatoren weniger auf gesellschaftliche denn auf betriebliche Auswirkungen abstellen würden und unvollständig seien.

Bei der Anwendung des Lebenszyklusgedankens für die Berechnung energetischer Sensitivitäten (*Der Energiekosten-Rucksack – Anwendung des Lebenszyklusgedanken für Berechnungen energetischer Sensitivitäten*, Stefan Albrecht, Uni Stuttgart) wird am Beispiel der Entwicklung des Strompreises gezeigt, wie diese Veränderung sich im Vergleich zu erneuerbaren Rohstoffen auswirkt. Damit kann die Sensitivität des Systems auf Energiepreise inklusive aller Vorketten dargestellt werden. Auf Nachfrage wurde erläutert, dass derzeit Angebots- und Nachfragemechanismen jedoch noch nicht in das Modell integriert sind.

Im Vortrag *Ökobilanzierung und Materialflussanalysen – eine Methodenkombination zur Beschreibung lebenszyklusbezogener Vorteile von Materialien (*Robert Ilg, Uni Stuttgart) liegt der Materialflussanalyse ein sektorspezifischer Ansatz zugrunde. Für die Sachbilanzierung von Entsorgungswegen bzw. Ermittlung von Recyclingquoten ist die Modellierung von Primär- und Sekundärmaterialflüssen schwierig, da die statistische Datenlage hierfür nur teilweise gegeben ist und Daten teilweise geschätzt werden müssen. Die Unterscheidung zwischen Mengen aus der Produktion und dem Endkonsumentenbereich ist ebenfalls aufgrund der Datenlage schwierig. Problematisch sind auch zeitliche Veränderungen und Verzögerungen der Im- und Exportflüsse in Kombination mit der Dynamik von Beständen.

Mit dem Vortrag *Bewertung lebenswegorientierter Methoden auf ihre Eignung in ausgewählten Entscheidungssituationen* (Kathy Reimann, TU Berlin) wurde eine

Charkterisierung von Analyse- und Bewertungsmethoden (u.a. "klassisches" LCA, Hybrid-LCA, verschiedene Arten der Materialflussanalyse) mit Bezug zum Produktlebensweg vorgestellt. Dies soll über eine halbquantitative Beschreibung und Gewichtung zu Eignungsaussagen der Methoden für einzelne Entscheidungssituationen führen. Aufgrund des laufenden Projektes konnte die Vortragende wenig Einzelheiten zur Charakterisierung preisgeben. Unter den Teilnehmer wurde die wissenschaftliche Akzeptanz verschiedener Bewertungskriterien ebenso diskutiert wie das Verhältnis von Datendokumentation zu Datenqualität und Eignungsaussagen.

Im Anschluss an den Vortrag *Lebenszyklusmanagement für KMU der kunststoffverarbeitenden Industrie am Beispiel Holz/Kunststoff-Verbundwerkstoffe* (Kyra Seibert, SKZ, Würzburg) wurde die Eigenheit von Spinnendiagrammen hervorgehoben, dass sich der Flächeninhalt mit der Reihenfolge der Achsen verändert und so subjektiv falsche Eindrücke entstehen können. Beim von Kyra Seibert vorgestellten Vorgehen wird die Darstellungform des Spinnendiagramms jedoch in der Hinsicht objektiviert, als dass die Reihenfolge der Achsenanordnung nicht willkürlich sondern nach Relevanz vorgenommen wird. Eine weitere Anmerkung bezog sich auf die ODP-Werte, deren Verursachung vollständiger in europäischen Daten (aufgrund der Vorketten) abgebildet sei als nach spezifisch deutschen Informationen. Neben der tatsächlichen Nutzungsdauer seien auch Trends zu berücksichtigen wie z.B. der Austausch eines Terrassenbelags nicht aus funktionellen Gründen, sondern aus optischen Gründen. Hierzu wurde geklärt, dass Recherchen zu Nutzungsdauern in der zweiten Phase des Projektes vorgesehen sind. Nach Meinung des Auditoriums besteht eine gewisse Unausgewogenheit des Indikatorensystems, da eine Dominanz der klimarelevanten Indikatoren GWP und KEA gesehen wurde. Im Projektfortschritt ist eine Erweiterung des Indikatorensatzes vorgesehen. Ein Vergleich der bisher untersuchten Verbundwerkstoffe mit reinen Holzprodukten wurde angeregt. Besonderes Interesse galt der Resonanz von KMU als Anwender auf das am SKZ entwickelten Werkzeug "Elwood". Die eigentliche Zielsetzung der Verbesserung der Produktionsprozesse wird – noch – nicht zufriedenstellend genutzt. Als Grundvoraussetzung für die Anwendung dieses Werkzeugs wird die gute Belastbarkeit der Ergebnisse gesehen und auf die Qualität der Daten verwiesen. Verbesserungspotenzial liegt in der Breite der Datenbasis, die bislang auf wenigen Quellen beruht.

Benjamin Boehnke (*Stoffstrommanagement zur ökologischen und ökonomischen Bewertung von Produktionsprozessketten,* Volkswagen AG) deutete auf Nachfrage an, dass in der Automobilindustrie bezüglich der Produkte i.d.R. eine vergleichweise gute Datenlage gegeben ist, in Bezug auf Produktionsstätten die Datensituation u.a. hinsichtlich differenzierterer Erfassungen aber noch verbesserungswürdig ist. Die Frage nach Zielkonflikten zwischen Umweltzielen einzelner Standorte oder Zielkonflikten der angestrebten Umweltfreundlichkeit von Produkten vs. Produktion verneinte der Referent mit Hinweis auf innerbetriebliche Abstimmungsprozesse im Volkswagenkonzern. Offen blieb, wie der Konzern den umfassenden Begriff "Umweltfreundlichkeit" operativ definiert.

6 Datenbereitstellung und Datenverarbeitung

Michael Srocka stellte das Projekt openLCA vor, das eine Ökobilanz-Software zum Ziel hat, die nicht nur quellcodeoffen ist, sondern auch untentgeltlich verbreitet wird. Er erläuterte auf Nachfrage, dass sich das Projekt gemischt auf verschiedene Weise finanziert: einerseits konnten Sponsoren gewonnen werden, Teile wurden in geförderten Projekten erarbeitet und nicht zuletzt basierte die Entwicklung auf Eigeninitiative der GreenDeltaTC GmbH. Die Frage nach Portierbarkeit von openLCA beantwortete Michael Srocka dahingehend, dass die zugrundeliegenden Bibliotheken universell sind und openLCA sowohl auf Windows-Systemen, Mac OS und Linux lauffähig sei. Es ist geplant, einfach nutzbare Binärversionen vorrangig für Windows-Systeme bereitzustellen. Wie auch bei anderen Vorträgen zu LCA-Softwarelösungen kam die Frage nach Schnittstellen, Im- und Exportmöglichkeiten auf. Exportmöglichkeiten in das verbreitete xls-Format und das nachfolgene xlsx-Format aus openLCA heraus sind gegeben. Es gibt eine Anfrage an GreenDeltaTC hinsichtlich der Entwicklung einer Schnittstelle zu ERP-Systemen (Enterprise Resource Planning) bzw. ERP Software; die Umsetzungsmöglichkeiten wurden zum Zeitpunkt des Vortrags (Oktober 2009) noch geprüft.

Im Gespräch von Datenanbietern mit akademischen Anwendern trafen unterschiedliche Vorstellungen über Pragmatismus und Exaktheit aufeinander. An Datensätze und Datenverarbeitung im Bereich der Ökobilanz wird von akademischer Seite oft der Anspruch hoher Transparenz gestellt. Für Datenanbieter kann gerade diese Forderung mitunter hinderlich bei der Verfügbarmachung von LCA-Daten sein. Insbesondere Akteure aus der Industrie sind bereit, Informationen zur Verfügung zu stellen, sofern dies Konkurrenten nicht wettbewerbsrelevante Einblicke in innerbetriebliche Vorgänge ermöglicht. Insofern spricht auch einiges für die Bereitstellung aggregierter Datensätze als 'black box', wenn hinreichende Datenqualität von Dritten garantiert wird.

IT-Unterstützung für die Bearbeitung des Teilbereichs Flächennutzung innerhalb der Ökobilanzierung wurde mehrfach die in Form einer möglichen Koppelung von LCA-Software an GIS (Geographische Informationssysteme) angesprochen. Hierfür sind aus Sicht eines Ökobilanz-Softwareanbieters zuallererst konzeptionelle Fragen noch weitgehend ungeklärt: Nicht klar spezifiziert werde häufig, welche Informationen für die

Wirkungsabschätzung zwischen den Systemen fließen sollen. Softwaretechnische Lösungen können erst als zweiter Schritt erarbeitet werden.

Ein excelbasiertes Werkzeug zur Konvertierung von xls-Daten aus dem probas-Bestand des deutschen Umweltbundesamts in das EcoSpold-Format wurde von Kristian Jurić (*pb2es – Konvertierung von Sachbilanzdaten einer öffentlichen Online-Datenbank in ein übliches Datenaustauschformat*, TU Wien) vorgestellt. Technisch stehe einer Nutzung des umfangreichen und kostenlosen Datenbestands in gängiger LCA-Software nichts entgegen, fehlende Entsprechungen erschweren die Verwendung jedoch auf inhaltlicher Ebene und teilweise mangelhafte Transparenz wurde ebenso in der Diskussion bemängelt. Der Vortragende verwies darauf, dass die Exportfunktion von probas in das xls-Format zwischenzeitlich eingestellt worden ist.

Für Austauschzwecke ist dagegen das Datenformat ILCD ausgelegt, das Oliver Kusche (*International Reference Life Cycle Data Format – Stand und Perspektiven für eine verteilte Datenhaltung*, KIT) vorstellte. Das Problem unterschiedlicher Namensräume für Prozess- und Materialbezeichnungen wurde an verschiedener Stelle während der Ökobilanz-Werkstatt thematisiert, wenn es um Datenaustausch ging. Das aktuelle ILCD-Format wird mit mehreren alternativen Bezeichnungen umgehen können, offen blieb allerdings bis wann und durch wen ein inhaltliches 'mapping' verschiedener etablierter Bezeichnungen (z.B. GaBi-Datenbanken, ELCD, ecoinvent-Datenbestand) vollzogen sein wird. Grundsätzlich angemerkt wurde zudem, dass durch eine Beschränkung auf ausschließlich begutachtete Datensätze der Umfang verfügbarer Daten kleiner gehalten wird, als ohne „review" möglich wäre. Dies mündet in einer Abwägung zwischen Qualitätsansprüchen und Pragmatismus: Sind ungenaue oder fehlerhafte Datensätze akzeptabler als Datenlücken?

Zum Vortrag *Ökobilanzbasisdaten für Bauprodukte aus Holz* (Stefan Diederichs, vTI Hamburg) wurde auf Nachfrage die Herkunft der für die Generierung genutzten Daten zur Forstwirtschaft geklärt. Die Rücklaufquoten seiner Fragebogenaktion wurde angesprochen und der Referent erläuterte, dass bis dato ein Industriezweig bzw. ein Produkt untersucht wurde und die Rücklaufquote hier bei über 75% liege. Darüber hinaus entstand eine Diskussion zu dem zweistufigen Vorgehen im Rahmen des Projektes, welche vom Auditorium positiv bewertet wurde und der Herausforderung der Struktur des Holzindustrie in Deutschland, die vom Kleinstunternehmen mit wenigen Mitarbeitern bis zum großen Industriebetrieb mit einem Holzeinschnitt von mehr als einer Millionen Kubikmeter jährlich reicht. Da für die Unternehmen die Anonymisierung der bereitgestellten Informationen besonders wichtig ist, ist dem im Rahmen des Projektes durch mehrstufige Zugangsberechtigungen zur Datenbank Rechnung getragen worden, erläuterte der Referent.

Die Qualität von Aussagen zu den Produktlebensdauern von Bauelementen war Gegenstand der Präsentation von Frank Ritter (*Generierung von Lebensdauerkennwerten*, TU Darmstadt). Dies kann für die ökologische Bewertung von Gebäuden in zweierlei Hinsicht eine relevante Größe sein: einerseits im Fall zeitabhängiger Bewertung der Freisetzung des im Baubestand gebundenen Kohlenstoffs, andererseits ist die ökologische Bewertung von Bauprodukten oft umgekehrt proportional abhängig von der Produktlebensdauer. Kritisch hinterfragt wurde, dass ein großer Teil der zugrundegelegten Daten auf Herstellerinformationen beruhen.

Sibylle Wursthorn (*Nutzung von EPER Daten für die produktbezogene Umweltbewertung*, KIT) stellte ein Konzept vor, mittels dessen Daten aus der Emissionsberichtserstattung der Unternehmen, insbesondere EPER, für die Ökobilanzierung nutzbar werden. Aus der anschließenden Diskussion wurde deutlich, dass EPER und nachfolgend PRTR Daten aufgrund der guter Aktualisierung interessante Datenquellen sind. Dem stehen der schwer herzustellende Produktbezug und die Selektivität berichtspflichtiger Anlagen entgegen. Für die Nutzbarkeit relevante Kriterien wurden im Vortrag genannt, ein expliziter Eignungskatalog auf Produkt- oder Sektorbasis wurde jedoch nicht vorgestellt.

7 Material- und Produktinnovationen: entwicklungsbegleitendes LCA

Zum Vortrag *Total Efficiency Control – Ressourceneffiziente Werkzeuge stärken den Werkzeugbau* (Kristian Kuhlmann, RWTH Aachen) entstand eine kurze Diskussion zu dem Verständnis von Ressourcen- bzw. Materialeffizienz, wonach der Gesamtmaterialeinsatz im Herstellungsprozess des Werkzeugs (Konzept Materialeffizienz) selbst nur ansatzweise dem Problemfeld Ressourcenverknappung gerecht wird und u.a. die Betrachtung des Einsatzes seltener Legierungsmetalle relevanter sein kann. Eine deutliche Differenzierung wird bzgl. der Unternehmensgröße und damit verbunden der Datenverfügbarkeit getroffen. Zum einen wird die Nutzung des Werkzeugs im Großunternehmen mit guter Datenverfügbarkeit analysiert und zum anderen die Herstellung (des Vorproduktes) des Werkzeugs im Kleinunternehmen mit vergleichsweise schlechter Datenlage. Dies spiegelt auch die unterschiedlichen Akteure mit den jeweiligen Sichtweisen wider und die Zielsetzung ganzheitlicher Optimierung trifft auf die Herausforderung einer Informationsschieflage.

Die Diskussion des Vortrags *Berücksichtigung der ökologischen Dimension in Investitionsentscheidungen bei Montageanlagen* (Timo Fleschutz, TU Berlin) handelte im Wesentlichen um die Frage der Eignung von MIPS (material intensity per service unit) als potenzieller Screening-Indikator (s.u.) und um die Einbeziehung der Betriebsmittelherstellung bei der Bilanzierung von Produkten. Hinsichtlich der Relevanz von Betriebsmitteln wurde auf eine Publikation von Frischknecht [Frischknecht 2007] verwiesen verbunden mit der Anmerkung, dass im Datenbestand ecoinvent Betriebsmittel grundsätzlich in gewisser Weise mit abgebildet sind.

Im Rahmen der Erörterungen zu *Rückführung strategischer Metalle – Schließen von Stoffkreisläufen durch Recycling* (Max Marwede, IZT, Berlin) standen zwei Aspekte im Fokus des Gesprächs:

- Unterschiedliche Entwicklungspunkte: Einerseits kann das Themenfeld ausgehend von einem oder mehreren chemischen Elementen erschlossen werden. Dies führt weiter zu einer Reihe von Applikationen und deren Dynamik (Produktion, Bestände, Produktlebensdauern, Entsorgungswege). Andererseits kann ausgehend von einer Zukunftstechnologie eine Auswahl von Elementen und produktspezifisch deren Substituierbarkeit und Vefügbarkeit untersucht werden. Die erste Herangehensweise würde primär ressourcenstrategische bzw. politische Akteure bedienen. Die zweite Herangehensweise verspricht zuerst Handlungswissen für industrielle Akteure. Letztendlich greifen beide Ebenen selbstverständlich ineinander.
- Datenlage, d.h. Verfügbarkeit von Informationen: Innovative Produkte und Produktionsprozesse sind mit unternehmensinternen Informationen verknüpft, die besonders relevant sind für den künftigen Unternehmenserfolg. Die Datenverfügbarkeit ist i.d.R. besonders schwierig. Vom Referenten wurde der immer weitergehende enge Materialverbund bei Innovationstechnologien als ein kritischer Punkt der Verfügbarmachung sekundärer Rohstoffquellen vermutet. Die Notwendigkeit relativ detaillierter Daten über Produkte und Recyclingtechnologien folgt daraus.

Barbara Brüggemann (*Verfahrens- und Produktentwicklung für die Vulkanfiberproduktion – ein Anwendungsfeld für Ökobilanzen*, Universität Wuppertal) stellte ihr am Beginn stehendes Projekt zur Entwicklung von Vulkanfiberprodukten vor, wobei die Produktion bislang durch althergebrachte Technologie und geringe Betriebsgrößen gekennzeichnet ist. Auf Nachfrage klärte die Vortragende, dass die Bewertung des Materials Vulkanfiber an sich mit schwer definierbarer funktioneller Einheit nur als integraler Bestandteil der Bewertung von Endprodukten vorgesehen ist und somit methodische Schwierigkeiten vermieden werden.

Allgemein wurde im Block zu entwicklungsbegleitender Ökobilanzierung (u.a. *Eine Methode zur ressourceneffizienzorientierten Produktoptimierung auf Basis neuer Technologien,* Nico Pastewski, FhG-IAO, Stuttgart) kontrovers diskutiert, ob in einer frühen Phase der Produktentwicklung die Methode MIPS (material intensity per service unit) als eine Möglichkeit des 'streamlined LCA' tatsächlich eine praktikable Arbeitserleichterung ist. Mitunter ist eine Vereinfachung eher im Bereich einer reduzierten Sachbilanzerstellung statt einer reduzierten Wirkungsabschätzung angebracht – sofern nicht exotische Substanzen ohne verfügbare Charakterisierungsfaktoren vorkommen.

8 Zusammenfassung

Die Veranstaltung "Ökobilanz-Werkstatt 2009" war einerseits von einem breiten Spektrum an Untersuchungsgegenständen, Studienadressaten und Untersuchungsebenen von betrieblich über produktbezogen bis global geprägt. Auf der anderen Seite liefen viele Diskussionen auf wenige wiederkehrende Themen hinaus, die sich in den folgenden fünf Hauptlinien zusammenfassen lassen:

- Es gibt eine Notwendigkeit und Herausforderung der *Regionalisierung*, um Problemfelder wie u.a. *Wassernutzung, Landinanspruchnahme und Bodenkohlenstoff* adäquat bewerten zu können. Dies wird insbesondere anlässlich der Bewertung der Nutzung biogener Rohstoffe diskutiert.
- Offenbar gibt es für die Frage nach *Allokation und Allokationsvermeidung* keine universelle Antwort. Die allgemeinen Vorgaben der ISO-Norm sind nicht in jedem Fall sachgerecht und es fehlt eine Leitlinie, unter welchen Randbedingungen einzelne Lösungsansätze angebracht sind.
- Der wissenschaftliche Anspruch auf fundierte Aussagen steht häufig im Widerspruch zur Notwendigkeit, schon in frühen Entwicklungsphasen oder mit vertretbarem Aufwand eine breite Produktpalette zu bewerten. Ein hohes Maß an *Exaktheit* wird mit oft *geringer Verbreitung* oder *schlechter Kommunizierbarkeit* komplexer Ergebnisse erkauft.
- In den letzten Jahren gab es viele Entwicklungen im Hinblick auf *Datenbereitstellung und Datenaustauschbarkeit.* Laufende Entwicklungen wie z.B. die Formate ILCD 1.1 und EcoSpold 2 sowie die UNEP/SETAC Database Registry sind weitere künftige Schritte in diese Richtung. Der Bedarf nach solchen Lösungen wurde mehrfach angesprochen.

- Der Wunsch, die ursprünglich rein umweltbezogene Ökobilanz zu einem *Werkzeug der Nachhaltigkeit* weiterzuentwickeln, ist nicht neu. Es hapert jedoch nach wie vor vielfach an der Operationalisierung. Nicht nur, aber auch bei der *sozialen Komponente* der Nachhaltigkeit ist im Einzelfall die Umsetzung des vagen Leitbilds Nachhaltigkeit in ein konkretes Werturteil nicht eindeutig oder je nach sozio-kulturellem Hintergrund widersprüchlich. In diesem Fall kann das Werkzeug Ökobilanz nicht besser sein als der aktuelle politisch-gesellschaftliche Diskussionsstand.

Diese und andere Themen bieten gute Gründe, bei der nächsten Ökobilanz-Werkstatt weiter zu diskutieren. Auch wenn es einige wiederkehrende Themen gibt, aufgrund von Weiterentwicklungen zu den Diskussionspunkten sowie neuer Köpfe werden sich Anregungen für die Teilnehmer ergeben, wie die Erfahrung aus fünf Jahren Ökobilanz-Werkstatt gezeigt hat.

Referenzen

[ISO 14044:2006] Norm: Environmental management – Life cycle assessment – Requirements and guidelines. International Standard ISO 14044:2006

[Frischknecht 2007] Frischknecht, R. et al.: The Environmental Relevance of Capital Goods in Life Cycle Assessment. Int. Journal of LCA Vol. 12 (2007), S. 7-17

[Klöpffer 2009] Klöpffer, W. und Grahl, B.: Ökobilanz (LCA). Wiley VCH Verlag, Weinheim (2009). ISBN 978-3-527-32043-1

[UNEP/SETAC 2009] Benoît, C.; Mazijn, B. (Hrsg.): Guidelines for Social Life Cycle Assessment of Products. UNEP/SETAC Life Cycle Initiative 2009, Letzter Abruf 14.10.2009 unter http://lcinitiative.unep.fr/